城鄉規劃

讓生活更美好

理念篇

韓乾 著

五南圖書出版公司 印行

| 推薦序：高承恕 |

數十年的知識精華結實纍纍，爲美好的豐收道賀。

韓教授的新書出版了，可喜可賀。

多年之前就認識韓老師。講起來這應是兩代交情。當年逢甲大學禮聘韓老師主持教授土地管理，並擔任主任、院長，是家父盼望能借重先生之長才，培育下一代人才。數十年來韓老師敬業樂群，以淵博之學識與豐富的經驗，諄諄誨人，是教育界的典範。今日更將其知識精華有系統的論述成書，相信必能對日後青年學子有所啓發。在此，再次感謝韓乾教授對逢甲大學教育的貢獻，永誌難忘。

逢甲大學董事長

| 推薦序：李秉乾 |

爲城鄉規劃釐出一道基礎而清晰的思路

「一年之計，莫如樹穀；十年之計，莫如樹木；終身之計，莫如樹人」——管子．權修

日月光集團的企業責任開宗明義：「追求環境保護、地球永續，是人類的共同目標，而『教育』則是建立人們具備綠色環保意識的關鍵。」環境資源是地球永續發展的根基，在經濟快速成長的過程中，整體生態圈面臨極大挑戰。近年來環保議題備受矚目，如何以前瞻思維因應環境鉅變與頻仍的天災，進而建立兼顧經濟發展與環境保護、符合生態共生的運作體系，不斷考驗著人類智慧，更是每個世代都必須面對的課題。韓乾教授多年來致力於土地經濟與環境經濟領域研究，學術成就斐然，作育英才無數，其著作《城鄉規劃讓生活更美好：理念篇》一書付梓，除集結多年學術研究與教學心得，細數從過去到未來的城鄉發展，如何從經濟與環保的平衡中，建置安全、宜居的生活環境。而書中的一席話「要用文化的觀點來瞭解城市，而不只是經濟學和社會學」，可窺見一位教育家對於人類賴以生存的土地所表露的人文情懷，乘載著對過往發展的深切省思以及對環境永續的長遠承

擔。相信這本書的出版，將引領讀者在相關領域的思想、理念及作爲上，釐出一道基礎而清晰的思路。

逢甲大學校長
李秉乾

｜推薦序：賴世剛｜

讓城鄉規劃成爲美好的開始

城鄉規劃作爲一個專業學門是最近一百年的事情。美國伊利諾大學香檳校區的城市及區域規劃系肇始於1913年；中國大陸的同濟大學於1952年創辦城市規劃專業，並於2011年才將城鄉規劃編爲一級學科；我國國立中興大學法商學院于1968年成立都市計畫研究所，是臺灣都市計畫教育的濫觴。相較於其他學門，城鄉規劃算是一個比較年輕的學門；因此，城鄉規劃學門到目前爲止仍沒有統一的理論，使得它的入門門檻很低，只要稍有生活經驗的人，便可對城鄉規劃的概念掌握一二。然而學習城鄉規劃專業如同學習英文，雖然門檻不高，只要熟背二十六個英文字母便可琅琅上口，但是如果要學得專精，並不容易。以美國伊利諾規劃學派爲例，它歷經了一百年的發展，直到最近才由Lewis D. Hopkins教授竟其一生的研究集其大成，將城市發展的規劃邏輯從經濟學、作業研究及區域科學等加以系統性地整理並闡述，形成一個城鄉規劃的知識體系。值得注意的是，城鄉規劃僅僅是美好生活的充分條件，不是必要條件。也就是說，城鄉規劃不是促成美好生活的唯一方式，其他諸如行政、法規及治理，都是促成美好生活的不同但又不可或缺的手法。

韓乾教授是筆者十分敬重的城市規劃與管理專業的前輩及知名學者，筆者實在沒有資格來寫推薦序，但是在韓教授的盛情邀約下，筆者只好勉強爲之。本書以深入淺出的文筆，從歷史的觀點，將城鄉規劃的理由、正當性、程式、倫理及方法做了一個完整的梳理，並介紹了當代的規劃思潮及未來的趨勢，是一本對城鄉規劃有深入見解，但又不失易讀性的難得好書。不論是對城鄉規劃的初學者或是城鄉規劃的資深專業人士而言，本書值得一讀、再讀並予以珍藏。

同濟大學建築與城市規劃學院
賴世剛　教授
2019年五月於上海

推薦序：劉廣珠

本書爲城鄉規劃的最高境界

隨著城鎮化水準不斷提高，城市人口不斷增加，發達國家城鎮化率已經達到80%以上。城鄉人口的流動，城市邊界的擴延，城市和鄉村都在不斷地發展和變化。在這種發展和變化中，如何讓居住在城市和鄉村的人們生活得更加美好，是擺在城市研究、規劃、建設和管理人員面前的一個重要問題。

我主要從事城市管理研究，深知目前城市存在許多問題，這些問題都與前期的城市規劃密切相關。例如：(1)城市和鄉村協調發展問題。城鎮化發展到一定水準後，鄉村人口流出，出現空心村，如何建設發展這些不適合大規模城鎮化開發的地區？(2)大城市和小城鎮協調發展問題。大城市發展的同時中小城鎮如何開發、創建、改造和發展？(3)城市化進程中經濟發展問題。經濟發展，GDP增長，如何保護城市古建築和原有風貌，避免「拆毀性建設」？(4)城市用地和城市人口匹配問題。城鎮化是農村人口向城市集聚，農業用地按相應比例轉化爲城市建設用地，如何保證失地農民能夠融入城市？(5)城市人口構成問題。城市是不同職業人口組成的，如何保證城市中不同人口的比例？(6)城市土地結構問題。如何保證城市工業用地和居住用地比例合理？(7)城市規模與資源承載能力問題。如何保證城市經濟規模、人口規模、產業結構與城市水資源、土地資源、環境容量一致？

每一個城市都有其產生原因和發展歷史，任何城市規劃都必須充分考慮城市所處的地理位置和已有的城市特色，在此基礎上規劃未來發展，因此各個城市的規劃都不相同。但是，無論什麼樣的規劃，其思想都是一樣的，即讓生活更美好。從這一點上看，城市規劃的思想比具體方法和知識更具有普遍意義和指導意義。一本城市規劃的書，可以有三個層次，最低層次告訴人們規劃的知識，第二個層次告訴人們規劃的方法，最高層次告訴人們規劃的思想。韓教授的《城鄉規劃讓生活更美好：理念篇》就是一本告訴人們規劃思想的書。

城鄉規劃，不但是該專業的學生、從業人員必須掌握的知識，也是城市建築、城市基礎設施、城市管理、城市研究專業的學生、從業人員必須掌握的知識，還是所有關注城鄉發展人們必備的知識。韓教授的《城鄉規劃讓生活更美好：理念篇》爲大家提供了一本獲得這些知識的書。

《城鄉規劃讓生活更美好：理念篇》一書是韓教授多年研究之總結，規劃思想之精華。全書共十章，從多個角度對城市規劃進行了闡述，深入淺出，通俗易懂，既可以提供給學術研究作參考，也可以提供給學生學習作教材，還可以提供給廣大讀者作爲瞭解認識城市的讀本。

《城鄉規劃讓生活更美好：理念篇》出版，可喜可賀。韓教授邀請我作序，作爲晚輩實不敢當。韓教授學富五車、才高八斗，是我學習的榜樣。能在第一時間拜讀韓教授的新作，十分榮幸，也收益匪淺。韓教授不顧高齡之軀，筆耕不輟，著書立說，獻身科學之精神深深地感動了我。在韓教授一再邀請下，我把讀後的感想寫出來與大家分享，不敢稱序，實爲心得。

中國區域科學協會常務理事、城市管理專業委員會副主任
劉廣珠 教授

推薦序：莊睦雄

城鄉規劃之經典、城市管理之衣缽

福智日常法師指出：「教育是人類升沉的樞紐」，教育要提升除了需要一群人，還需要有好的教材，欣聞韓乾老師將畢生的研究理念轉化為著作——《城鄉規劃讓生活更美好：理念篇》，令人歡欣鼓舞，尤其是將規劃的招式去除，深談思想、理念與作為，引領城鄉規劃思想與理念架構之建立，著實讓城市規劃與管理者打通任督二脈，思路更加廣闊，恰是規劃的最高境界。韓老師從善待土地與環境切入，點滴引導城市形成、規劃緣由、經典分析以及規劃之道，從而細說藏在細節的眞理、土地與環境倫理、城市開放空間的重要性與規劃邏輯，進一步勾勒城市規劃創新意涵與因應氣候變遷下的明日城市願景，著實是城鄉規劃之經典、城市管理之衣缽。

城市管理學會以科際整合的觀點研發城市管理前沿理論與創新科技，並提供城市規劃、治理、行政與法規的學術交流平台，探討並解決因全球城市化所產生的城市問題，提升城市管理的學術研究與實務操作，並進而改善人居環境為宗旨。著眼於韓老師《城鄉規劃讓生活更美好：理念篇》，城市管理學會也期待韓老師彙整創新的研究思維，接續完成《城鄉規劃讓生活更美好：實踐篇》，城市管理學會鄭重的推薦韓老師的巨著，城鄉規劃是硬道理；城市管理是軟著陸，共創美好的生活。

中華城市管理學會理事長
莊睦雄 敬賀

| 作者序 |

城鄉規劃的理念與實踐

在多年教授「**土地使用規劃**」課程的過程中，體會到傳授正確的思想與理念，遠比教授學生一些方法與技術更爲重要。正如耶魯大學校長理查．萊文（Richard Charles Levin）所說：「**眞正的教育不傳授任何知識和技能，卻能令人勝任任何學科和職業。**」所以本書不在於介紹與探討有關城鄉土地使用規劃與管制的政策、法規、方法與技術，而在於培養學生與從事實際工作的朋友，以及有志趣從事城鄉規劃或設計的朋友，有關城鄉土地使用規劃的基本思想、理念與作爲。因爲政策、法規、方法與技術是會隨著時間改變的。而思想、理念與作爲是規劃的基礎，是會傳之久遠的。

規劃的重點不在於發展出一套樣版式的規劃程序模式，而是在於先培養出一個理想的規劃理念與願景。如果讓你閉上眼睛冥想，你能看見二十五年，甚至五十年後人們的城鄉生活會是什麼樣子嗎？我們現在的城鄉成長與發展的樣子，和人們的生活型態與環境，正是受到書中諸多現代城鄉規劃先驅思想家的規劃理念影響的結果。

因此作者循著這個理念，蒐集現代先驅，以及當代城鄉土地使用規劃思想家的規劃理念與模式。摘取其精義，一方面做爲教材，一方面集結成書。學海浩瀚，作者才疏學淺，本書僅能介紹其中萬一。不過，仍然期望能讓讀者，無論是學生、從事實際專業工作的朋友，或者有興趣從事城鄉規劃或設計的朋友，重溫這些城鄉規劃、土地資源管理、環境規劃的理念。未來無論是在都市或鄉村地區，都能營造城鄉生活環境的良好素質，讓人們的生活更美好。

班傑明・富蘭克林（Benjamin Franklin）說：「If you would not be forgotten, as soon as you are dead, either write things worth reading, or do things worth writing.（如果你不想死後被人遺忘，最好寫些值得閱讀的東西，要麼就做一些值得寫的事情。）」自勉之。

韓乾

2019年五月

目錄

1

善待土地與環境，是城鄉規劃的第一步

我們必須把人造環境與自然環境看作是一個整體的系統。

人與環境的關係

自有人類以來，人就倚賴地球生存。但當社會進步與都市化以後，人就漸漸遠離自然與其他生物。但是人類仍然是自然環境的一部分，從自然環境取得生存的資源，例如：清潔的飲水與空氣、糧食與健康以及演化的傳承。當人類的科技進步以後，便開始影響自然生態系統。當使用自然資源超過了自然界的再生能力或承載力時，便破壞了生態系統持續發展的能力。因此，如何管理人與環境之間的關係應該是我們不可規避的責任。

在觀念上，土地使用與環境規劃只是從事土地使用規劃的人，把他們對自然與健康、衛生方面的科學知識，應用在土地使用與環境規劃的決策上，以改善人們的生活環境品質。在實踐上，它可以用在全國、區域、省、縣市與地方政府；在地理上，它可以從都市、郊區、延伸到鄉村地區；在法律上，它可以從土地使用分區延伸到區域計畫、環境保護，甚至國土計畫。

地球表面大約有三分之一到二分之一的面積被人類的活動所改變，大部分是人類把土地改變，做爲農業或放牧使用。在現代，又有相當大的部分，被建築物、街道、公路與其他社會產物所覆蓋。這些使用的地理區位、地質等，不一定都經過科學的評估。至今，大部分的土地使用決策仍然基於經濟利益與人口成長的考量，而沒有對其承載力與地景價值做仔細的分析，例如：特殊生物的棲息地、農耕、風景區或都市使用。這些使用的潛力不是一天一夜就能造成的，所以土地應該被視爲不能更新的資源。土地一旦從自然生態或農業用地變成都市用地，便無法做其他使用。當世界人口增加，各種土地使用之間的競爭，也更劇烈。有系統的土地使用規劃也顯得更爲重要，特別是在都市地區。

都市化的趨勢從1800年以後成爲世界性的現象，形成都市化的力量有：(1)工業革命改善農業生產，使務農人口減少；另一方面，城市裡的工業、服務業就業機會增加，使人口移往城市。(2)城市生活多樣化，在文化、社會與藝術等方面吸引鄉村人口。(3)國內和國際移民多居住在城市尋找就業機會。

另外一種趨勢是人口從中心城市移往市郊。在工業化的初期，對工業的土地使用很少管制。因此臨水的地方經常都是嚴重汙染、不健康、不宜居住的地方。於是人們又從城市中心移往城市邊緣，郊區的開發形成了都會區的發展。大量的農地改變成爲住宅用地，而城市周邊的農地又多爲優良農地，優良農地又是最適於城市發展的土地。而且城市周邊的農地地價低廉，不動產業者趁機取得農地，將之改變爲住宅或工業使用。土地被視爲可以買賣圖利的商品，而不是應該好好管理的不可再生資源（nonrenewable resources）。當這些土地使用改變成爲購物中心、公寓大樓與高速公路時，也破壞了許多原本可以供人們享用的自然資源與開放空間。

在另一方面，當城市向外成長時，城市中心或某些部分便開始衰敗。工業的汙染與擁擠，使城市變得不宜人居。特別是二戰之後的經濟發展，低利貸款與購屋貸款利息抵稅政策，購屋變得容易。而大多數的獨棟、獨戶住宅，又多在無汙染、無擁擠，而且吸引人的市郊。這些住宅的基地寬廣，而且與集合住宅分離，又與工作、商業、工業及其他設施分開。這種規劃型態，使大眾運輸網絡不易建立，也降低能源使用效率，增加提供公共設施的成本。再者，汽車的普及，使大眾運輸工具在鄉村地區顯得更不符需要，也使城市的型態更爲分散，形成都市蔓延（urban sprawl）的現象。

都市蔓延是一種在城市郊區，沒有計畫、低密度住宅與商業開發的形態。而且，住宅與商業開發彼此分離，呈樹枝狀發展，經常包含囊底路（cul-de-sacs）的設計，而減少鄉村地區的公共空間。都市蔓延有三種型態，第一種成長型態專屬於接近城市的豪宅區。這種住宅占地廣闊、座落湖邊或高臺的林地。第二種成長型態是大基地開發型態（tract development）。大基地開發型態是在大型基地上蓋獨棟住宅，而且這些住宅彼此有農地分隔，必須闢建新道路與市中心連絡。第三種蔓延型態則是沿著運輸走廊向外延伸，也稱之爲帶狀蔓延（ribbon sprawl）。帶狀蔓延包含沿著公路兩側的商辦大樓與工業廠房，並且連接著住宅與購物及公共設施。帶狀蔓延的公共設施成本較高。當城市繼續成長時，城市與城市開始互相連接，使人無法辨識城市與城市之間的區別。這種成長型態形成區域型城市（regional cities），雖然每一個城市的名稱不同，但都只是一個超級城市（megalopolis）的一部分。

都市蔓延的因素

1. **生活型態因素：**由於經濟發展使人們的物質生活富裕，一個家庭擁有兩部汽車與自有住宅的情形大有人在。而且人們被低密度，擁有開放空間的市郊生活所吸引。因此形成去中心化的都市發展型態。

2. **經濟因素**：第一、在郊區農地的建築成本較市中心為低、法規較不嚴格、法律上的爭議較少。第二、購屋貸款的利息可以在所得稅中抵減，換屋可免資本利得稅。

3. **規劃與政策因素**：都會區的開發規劃沒有充分的協調。原因之一是每一個都會區都有上百個政治轄區。再者，地方單位難以瞭解整體的圖像，也不情願放棄自身的自治權力。還有，地方的土地使用分區也助長蔓延。因為法規禁止混合使用，各種土地使用被限制在特定的地區。而且法規規定最小住宅基地面積，也使住宅更加分散。尤有進者，許多政府政策，補貼了分散化的土地開發。例如：政府提供新開發地區道路與公共設施的興建。

無規劃城市成長所帶來的問題

1. **交通運輸問題**：當城市成長之初，特別是在還沒有小汽車的時代，並沒有考慮到人們如何往來於各地區之間，也沒有考慮到停車的問題。當人們以小汽車作為主要交通工具時，就要不斷地闢建道路、停車場。這樣又會吸引更多的小汽車，形成一種惡性循環。若以洛杉磯（Los Angeles）為例，70%的土地表面都作為與小汽車有關的使用（如：道路、停車場等），而只有5%的土地作公園與開放空間。

2. **空氣汙染**：如果以小汽車為主要的交通工具，很自然地會造成都市地區的空氣汙染。一個簡單的解決辦法，就是建立一個中心化而且有效率的公共交通系統，但是對一個人口分散的城市而言，並不容易做到。

3. **耗費能源**：首先，家用小汽車是能源使用效率最低的交通工具；其次，住商區域的分離，需要行駛較遠的距離；第三，交通的擁擠，走走停停消耗更多能源。最後，獨棟住宅比集合住宅需要更多空調的能源。

4. **失掉社區認同感**：在散居的市郊社區，居民較少來往、互動，因此減少人們的社區認同感。

5. **城市中心衰敗**：當人們離開城市移往郊區，他們的購買力與稅基也跟著離開。因此，城市提供公共設施與服務的財政收入減少；接著，城市的生活品質下降，導致更多的居民離開城市，形成一種惡性循環，使城市益形衰敗，甚至死亡。

6. **提高基礎設施的成本**：基礎設施包括支持人口的實質、社會與經濟設施。當新的住宅、商業區在郊區開發時，城市的公共設施，例如：水電、瓦斯、道路、學校等，都必須延伸到這些地方。延伸這些公共設施，必然會比利用既有公共設施的成本爲高。

7. **失掉開放空間**：開放空間是增進城市景觀優美的重要元素。開闊的田野、公園、林蔭大道等土地使用，可以使人們在視覺上遠離塵囂。而無規劃的城市成長，不會考慮到這項需要。如果要拆除城市裡的建築物來提供開放空間，其成本是非常巨大的。例如：倫敦的海德公園（Hyde Park），原來是有建築物的，倫敦市政府卻花大錢把建築物拆除，使它恢復綠地的型態。

8. **失掉農地**：許多目前都市化的土地，原來都是主要的農地。因爲平坦、排水良好、交通方便、接近市區的土地最適於農耕；然而這些土地也是最容易被開發爲都市使用的土地。原來做農耕使用的土地，現在都開發爲住宅、購物中心、道路與停車場等使用。

9. **水汙染問題**：土地開發行爲增加許多不透水層，例如：道路、房屋、停車場等。不透水層即會造成逕流、水土沖蝕，甚至洪泛。

10. **洪水平原問題**：洪水平原是河流附近的低地，有時會發生洪泛。但是因爲地勢平坦，所以引來城市住宅或工商業的開發，洪水氾濫則會造成生命財產的損失。其實洪水平原最適當的使用方式是提供開放空間、農業或遊憩使用。在美國，許多地方實施洪水平原的使用分區規則（floodplain zoning ordinances）。

11. **溼地的誤用**：溼地是經常有水覆蓋的土地。溼地包括沼澤、潮間帶、水岸地區與河口地帶。有些溼地如河口地帶、沼澤，會有永久性的集水；也有一些溼地只在一年的某些時段集水。溼地常有蚊蠅孳生，往往被認爲是無用的土地，而被排水、塡土或作爲廢棄物掩埋場，也有城市建築在溼地上。然而，每一種溼地都有它的功能，多數的溼地長期接受附近土地沖蝕的養分，所以非常肥沃，常是多種的動植物，包括漁鱉類與鳥類孳生的地方。人類使用溼地，大大地傷害了溼地做爲動植物棲息地的功能。此外，溼地也有自然過濾及淨化水質，以及保護水岸免於沖蝕的功能。

12. **土地使用應考慮的其他問題**：一個地方的地質狀況也是決定土地使用應該考慮的問題。地震斷層帶或地滑地帶必須避免興建住宅或其他建築物。此外，缺乏水資源的地方也要考慮民生與農、工業供水的問題。

土地使用規劃的生態學原則

生態學是指對有機體（organisms）與環境之間關係的研究。土地使用與環境規劃包含非常廣泛的制度內涵，如法律、經濟、社會與生物等領域。土地使用與環境規劃也是一個科技整合的行爲，規劃者的任務是蒐集所有可能得到的資訊與專業知識，並且將它們應用在解決土地與環境問題上。要做到這些，規劃者必須能掌握自然與健康衛生的科學知識，並且能對可能影響他工作的法律與政治因素有所瞭解。因爲這些因素無可避免地會衝撞私人的財產權。除了土地所有權人與開發業者外，還有各種利益團體，希望伸手到規劃程序之中，包括：歷史古蹟與文物保護者、開放空間維護者、清潔空氣與飲水倡導者、漁獵愛好者、環境衛生維護者以及工商業者等。從事規劃的人一定要對這些團體與族群之間的利益衝突有充分的瞭解，要向他們公開說明規劃的程序，要保證對各方面都公平與公正。沒有任何事情比把任何一個團體與族群排除在規劃程序之外更爲嚴重的，尤其是這個團體與族群，可能擁有相當多有關土地與環境問題的專業知識與經驗。

有如政治環境一樣，土地使用與環境規劃的環境非常複雜。大城市或人口稠密的地方，可能有較多的土地與環境規劃專業人才；較小的鄉鎮可能只有一個一般性的規劃人才。區域性機關可能在比較特殊的土地使用規劃問題上，協助城市（municipalities）或比較都市化的鄉鎮。不論規劃人才的多與少，在一般性的土地與環境規劃問題上，都要與其他的政府單位有廣泛的聯繫與合作。這種工作並不容易，他需要與各方面協調與溝通的技巧。需要協調與溝通的專業人才包括：地質、水利、土壤、生物、園藝、景觀、建築、歷史、經濟等方面的人才。資料的蒐集也不是一件容易的工作，因爲資料的儲存與專業經驗的分布簡直浩瀚如海。

土地使用與環境規劃者最重要的工作大約有三類：製作土地使用計畫圖，評估提議的開發計畫，以及草擬土地使用法規。製作土地使用計畫最常用的方法是土地適宜性分析；評估提議的開發計畫，則要做環境影響評估。

土地與環境的關係

都市環境與自然生態系統

當我們討論都市生活環境的時候，可以從兩個面向來看這個問題。一個是自然環境品質——水、空氣、土地、荒野地區等。另一個則是都市社區的開發，以及聚集人口的人造環境（built environment）。卜洛夫（Harvey S. Perloff）建議了兩個有關都市環境品質的概念。一個是延伸自然資源的意義，去包含都市時代的新資源。另一個是把都市環境看作是一個自給自足的自然與人造因素高度關聯的系統或子系統。❶

自然資源系統

從歷史上看，自然資源一直都被認爲是生產基本原物料（農、林、漁、牧、水和礦產）的來源。當經濟型態從農業轉變到工業甚至三級產業的時候，第一級的產業比重愈來愈小，而服務業的成長更使自然資源的重要性降低。在這個演變的過程中，自然資源的概念愈來愈廣。所謂愜意性資源（amenity resources）——特別是反映在氣候變遷、山坡、海岸等方面，這些地方特別吸引經濟活動與人們的生活起居——都融入了資源的概念。同樣的，對開放空間資源也益加重視，因爲它給我們城市居民呼吸與遊憩的空間。

都市化地區吸引了大量的經濟活動與人口的居住，對於都市開放空間資源也更加重視，因爲開放空間給居住在城市的居民有充足的陽光、呼吸新鮮的空氣，以及休閒遊憩的空間。以經濟學的概念來說，開放空間已經進入了每一個人或家庭的效用函數（utility function）。然而這種新的環境資源更受到外部性的影響。例如：工廠廢水、廢氣、排入水體、空氣；當一棟建築物遮蔽了另一棟建築物的陽光，當飛機呼嘯飛過住宅區，當愈來愈多的小汽車增加道路的壅塞，行人行走在建築物與道路緊鄰的擁擠街道上，或者一個住宅區蓋在城市邊緣的美麗開放空間上。當我們分析這種新資源概念時，每一個人的效用函數已經不再是獨立的了。在這種情形之下，我們必須正視開放空間的外部性與集體財貨（collective goods）的問題了。

從社會經濟的角度看，大多認爲自然資源就是自然環境的要素，而這些要素對人類有效用，所以人們需要它們，甚至於需求無窮，而供給愈來愈短缺，使空間的價值愈來愈高昂。例如：在都市地區由於人口過度的密集，以致於對於生活空間需求愈來愈大，導致土地價格日益高漲。而都市環境的系統元素，不只是自然與人造的東西，而且它們之間也是可以互相抵換的（trade-off）。例如：人們希望在自家住宅裡可以擁有較大的居住空間，就必須犧牲城市裡的公共開放空間，因而導致想擁有好居住環境，或負擔不起昂貴地價的居民，則被趕逐或鼓勵他們移往城市邊緣，以獲得較多的開放空間，以致引起了都市蔓延、侵蝕農地和自然生態資源等問題。

都市居民並不會想到他們所居住的環境，是一個各種因素高度關聯的複雜系統。所以，他們一方面抱怨空氣汙染，一方面又希望引進工業以強化城市的經濟基礎；他們一方面抱怨開放空間的迅速消失，一方面又抱怨對公寓大廈與商辦大樓的高度限制。還有，他們一方面抱怨開放空間不足，卻又另一方面抱怨建蔽率、容積率管制的限制與建築基地的分區，使他們可利用的居住空間縮小，或使住宅的成本增加。當然，形成這種現象的因素不止一端，有人希望節省成本，有人希望獲利，或許也有人希望獲得選票。但是，重點是大家對於如何造就一個理想的都市環境還沒有共識。

在傳統的概念裡，空氣總是無償財（free goods）的代表。但是在現代的城市生活裡，情形已經不同，人們必須付出代價，才能享用清新的空氣與陽光。在現今的都市生活時代，我們必須從三度空間的角度來思考。這樣看來，空間則包括空氣域、電波域、城市土地與地下空間。

---

❶ Harvey S. Perloff, Edited, *The Quality of the Urban Environment*, Resources for the Future, Johns Hopkins Press, 1971, pp. 4-5.

如果我們把這些新資源要素融入我們傳統詮釋資源的概念裡，我們可以看到這些資源都是質性的環境，而且是消費方面的資源而不是生產方面的資源。當我們把這種質性資源的概念擴大解釋時，定量與生產方面的概念，大約也會包含在內。當我們把傳統的自然資源概念延伸出去時，這種新環境資源的概念便趨於完整了。在城市的環境裡更是如此。

一旦我們開始把都市地區的土地、空氣、水、空間與愜意性資源看作重要的自然資源時，一些久已建立的使用自然資源的基本原則，便開始出現。當我們把傳統的自然資源概念延伸出去時，在都市地區的環境裡，這種新環境資源的概念，則是以保育，並且發展自然資源的使用爲基調，而且尊重生態條件所加上的限制。這些原則如下：(1)資源是國家傳承的資產，不得只顧自利的使用，也不得只顧當代的使用，而不顧未來世代的使用；(2)一個國家或是城市所能享用這些資源的價值有多少，要看我們願意投資多少去開發，或者我們願意犧牲多少希望據爲自己使用的空間。也就是說我們願意犧牲多少建蔽率及容積率，來換取一個城市的開放空間、陽光或空氣；(3)爲了要獲得這些資源的最大價值，我們也必須思考對這些資源的多目標使用。在市郊的開放空間或綠地，可以做爲農業生產之用，當然也可以做遊憩使用。城市內部的空間便可以爲市民提供更多的空氣、陽光，更好的市容景觀以及更多的休閒遊憩空間，甚至停車空間；(4)當我們爲了自身的利益，希望充分使用這些資源的時候，也必須瞭解生態的極限與使用原則。只有在我們適當地，有智慧地使用這些自然與人造（built）資源時，我們才能獲得最大的利益。❷

這些原則的主要重點，不外乎強調自然環境資源對我們生活的重要性。當然在一個人造的城市裡，我們如何把硬體的建設（例如：房屋、道路、橋梁以至於商業大樓與工廠）融入自然環境，或者說，讓我們在城市裡有足夠的空間去容納這些硬體建設，並形成一種城市發展的政策，則是我們所須要思考的。

都市環境是整體自然環境裡的子系統

除了都市環境是自然環境資源的延伸概念之外，我們也可以把都市環境看作是一個容納各種因素，而且彼此高度相關的系統，或整個自然環境的子系統。所謂系統的概念就是說，如果傷害到整體的一部分，就會立即影響到其他部分；改善了某一部分，其他部分也會得到改善。在某種概念中，系統的概念也可以說，是生態系統的延伸。但是在城市環境裡，人造的環境相當重要，所以我們必須把人造環境與自然環境看作是一個整體的系統。無論是好是壞，我們都必須從兩者混合的複雜關係裡去探討。因爲生態系統的原則就是：**每一部分都是與每一其他部分相關聯的**（Everything is related to everything else.）。

如果把以上這幾項原則再加以引伸的話，我們可以說，某些資源，例如：都市土地、空氣、陽光等元素，應該從公領域的角度加以思考。也就是說，是否對於私有財產的使用應該更廣泛地加以管制，以及保護更廣泛的公共利益。例如：愈來愈多對空間權、空氣權（air rights）的研究。建築物過於密集的建造是否會影響居住環境中，陽光、空氣的流通。當我們把空間看作重要資源時，我們應該會立刻從開發方面去思考它的必要性。未來城市的開發與建築物的形式、性質，都須要從能不能提供足夠的空間資源來著手。這種城市規劃建設的型態當然是與現今的開發、建設方式迥異

---

❷ Harvey S. Perloff, editor, *The Quality of the Urban Environment*, Resources for the Future, Inc., 1971, p. 8.

的。

一個城市的發展，必須要有好的規劃與合理的成長，這也是目前世界潮流所倡導的**智慧成長**（smart growth）和緊湊式（compact）開發。保留該保留的地區，在已開發的土地上集約地使用，而提供出大量的開放空間，確保城市的居住環境品質，並且緩和高層建築物所帶來的壓迫感。因此，都市開放空間資源也就益趨重要，因爲它會直接影響城市居民的居住環境品質。

我們在這裡所要強調的是土地的開發使用，必須尊重生態系統。尊重生態系統也就是保育、開發以及使用自然資源，都要考慮生態的條件與限制。一個城市裡的林蔭大道和開放空間，正是在水泥叢林中，發揮了調合都市裡硬體建設侵略性的功能，也顯示出硬體建設，不可踰越自然環境資源的承載力。它們都是都市環境的重要元素，其重要性並不亞於鄉村之於城市。爲了要有理想的都市環境品質，我們必須先知道形成都市環境品質的元素是什麼？這些元素之間的互動關係又是什麼？要使開放空間能讓我們的都市環境，達到吸引人的程度，這些都市環境元素，以及它們之間的互動關係，都須要在公、私兩方面加以重視。一旦我們瞭解了這些原則，就不難說明什麼是環境的外部性。也因此，爲了要有理想的都市環境，我們必須要有新的遊戲規則。

一個都市單元，無論是城市、都會或超級都會區，都是整個國家的一部分，沒有任何一個單元可以獨立運轉。因此，我們可以把都市環境看作是一個開放的系統。公路、鐵路、航空都是連接一個單元與其他單元的媒介。空氣與水汙染也是區域性的；人們的農業生產、企業的經營，以至於休閒遊憩也都不會侷限在一個單元裡。但是，在我們思考都市環境問題時，其系統內的意義可能遠大於其外部性與其他單元的關係。因此，地理學家、經濟學家、人類生態學家以及研究這方面問題的學生，也都應該把都市單元看作是一個集結點（node），而從集結點的概念去看它的問題，也就是它內在互動的質量與強度。例如：人們與財貨的流動、資訊的交流、勞工與市場的流動等。

這種集結與交流的特性看似複雜，其實有其邏輯的基礎，也是都市經濟學研究的重要課題。經濟活動區位的中心化，有許多因素。重要的有製造業與服務業功能的專業化。這種簇群式（clustering）與集約式的發展，是節省土地成本的重要方式，也是達到經濟規模的方法。人們也喜歡居住在有足夠愜意設施與服務的地區，都市社區也以這些條件吸引人口。總體而言，這些元素彙總起來，就形成而且維持一個人口、資源與社會經濟活動，互相編織而成的複雜卻合乎邏輯的都市環境系統。

都市環境系統的組成元素，不只是自然與人造的東西，它們之間也是可以互相抵換的（trade-off）。例如：汙染的工廠可以移出城市，遠離當地的空氣域與水域，而不需要工廠裝置控制汙染的設施。城市裡可以提供較多的開放空間，而不需要強迫或鼓勵居民移往城市邊緣，去尋求較多的開放空間。我們可以把開放空間與愜意地區分隔開來；我們也可以把城市裡的CBD與住宅區、近郊與遠郊分開；或者依照工作環境分爲市中心商業區、工業區與其他地區。

假使我們希望對城市環境系統有所瞭解，我們必須先知道形成城市環境的元素是什麼，以及它們之間的互動關係又是什麼。就事論事的看法，是要使我們的城市環境達到吸引人的程度。這些城市環境元素以及它們之間的互動關係，需要在公、私兩方面繼續協調下去。目前我們對城市的土地使用：也就是三度空間的土地、空氣與水、生活、工作的結構，氣候與愜意性環境等，都必須賦予它們新的意義。這樣做，才能使我們獲得理想的都市生活環境。

當我們討論環境因素時，大部分的問題並不限於整個城市或都會區，也要注意在小尺度地區的強度與混合狀態。因爲水與空氣的汙染、交通的擁擠等，各個地區也都有不同的問題。同樣地，開放空間的有無，也是因爲各地不同建築物的結構，與它們在空間的分布各不相同。這些狀況的紀錄與研究，對形成都市環境政策極爲重要。到底什麼是最大、最小與最適當的居住密度，可能隨區位、使用性質、社會文化狀況的不同而不同。除了集體的不同外，個別的不同也須要注意。

我們曾經講過，都市環境是一個開放的系統。因爲它是一個開放的系統，所以城市與鄉村之間會有一個建築密度較低的綠帶，在綠帶地區，開放空間並不匱乏。其次，連接城市與城市之間的交通系統，也形成開放空間，也是郊區環境的一部分。另一個開放空間，則是都市人口所居住的高密度城市內部的開放空間。從這個觀點看，愜意性資源更具有特別重要的意義，這類資源的品質以及他們如此地接近市民，便成爲都市人生活環境的一個重要部分。我們所關心的不止是它們量的供給，也要注意它們的功能、品質、強度以及供人使用的時間。

都市環境的組成元素

非常明顯地，都市環境品質問題，愈來愈受重視。當我們對環境問題的知識更爲充分的時候，我們應該會有更多的工具來做明智的決策。因此，我們如何來評估有關環境的公共政策，顯得格外重要。傳統上，城市規劃所注重的，幾乎完全是土地的使用；其他都市資源，例如：空氣與水，並未加以注意。還有有關都市環境裡，土地與建築物之間的多重關係也是一樣的。

在擬定政策方針的工作上，必須確定都市環境應該包含哪些元素。在一方面，除了包含自然與人造實質元素外，也應該包括周邊的社會、政治、經濟與文化元素。在另一方面，更重要的是要包括那些可能會影響都市人口生活、工作的條件；特別是會影響個人健康、安全、舒適與美感的元素。卜洛夫把都市環境的組成元素歸納如以下五個領域：

1. **自然環境域**：(1)空氣域（空氣的乾淨度與空氣汙染）；(2)水域（水的供給與水汙染）；(3)開放空間與休閒遊憩域；(4)寧靜與噪音域；(5)嗅覺氣味域；(6)微氣候域（包括舒適與不舒適的通風等）；(7)陽光的照射（建築物量體影響陽光照射的多寡）。

2. **空間環境域**：**空間環境**屬於自然環境，但是又有別於自然環境。這一類的空間是指土地、地面上空的空間和地下空間的有效使用（例如：相對的擁擠程度與時間的長短）價値的改變、空間的配置等。

3. **運輸與公用設施環境域**：運輸與公用設施是以網絡的型態，把自然與人爲環境連絡起來，這些環境資源包括電力、瓦斯、供水與廢棄物處理等。它們利用地下、地面土地與地上空中資源。尤其是地上土地的使用，更影響都市景觀與美質。其中交通環境尤爲重要，因爲它會連接各地方的愜意性資源，增加它們的可及性。市區道路的寬窄與是否擁擠、暢通，更影響市民來往的便利與景觀。

4. **社區與鄰里街坊環境域**：這一項環境問題，包括各不同社區與鄰里街坊的環境要素，例如：窳陋與市中心以及郊區。所謂社區與鄰里街坊單位是指鄰近的地理區域，而且是居民與實質環境混合的地區。爲了要給這些地區提供適當的公共設施與服務，最好也不要把這些地區定義得太小。

5. **微環境域**：家庭的住宅與工作的地方，是自然環境與人造環境以及與居民的社會關係最親密的地方。這類地區的環境品質特色如下：大片的自然與實質空間的使用，社區鄰里地區以及家庭與工作的地區。這些地方由各種交通與設施網絡連貫。它們的基本條件包括：(1)都市導向的自然資源；(2)人造與實質環境的互動關係；(3)微環境——親密的社會關係。因爲家庭與工作地點是人們花費時間最多的地方，所以這些地方的環境品質特別重要。[3]

都市環境與土地使用分區

當我們考慮一個城市的空間發展型態時，我們會發現有集中與分散兩種力量在發生作用。集中的力量包括：需要面對面的接觸，專業化與聚集經濟等因素。學者認爲其背後的理由是城市的集中會提供更接近、更容易做多方面的接觸，使個人、企業與資訊的流通更有效率。各種活動的專業化更能夠提供整體都會區的服務，當然也會使它們選擇接近市中心的區位，使接觸的成本極小化。

此外，某種產業與企業單位的聚集，因爲它們的關聯性，也會反映出聚集經濟的效果。一般可能造成的利益包括技術勞工的聚集、多樣的企業服務或者讓消費者容易找到他們所需要的東西。這些因素，都會造成城市的各種活動向中心集中，同時也會降低遠離城市中心的密度。

取得陽光、空氣與景觀，可以由建築師用建築退縮線，使外部效果內部化。所謂建築物的退縮是限制建築物周邊的土地開發建築。這種外部經濟與不經濟的現象都是都市土地使用的特色。這種正面外部效果的存在，是土地使用分區的主要理由。台灣都市中，很少看到臨街建築物的退縮，或者退縮不夠，這都是規劃與重劃法令須要檢討的。

土地使用分區規則（zoning ordinance）可以分爲兩類。一類是土地使用分區的規則（zoning codes）；另一類是規範建築物量體（bulk）的規則。土地使用分區規則包括地面分區圖上的分區（district or zone），用來規範土地使用從高層次到低層次的劃分。也就是區分爲：獨棟住宅、多戶住宅、公寓和商用與工業用建築物。最小建築基地面積的規定，是在每一分區裡又按使用的方式規劃不同面積的大小。

建築物量體的規範包括建築物的高度限制、建蔽率、容積率、退縮線以及對側邊的限制。這種規範的基本前提，是建築師不可以做影響建築物接受陽光、空氣與景觀的行爲。除了高度限制之外，還有對建築物密度（density）的限制。大多數的規劃，都會反對過高的高度與過高的密度。以住宅使用的密度而言，外部不經濟與珍貴的空間資源，都是保護性分區管制的理由。因爲：(1)壅塞會降低公共設施與服務的水平，如：學校、遊憩空間、交通、停車與排水等；(2)擁擠會傷害消費者的利益，如：寧靜、隱私、愜意性、遊憩休閒以及社區的融洽歡樂氣氛。

其實密度與強度（集約度）有抵換（trade-off）的關係，正如建蔽率與容積率有抵換關係是一樣的，問題在於建築基地的大小。像台灣城市的建築物，缺少大基地、大街廓的規劃設計，密度與擁擠當然成爲問題。

在城市之內與近郊提供開放空間，有如其他自然資源的管理，會產生外部性。開放空間一旦開放，當然可以無償（free）地提供公眾使用，而且提供者也無法從中獲利，特別是設計提供空間感受與視野的開放空間。在住宅區，每一個家庭的開放空間，如庭院、綠地都能增加自身與鄰近住宅的價值。不過成本的分擔卻並不平均。

採光、空氣與景觀可以被視爲外部性元素，它們可以由退縮線的管制內部化至某一程度。也可以取得足夠的鄰近土地，禁止周邊不准開發。通常，外部經濟與不經濟是都市景觀的重要性質。某

---

❸ Perloff, pp. 18-19.

些利益或成本，由經濟決策而產生。外部性的存在，是實施分區管制的主要理由之一。

往往，對量體的規範與都市建築物密度之間有交互的作用。無論是規範的或自願的退縮，都能使都市建築物更吸引人。目前的趨勢是把超高建築物放在一個廣場裡，這種做法很受推崇。它形成一種新的都市空間，不是完全開放也不是完全封閉。這些都市空間可以做爲商業使用，也可以提供休閒、採光、通風與輕型的遊憩使用。

從美學的觀點看，無論是單獨一棟建築物或是一群建築物，都是一項有組織、有秩序的設計，整個的市容可以被看作是一種使人愉悅的藝術作品。對美的詮釋，固然因爲每個人的品味有所不同，但是在人類社會裡仍然存在著一種共同的認知。例如：人們喜歡綠樹自古而然（人的視覺對光譜中的黃、綠光線最爲敏感）。就我們日常的生活經驗而言，你可以看見很多售屋廣告，都是以面對千坪的綠色樹林，與綠草如茵的開放空間爲訴求。購屋的消費者也願意爲綠色的景觀多付一些代價。或者我們可以說，綠樹是一種公共財，多種一些樹將會增進每一個人的福祉。

都市設計，建築設計與景觀設計，都是都市景觀藝術裡不可缺少的元素。都市居民也無可避免地，要暴露在都市設計——建築與開放空間設計裡。不動產開發業者爲了要蓋一棟美觀的建築物，一定會注意營造其周邊的自然環境。不過，如果沒有給建商提供美與環境一些報酬，他們也會沒有提供它們的誘因。

其實，政府在設計作品上也扮演重要的角色，但是政府在定義什麼是好的設計，什麼是不好的設計，都有所不逮。政府可以出錢雇用好的建築師，也可以用地方的分區使用規則，來改進審美的標準，例如：建蔽率、容積率的管制。但是值得注意的是，在這樣做的時候，一定要考慮利益與成本之間的抵換。也就是要知道誰獲得利益、誰負擔成本，以及利益與成本的多寡。

土地與環境的關係，是管理人與環境互動的關係，來維護與增進人類的健康、福祉與環境品質。這些影響有以下幾項：

1. **土地使用與氣候變遷**：氣候變遷可能是本世紀以來，最嚴重的環境問題。它會引起海平面的上升、極端的氣候狀況、水災、旱災以及生態的改變和其他影響。氣候變遷是由於人類住、商、交通等，都市蔓延的土地使用型態，大量使用小汽車做爲交通工具，大量使用石化燃料，排放CO_2是造成全球氣候暖化的主要原因。

2. **土地使用與天然災害**：人類在不適當的地方——如山坡地、洪水平原、斷層帶，作不當的土地開發，即會造成天然災害，影響到人類的生命財產安全。天然災害：包括與氣候（全球暖化）有關的災害，如：洪水、颱風；與地質有關的災害如：地震、山崩、塌陷；以及與生態有關的災害，如：森林大火、蟲害、病害。天然災害無法避免，但是可以經由土地使用規劃和建築物的設計，減少天然災害的風險。

3. **土地使用與環境健康**：環境健康關係到人類的身體和精神福祉。特別是暴露在空氣與水汙染，有毒的食物、擁擠與噪音的環境中，會引起各種疾病，如：癌症與遺傳性疾病，會透過環境影響人類的健康與福利。

4. **土地使用影響水文系統**：土地使用與開發，會改變水文系統，汙染地表和地下水源。不透水敷面，如道路、停車場、建築物等都市土地開發，會增加地表逕流與水患，減少地下水源的補注。農耕、都市建設、開礦，會增加土壤侵蝕、汙染河川、湖泊。

5. **土地使用影響農業和其他生產性土地**：開發改變了生產性土地，例如：把農地、林地、地下水源補注地區，變成都市使用。這種改變削弱了這些土地的生態和生產糧食的功能和水資源的供應。

6. **土地使用與生態資源**：土地的消費性使用、蔓延式的都市發展，對自然生態系、溼地與野生動植物，都有重要的影響。

7. **土地使用對能源與原物料消費的影響**：能源的消費是氣候變遷的主要因素，因爲80%的人都倚賴石化燃料維生。低能源效率的建築物設計與建造，倚賴小汽車的交通型態，都使石化能源的使用增加。智慧型城市成長與**新都市主義**（new urbahism），都是希望透過緊湊型（compact）、內塡式（infill）和捷運的交通，減少能源與原物料的消費。

8. **土地使用與社區性質、衝突和環境正義**：土地開發把開放空間改變成道路、住宅區和大型購物中心，會明顯地改變社區的性質。雖然有些改變是不可避免的，但是在改變的過程中，應該以地方上的傳統背景與文化，來緩和改變的衝擊，保存當地的社會傳承，特別是在受到蔓延發展的城市郊區。土地與自然資源爲人類生存與維持生活品質的要素。絕對不可過度開發或做榨取式的使用，使具有經濟價值的資源，超過其持續再生的能力。

土地與自然資源管理，也影響許多無法直接量度的經濟價值、物種棲地、生物多樣性。土地與環境管理也會增進公領域的社會價值，使人生活在美好的環境裡，享受人生。土地與自然資源管理，是在管制人與環境之間的互動。土地與環境管理是科學與技術問題，也是政治、政策、法律與制度之間互動的問題。這裡所講的環境包括自然環境（natural environment）與人造環境（built environment）。

扮演環境管理的角色包含社會、市場與政府三方面，它們之間彼此影響，如第24頁的圖1-1所示。不過，在現實社會裡，處處經濟掛帥，市場的力量主宰著大部分環境的命運。例如：最關鍵的土地開發者就是土地所有權人與開發商。因爲他們受利益的誘因去開發土地，接著便影響環境。這時就需要規劃與設計專家，設計創新的方法來保護環境。另一個重要的角色是政府。政府可以用警察權（police power）保護公眾的健康、安全與福利。有關規範土地使用的警察權，重要的有四種：(1)土地使用分區管制；(2)土地細分；(3)租金管制；(4)空氣與水質標準。其他如建築技術規則、消防與衛生規則、景觀與停車空間的規定、開礦、動植物疾病的控制、危險物品的運輸與儲藏等都是警察權的運用。另外，成長管理（growth management）的目的，也是在管制地主與開發商的土地開發行爲。這些工具包括：土地使用分區與土地細分（subdivision）規則，以及創新的績效標準（performance standards），用來規範土地開發的區位與對環境的衝擊。也有愈來愈多的省及地方政府，使用一些法規性以外的方法來控制土地開發。例如：用規劃基礎設施建設的區位、租稅政策、土地徵收、教育、環境設計等方法，來影響土地使用與開發行爲。

環境管理：反映社會文化、價值觀及倫理

土地與環境管理也反映社會、文化、價值觀及倫理問題。如何管理土地與環境，都是以社會的文化與價值觀爲基礎的。不同的社會與文化有不同的價值觀，對自然環境的看法也不同。這些文化與價值觀又受宗教信仰、教育、個人經驗等因素的影響。瞭解文化與價值觀非常重要，因爲我們須要瞭解一個社會的文化與價值觀，才能將它們融入在土地與環境管理的規劃決策之中。換句話說，我們在做環境規劃與管理的時候，也要顧及到整個社會的文化與價值觀、道德概念以及倫理問題。

自然資源的價值有哪些？

1. **實用或工具價值**（instrumental value）。我們立即可以使用的價值，也就是物質的經濟價值，例如：森林→木材。

2. **內涵的價值**（intrinsic value）。可以去欣賞的價值，例如：欣賞森林的美景、體驗森林浴等；又如古蹟：以市場觀念看，沒有經濟價值；就開發而言，又妨礙周邊土地的價值，但是卻具有歷史、文化上的價值。

3. **與生俱來的價值**（inherent worth）。是比較難捉摸的，不具體但確實存在的。例如：森林本身是一個生存的有機體，它本身天生就具有可供使用、欣賞、調解氣候水源的價值等。

4. **它本身或是未來可能會被利用的價值**（option value）。譬如古蹟，如果我們太注重開發的話，古蹟是妨礙開發的，最好的辦法就是拆掉。但是它本身在歷史上或是文化上是有價值的。我們人類所能擁有的東西，都是過去的東西。在時間的觀念上來看，我們沒有未來。因爲未來還沒有來，我們也不知道它會不會來。我們能夠擁有的，就是歷史，就是過去的東西，如果把過去的東西都摧毀了，那我們什麼都沒有了。聯合國教科文組織所登記保存的，不論是自然的，或是人文的，都是「遺產」。不是嗎？

現代人看環境管理

1. 第一種是樂觀主義者（optimist）的看法，大概在1970年代，樂觀主義者認爲地球上的資源無窮無盡，人類的才智與科技可以使我們面對未來的挑戰。如果石油用光也可以找出替代的資源，如核融合；汙染可以有新的方法加以處理；人類可以管理生態系；甚至可以從其他星球取得所需要的資源。

2.第二種是審慎樂觀（concerned optimist）的看法，認爲人類社會所面對的問題，諸如貧窮問題、人口問題、全球暖化造成氣候變遷、海平面上升問題、能源問題、物種消失的問題、土地使用問題、生態系統破壞、城市擴散蔓延等問題，特別是政治的鬥爭阻礙了未來永續的發展。因此，爲了挽救這種狀況，一個社會必須改變它的社會良知與經濟體系。停止富裕人的過分消費，以及追求錯誤的物質成長。

3.悲觀主義者（pessimist）的看法，認爲我們高水平的物質上的經濟成長，是不可能永久持續下去的。環境的限制會阻滯經濟成長，人類使用、壓榨自然資源，總有一天會用光。既使環境災害與自然生態系統的破壞無法威脅我們的生存，社會的緊張和擴大的貧富差距也會形成全球安全的顧慮與區域性的戰爭。

4.自我安慰的（self-absorbed），自顧自就好了的人，認爲社會問題很多，自己也有一本難念的經，能管好自己與家人、財富、工作與生活就不錯了。或者社會與國家影響到我的時候才去關心，否則我也不管它。能夠賺錢過好生活、就好了。環境暖化不關我的事，我無法管到世界上的人與環境，讓別人去操心吧。

環境管理的原則與相關部門的角色

環境管理，到底與它有關的角色是什麼？我們可以從圖1-1來看。

圖1-1最上面的方塊是整個的社會人民的力量，中間是自然環境，左下角是市場的經濟力量，

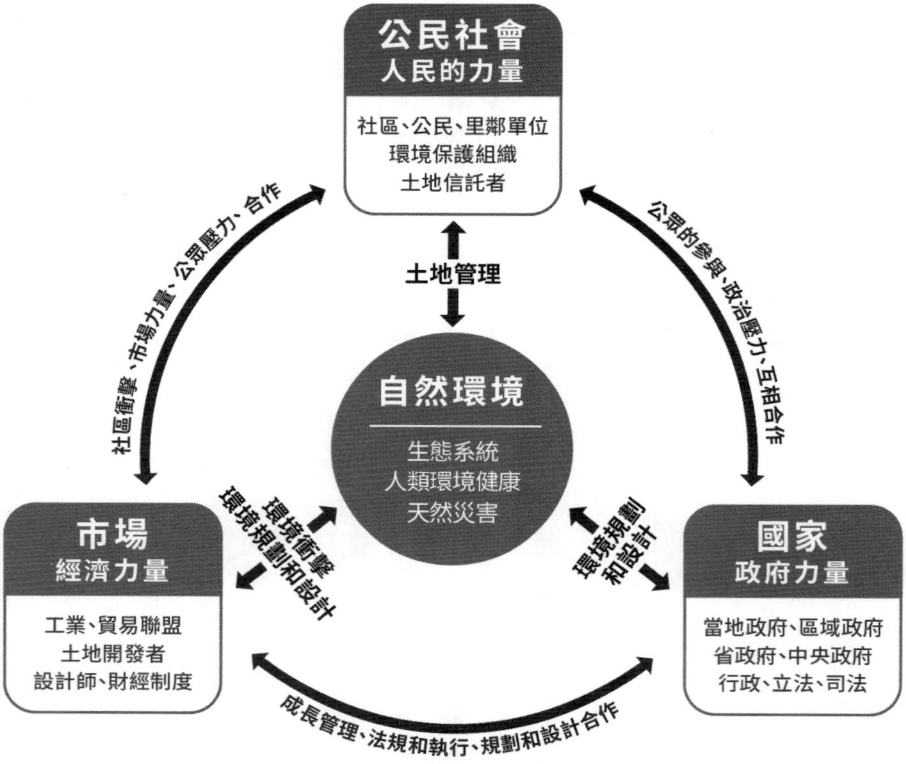

圖1-1　環境規劃與管理的關係

右下角是政府的公權力。這幾個力量之間有互動的關係，也有連帶的關係。自然環境會影響社會、社區、市民、公民、人群、鄰里單位、環保組織，這些社會上的各種團體與制度。還有很多保護環境的組織，比方說台灣的一些環保團體，美國也有很多自然保護的團體；另外還有土地信託（land trusts），土地信託就是託管，一塊土地希望能夠被保育，就託管給某一些環保團體，由他們代管，或者是交給政府。人跟社會是互相影響的，自然環境會影響到人類社會，人類社會也會影響到自然環境，還有天然災害。

圖1-1左下角是市場，市場就是自由經濟體系，有工業、貿易、土地的開發者、設計者和規劃者。這些部門組織起來就是市場體系，自由經濟市場的系統，跟自然環境、環境衝擊（environmental impact）也有關係。

圖1-1右下角是政府，政府在美國有聯邦政府、州政府、地方政府、區域政府（實際上是幾個州、郡或鎮組成區域規劃機構）。台灣有中央政府、縣、市政府。台灣的區域是硬性畫出來的，並沒有因應自然、地理、經濟、社會條件組合。北、中、南、東四個區域，規劃機關都在台北。中央政府有行政、立法、司法、考試、監察，五權分立。這五方面的權力會影響到環境，環境也影響到這五方面。有政府的公權力來做規劃的工作外，也要有公眾的參與（public participation），還有一些政治力量以及互相合作的合作機制（collaboration），這又牽扯到市場跟政府之間對城市的成長管理（growth management），還有法規與執法、規劃與設計、市場合作等等。這個圖表示出了整個人與自然環境的系統，包括人與社會、市場以及政府，還有規劃者的角色。

從資源保育到生態保育

從歷史的發展上看，影響到土地政策與管理的環境保護運動，從資源保育到生態保育的規劃，大約有三波。第一波是資源保育運動（conservation movement）。以美國來講，從十九世紀末到二十世紀，前述的先趨思想家，如：艾默生、梭羅、繆爾、李奧波（Aldo Leopold）等，以及他們的論述，都有重要的影響。特別是在1930年代，美國西部的沙塵暴，讓他們注意到水土保持跟資源保育的重要。老羅斯福總統和他的森林部長賓喬（Gifford Pinchot），倡導自然資源的智慧使用（wise use），國會於1916年建立了國家公園系統。現在中國大陸每年都有沙塵暴，就是因爲大戈壁沙漠水土保持做的不好。從清朝的左宗棠種樹到現在，似乎並沒有什麼成效。筆者四、五年前經過絲路，所見的景象都是風沙荒涼一片。

第二波是從環境的健康來保護環境。從人類的健康著眼，從事公共衛生、疾病的防治等等，以維護人類的健康。使我們注意到環境品質和人類健康的關係，特別是在工業革命之後，開始重視對飲用水、空氣、與土地汙染的防治。特別是毒性物質，會造成呼吸道與癌症等疾病。

第三波是環境保護運動。從生態保育的角度來看，是從資源保育到生態方法（From Conservation to the Ecological Way）。一方面把人類的生活跟居住、自然資源的使用跟自然保護連在一起，人跟環境本來應該是一體的。美國從1960到1970年代，各種環保立法和機關相繼成立。重要的有：1969年國會通過國家環境政策法（National Environmental Policy Act, NEPA），1970年成立環境保護署（Environmental Protection Agency）。其他如：清潔空氣法（Clean Air Act, CAA, 1970），清潔水法（Clean Water Act, CWA, 1972）等。

台灣的環境保護運動，大約開始於1980年代，也是循著環境衛生機關改制的模式演變而來。行政院衛生署環境衛生處，於1982年元月升格爲「環境保護局」。1987年八月，再由行政院衛生署環境保護局升格爲「行政院環境保護署」。但是台灣的環保署，它的工作只是清理垃圾、防制汙染等，這些都是下游的事情。上游的事情，應該是從保護自然生態著手。你也許在上廁所的時候會注意到，廁所的清潔是由行政院環保署列管的。也可以說我們的環保工作還停留在第二波。根本的工作，應該是從保護自然生態和規劃管制土地與自然資源的使用著手。

雖然台灣與美國都有環境保護署（EPA），但是，兩者的思維與職能模式卻完全不同。美國的環境保護署，已經認識到土地是許多自然與可更新資源的源頭。它支持住宅、工業、商業、交通、休閒遊憩和其他各種使用。土地與生態系統，可以經由土壤過濾和分解有毒的化學廢棄物，並且可以儲存水源。土地直接或間接地影響自然與人造環境。美國的EPA正在推動城市的智慧成長（smart growth）。智慧成長可以減少土地開發對環境的衝擊，這些方法包括：緊湊型開發（compact development），減少不透水敷面、改善滯水能力、保護環境敏感地區，增加住宅、辦公與商店的土地混合使用（mixing of land uses）。並且改善捷運系統的可及性，便利步行與自行車的交通便利。❹

除了美國，德國的環境保護運動，影響了整個歐盟，在1990年代已經居於世界的領導地位。其他發達國家和開發中國家，也都有各自的環境保護運動。當環境保護主義遍及世界各地之後，也更變得包羅萬象。保羅・伊利士在《人口炸彈》（*The population Bomb*, 1968）中強調，人口成長將超過地球所能承載。康芒斯（Barry Commons）在《封閉的循環》（*The Closing Circle*, 1971）中論到，脫韁的科技和富裕的生活是主要的環境殺手。哈定（Garrett Hardin）在〈公有地的悲劇〉（*The Tragedy of the Commons*, 1969）中說，個人自由使用公有資源（水、空氣、生態系），會導致整體的毀滅。除非能共同合作，努力控制人類的貪婪和消費，來保護這些公有資源。

關於科技的發展、人口的成長與過度消費、經濟發展與環保、基因改造作物對環境的利弊影

---

❹ US, EPA網頁（www.epa.gov）。

響、工業化農業、都市化、核能、生態工程等問題的辯論。一方面主張對大自然，要小心應對。一方面認爲，用科技的方法解決環境問題，除非能證明它是無害的，否則它的效果是值得懷疑的。因爲經驗告訴我們，用科技方法解決了一個問題，必然會引來另一個問題。

如何達到環境的永續發展？

世界性的環境運動，開始於1972年的聯合國人類環境會議（the United Nations Conference on the Human Environment），主題爲臭氧層稀薄問題。聯合國於1983年在其第38屆大會中，通過成立世界環境與發展委員會（World Commission on Environment and Development）。這個委員會經過四年的研究，在1987年發表了研究報告《我們共同的未來》（*Our Common Future*），也稱爲《布蘭德蘭報告》（*Brundtland Report*）。此一報告提出**永續發展**（sustainable development）的概念最爲現代各界所廣泛引用。所謂永續發展意指：**我們的發展不可爲了滿足這一世代人類的需要，而妨礙未來世代的人去滿足他們自身的需要**。接下來在1992年，以及2002世界各國代表在巴西的里約熱內盧（Rio de Janeiro）與南非的約翰尼斯堡（Johannesburg），舉行聯合國環境與發展會議，也稱地球高峰會議；爲了尋求解決世界性環境問題，提出了《二十一世紀議題》（*Agenda 21*），其中心目標即是永續發展，以及生物多樣性和氣候變遷等問題。接下來，更有環境公平正義運動（Environmental Justice Movement）、氣候保護運動（Climate Protection Movement）、綠建築運動（Green Building Movement）、乾淨能源運動（Clean Energy Movement）、綠經濟運動（Green Economy Movement），以及永續社區運動（Sustainable Community Movement）等發展。

在永續發展的觀念下，我們必須認清人類的文明是整個自然世界的一部分；假使人類社會希望持續發展下去，自然界必須要被保護。永續發展的觀念也就是要在發展之中遵守資源保育的原則，而且要把這些原則力行在我們的日常生活當中。永續發展並不需要我們犧牲生活水平，只要求我們改變一下思維，去過一種比較不過分消費的生活。這種改變也要顧及世界的一體性以及環境的管理、社會的責任與經濟的發展。

威廉・麥唐諾（William McDonough）及其幕僚爲在德國漢諾威市（Hannover）舉辦的2000年博覽會（EXPO 2000）所起草的漢諾威原則（*Hannover Principles*），也稱之爲《地球權利法案》（*Bill of Rights for the Planet*），提出以下的永續發展模式：

(1)強調人類與自然在一個健康、互相支持，而且多樣化的環境下共存共生的權利。

(2)我們必須認清人與自然的互賴關係。這種關係存在於各個社會層面，而且影響深遠。

(3)在人類生存的各個方面，包括社區、居家、工業與貿易等方面都要意識到，而且尊重精神與物質之間的平衡關係。

(4)我們對爲了人類福祉所做的規劃與設計，必須對其與自然系統的共生權利負責。

(5)我們所製造的產品必須具有長遠的價值；不要因爲我們的粗心而給未來世代的人帶來維護管理的負擔。

(6)生產任何產品必須考慮其生命週期的適當性，而且要設法使其與自然系統合一，以避免浪費。

(7)人類的各種設計，其能量都來自太陽，所以要盡量利用自然能量流轉的原則，要有效率而且安全負責地使用能源。

(8)我們要認清規劃設計的極限，沒有任何的規劃設計可以永遠長存，人力也不可能解決所有的問題；我們在面對自然的時候必須謙虛，要師法自然而非排斥與控制它。

(9)在改善環境的時候，必須分享彼此的知識；鼓勵同業間、消費者與製造者充分的溝通，建立長遠的倫理責任關係；重新建立自然與人類行為的整體關係。[5]

其實永續發展的觀念也不是現代人的產物。早在1789年，傑佛遜（Thomas Jefferson）即指出：「地球在其發展的過程中是屬於每一個世代的，它應有它自身的權利，沒有任何一個世代可以在其生存的過程中取得利益超過他所能付出的代價」。[6]

其他有關永續發展的定義，如：羅克豪斯（William D. Ruckelshaus）認為：「永續發展主張經濟成長與發展是必然的趨勢，但是必須限制在生態的極限之內，也就是要使人的作為與生物、物理、化學法則相一致。環境保護與經濟發展應該是互補而非互斥的關係」。[7]萊奇門（Beth E. Lachman）認為：

永續發展的目標與範圍，應該取決於一個社區的資源、政治、個人行為與其本身的特性條件。永續社區的問題包括：都市蔓延、城市中心的改造、經濟發展與成長、生態系統的管理、農業、生物的多樣性、綠色建築、能源節約、流域管理與汙染防治等。這些問題不容易以傳統的方法面對，應該以集體合作的系統方法來尋求解決。因為這些問題異常分歧與複雜，需要各種專長、各種機構、各種相關人士的合作。[8]

講到永續發展，我們必須注意三個E，經濟（economy）、環境（environment）跟社會公平正義（equity）。其實還可以加上兩個E，就是參與（engagement）與永久性（eternity）。我們必須改變短視近利的做法，而從長遠的觀點來看經濟發展與環境問題。因此永續發展的規劃，要調和經濟發展與環境保護的衝突，也就是資源使用的衝突。也是社會公平正義的衝突、財產權的衝突。環境的規劃、土地使用的規劃，就是希望解決這些衝突。要注意，經濟發展必須建立在良好的環境基礎上。

如果我們把環境定義得廣義一點，來看環境與經濟系統的關係，可以把經濟系統看作是一個開放的系統。一個開放的系統是一個有輸入資源與能源，又有輸出各種汙染與廢棄物的系統。反之，封閉的系統則是一個沒有從系統之外輸入資源、能源；也沒有產出/輸出到系統之外的系統。因爲我們的經濟系統是一個從環境輸入日光、原物料、能源；也把廢棄物、汙染的空氣、汙水排放到環境裡，所以我們的經濟系統是一個開放系統。從圖1-2可以看到，我們的經濟系統是依存在環境系統裡，而且是彼此互相緊密關聯的。從經濟學的觀點看，環境是供給我們經濟系統資源的系統。它是供給人類各種財貨與勞務的資源，也收納與消化經濟系統所排放的廢棄物與汙染。

---

❺ http://www.nps.gov/dsc/dsgncnstr/gpsd/ch1.html

❻ Center of Excellence for Sustainable Development, http://www.sustainable. doe.gov/overview/definitions. html

❼ William D. Ruskelshus,"Toward a Sustainable World," *Scientific American*, September, 1989.

❽ Beth E. Lachman, *Linking Sustainable Community Activities to Pollution Prevention: A Sourcebook*, Critical Technologies Institute, April, 1997.

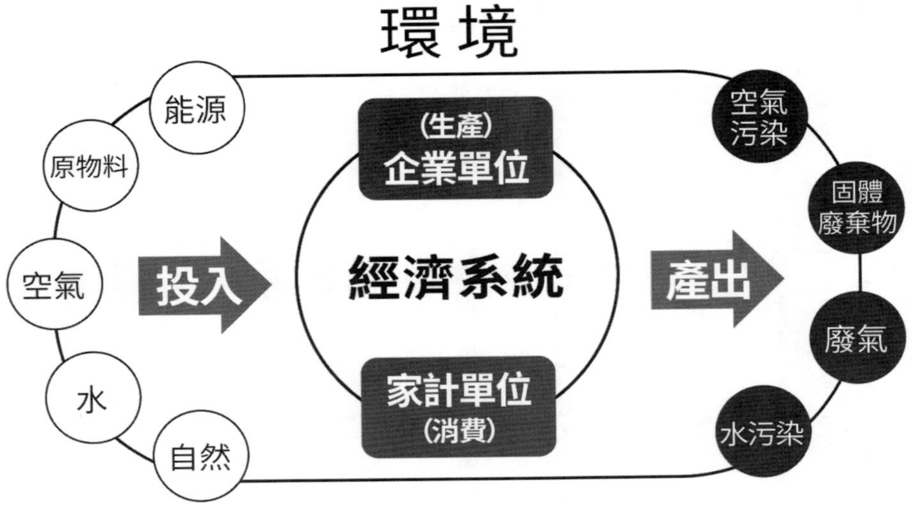

圖1-2 經濟系統與環境系統的關係

土地使用與環境規劃的原則

土地使用規劃是一個在土地改變使用之前，評估人口需要、土地的性質與價值，以及各種使用方案的決策程序或步驟。規劃土地使用包括多種利益之間的競爭，人們的經濟與個人的需要是主要的考慮因素。然而，土地的特殊性質適合哪種使用或不適合哪種使用，必須仔細評估。例如：洪水平原並不適合永久性的建築物，但是卻適合做遊憩、公園或保育使用。爲了要做正確的土地使用決策，必須考慮公、私土地所有權人、開發業者、政府與特殊利益團體的需要。因爲如此，我們在規劃土地使用時，有一些原則與程序必須注意。一個基本的原則是作愈少的改變愈好，而在必須做改變時，幾項原則必須加以考慮。

1. **評估並且記錄任何特殊的地質、地理及生物的狀況**：有些土地具有特殊的形貌，也因爲它們具有特殊的社會價值，所以應該加以保護。

例如：美國的大峽谷（Grand Canyon）、優山美地（Yosemite）國家公園；中國的黃山、張家界、九寨溝；台灣的太魯閣、墾丁國家公園。此外，還有許多荒野地區，因爲它們的特殊結構、特殊景緻、特殊生態系，也應該保護。特別是我們認爲毫無價值的荒野地區，會使居住都市的人身心舒暢，培養出拓荒的精神。

2. **保護具有獨特文化或歷史價值的地景**：某些地景、城市中的某些地方與建築物，具有重要的文化、歷史或宗教的重要性，不應容許土地的開發。還有聖地、古戰場與有歷史重要性的地方，都不應該做土地開發。

3. **保育開放空間與環境特色**：我們必須瞭解，開放空間與自然地區並不是無用而沒有價值的土地。人類的行爲偏好自然、空曠，而且可以遠眺的地方。有人認爲這是根深蒂固的生物本性；也有人認爲那是受到文化的陶冶。不過，無論如何，都市規劃者都知道，接近自然與開放空間，都是決定土地使用時的重要考慮因素。因此，保護人口聚集地方的開放空間，是具有很深意義的。

4. **計算土地改變使用所需要增加的成本**：無論何時、何地改變土地使用的方式，都需要更多的配套設施去配合這種改變。例如：當住宅社區開發時，必須一併提供學校、道路，以及其他的公共設施加以配合。而且，如果原來規劃的使用無法實現，往往這些成本都需要社區居民以增加稅賦的方式共同負擔。城市智慧成長的意思也就是在已經具有公共基礎設施的地方從事集約的土地開發；而不要在沒有公共設施的地方從事粗放的土地開發。

5. **計畫住商相互鄰近的混合使用**：北美最大的問題就是住宅區與住宅區分離，又互相與商業區及其他設施分離。如果把各種使用恰當地混合在一起（例如：獨棟住宅、公寓、商店與辦公及其他設施）。便可以減少對小汽車的倚賴，而用步行或單車爲交通工具。

6. **計畫多樣的交通工具與方式**：目前大多數的都市與鄉村地區都缺乏單車道路。雖然單車的行駛合法，但是與其他車輛混雜非常危險，因此需要單車專用道。步行健康又愉悅，但是因為缺乏人行步道，在穿越繁忙街道時，困難又危險。簇群式的住宅，加上巴士與軌道交通規劃，可以使人不必倚賴小汽車作為交通工具。

7. **劃設城市成長邊界，並且以緊湊的（compact）形式開發與管理**：城市沒有計畫的成長，是因為根本沒有計畫或者是有計畫，但是沒有執行計畫。一項非常有效的增進土地使用的工具，就是建立一個城市成長邊界。城市成長邊界就是控制或限制開發的疆界。建立**城市成長邊界**的最重要作用，便是使許多計畫必須在劃定成長邊界之前做好。使社區所有的人知道計畫進行到什麼程度，而且使開發依照邏輯的步驟進行。這種做法也能鼓勵都市土地做較高密度的使用。

8. **鼓勵在已有基磐設施的地區開發，避免基磐設施的重複投資**：因為開發土地需要公共設施，因此必須在具有公共設施的地方從事土地開發。這些公共設施包括：電力、電話、飲用水、下水道與交通運輸系統。另外也包括服務業，例如：購物、銀行、餐廳、旅館、學校、醫院、警察與娛樂設施。提供或新建這些設施，其成本必然很高。在大小城市裡都會有老舊、荒廢的建築物。這些土地已經在都市地區，已經有公共設施，或接近公共設施。這些土地的再開發對市中心地區的更新非常重要。

土地使用與環境規劃者的工作性質與功能並不容易劃分。他們會工作在各階層的政府機關，規劃顧問公司、土地開發公司，或半官方機構裡。有些人主要做土地使用計畫；有些人主要做環境影響評估；也會有人專注於政府土地與環境法規的擬定。說得具體一點，他們的工作包括：為縣市或地方政府擬定以環境為導向的土地使用計畫，為全省資源擬定環境敏感地區計畫，管理與執行地方洪水平原法規，評估開礦政策的環境影響衝擊，追蹤廢棄的廢物掩埋場，評估大型土地開發計畫或其他與土地及環境有關的工作。不論他們的工作機構爲何，或工作性質爲何，都要瞭解與各方面有關的政治、社會與經濟利益。我們可以說，土地使用與環境規劃既是科學也是藝術。土地使用與環境規劃已經成爲現代規劃理論的另一個主流，每一個規劃者都必須對它有所瞭解。面對愈來愈多的森林濫伐、水土沖蝕、土石流、洪氾與氣候變化所造成的天然災害，土地使用與環境規劃不但保育自然資源，也可以復育已經遭到破壞的自然資源。

土地使用與環境規劃的實踐

土地使用與環境規劃是把有關自然與健康衛生的科學知識，應用在土地使用與環境規劃工作上。也就是說，規劃者要規劃出能達到以下兩種目標的土地使用與環境規劃方案與法規。第一、保護人民生命與財產免於受到自然與人爲的災害與損失；第二、保護與維護重要的自然與人爲資源的價值。

爲了防止自然與人爲因素威脅到人類的健康、安全與福利，導致財產的損失。透過使用政府及民間有關災害區位、類型、大小與嚴重性的資訊，規劃者可以：(1)辨識發生災害的地區；(2)減少人口的密度；以及(3)減少災區與鄰近地區不相容的土地使用。例如：一塊肥沃而且濕度、排水都非常良好，易於耕種的土地，當然應該做農業使用，而且可以增加農業生產的價值。這種土地也具有環境的價值，應該保護而且排除不能保護與維護環境價值的土地使用。事實上，如果不保護優良農地的環境價值，將會釀成環境的災害。例如：如果在優良農地上蓋住宅甚至工廠，很顯然地，優良農地的農業價值與環境價值都將被摧毀，甚至會危及鄰近的農地與住宅區居民的健康。

保護與維護重要的自然與人造環境價值的主要目的，也是土地使用與環境規劃者的重要教育內容。這些教育內容必須包括基本的健康衛生知識，以及地質、水文、園藝、生物與土壤等重要概念。更重要的是，規劃者也必須瞭解各種自然地理元素之間的互動與影響。例如：一個購物中心對野生動物、洪水平原、或土壤沖蝕的影響。尤有進者，土地使用與環境規劃者也要把這些概念與更大的環境聯繫在一起。

2 你知道城市是如何形成的嗎？

城市的功能是什麼？城市要達成的目的是什麼？

有人說，都市規劃（urban planning）是一種藝術，是爲了要適應人類活動行爲的需要。不過，無論都市規劃是藝術還是科學，在我們談到城市（city）規劃以前，我們必須要問：什麼是城市？城市是如何形成的？爲什麼城市是現在那個樣子？城市的功能是什麼？城市要達成的目的是什麼？實際上，沒有一個單一的定義可以涵蓋以上這些問題，也無法說明它的生成和演化。從社會學的角度看，城市的過去是非常隱晦的，我們無法發現它的原始，也很難衡量它的未來。從地景的角度看，或許可以發現城市形成的歷史和文化淵源。

一般研究建築或景觀的人都會瞭解，我們可以透過建築物和城市的型態，看見一個地方的文化。反之亦然，一個地方的文化，可以從建築物和城市的型態表現出來。我們對世界各地，不同歷史時期的社會結構、文化瞭解得愈多，愈能欣賞城市的人造環境。或許我們可以經由走過一個老的市鎮中心，就可以描繪出它的結構與型態，但是如果不去翻閱它的歷史檔案並且看看老地圖，我們可能很難眞正瞭解，一個城市爲什麼會成爲它現在的樣子。例如：爲什麼有的城市的街道是方格形的？有的又是環狀的，或放射型的？

什麼是城市?

我們不禁要問，到底什麼是城市?它的功能是什麼?在過去一個世紀以來，它在實質上和社會上發生過什麼變化?是什麼因素決定城市的大小、它的成長、它的街道、建築物應該是什麼樣子?它應該包含哪些經濟和社會階級?它的實體和文化形態又該是什麼樣子?它的政治和行政體制又是什麼樣子?我們有沒有可能發展出一個最適當的城市形態?如果我們要再造宜居的城市與區域，哪些事情是我們必須做的?簡單地說，在我們目前的文明狀況之下，去創造、設計新秩序的可能性又如何?什麼是城市與區域的關係?假使我們可以重新定義城市和區域的型態，我們將會如何規劃設計?

到底是什麼因素把安靜而且遍布農田的鄉村，改變成充滿活力的城市?它們之間的區別，不只是建築物的規模、人口的密度或經濟資源的不同。眞正的動能在於城市裡各方面的需要與合作、訊息的溝通，把不同家庭，不同職業族群，不同基本行爲模式的人，聚集形成一個生存的共同體。城市透過它對實質空間的利用，不只是提供生產因素，也促進人們每天的交融。再加上人們每天面對面的接觸，愈來愈多的協調，愈來愈多的專業功能，愈來愈多共同追求的目標，成爲特殊的社會族群。

從歷史上看，人口的增加、從狩獵採集到農業、工業、服務業領域的擴大和行業的多樣化，都有助於城市的形成與改變。但是城市的性質不只是倚靠它的經濟基礎，城市主要是一個社會的產物，也是具有目的的群體。它把自然環境人性化，也把人類的文化傳承自然化。它首先給城市一個文化型態，然後再使它長久地外顯出來。城市累積並且具體發揮了一個地區的歷史傳承，再加上國家、種族、宗教、人文等遺產。一方面使城市成爲一個單獨的個體，另一方面，每一個城市又是整體文化的一部分。

給城市下一個大家都能接受的定義並不容易。因爲我們可以從政治、經濟、社會、文化等不同的角度來看城市。社會學家魏斯（L. Wirth）從社會學的角度，認爲城市是：眾多社會性質不同的人口，永久性地居住在一個地理區域裡。❶美國歷史學家、哲學家孟甫德（Lewis Mumford）❷在他的著作*The Culture of Cities*裡說：

> 從歷史上看，城市是一個最多權力與文化集中的社區（community）。它是生活中各種光譜聚焦的地方，也以此增進社會的成效和意義。城市融匯各種社會關係於一爐，它們包括：教堂寺廟、市場、法院和學術教育機構。城市裡，充滿各種文物，人們的生活經驗，以各種形式、符號、行爲、秩序表現出來。表現文明的各種奇風異俗也聚焦在這裡，有如一幕幕的動畫，形成一個生動而且多采多姿的社會。城市是社會關係整合的象徵。在城市裡，各種文化的長處可以倍增，人類的經驗會成爲確實可行的行爲模式，和有秩序的系統。城市是各種文化議題聚焦的地方，也是各種儀節變成生動戲劇，而且自我認知的地方。❸

---

❶ Louis Wirth, "Urbanism as a Way of Life", *The American Journal of Sociology*, Vol. 44, No. 1. (Jul., 1938), pp. 1-24.

❷ 孟甫德（Lewis Mumford, 1895-1990），美國歷史學家，科學哲學家，著名文學評論家。以其對城市和城市建築的研究聞名，是個興趣廣泛的作家。

❸ Lewis Mumford, *The Culture of Cities*, Harcourt Brace & Company, 1936, renewed 1966, p. 3.

孟甫德更進一步認爲，城市是土地的產物。從表面上看，似乎農民主宰著土地。其實他們只是在技術上，把土地變成可生產的工具。利用土地從事生產，飼養牲畜，引水灌溉滋潤他們的田地，修築糧倉儲存糧食，建築房舍以居住與保護生命財產。城市是人類利用具有永續性的農業，象徵他們在此定居營生。鄉村的每一個生活面向，都與城市的生存有關。城市是支撐經濟活動、藝術和日常生活的智慧結晶。農耕與鄉村支持城市的生存。

城市也是時間的產物。時間在歷史的長河裡，有如一個模子，很藝術地塑造人們的生活型態。在城市裡，可以很明顯地看見時間的紀錄。例如：城市裡的建築物、紀念碑與公共空間，要比文字的記載和散落在鄉村的工藝品更爲詳實，給人不必書寫的記憶。透過實質文物的保存，時間的挑戰與磨練，層層疊疊地堆砌起來，它們的價值超越了生存的世世代代。所以現代人會建立博物館，以典藏歷史演變的記憶。因爲時間結構的多樣性，城市裡的生活多彩多姿，有如交響樂一般。不同天賦的音樂家，用不同的樂器，協調地奏出優美的樂章，絕對不是某種單一的樂器所能奏功的。

城市的產生，也出於人類社會的需要。在城市裡，各種力量，以各種方式與當地的風俗習慣攪和在一起。透過市場的交易和集會的互動，互不相識的男男女女，各式各樣的興趣與偏好，都在城市裡穿透了傳統的血緣與鄰里關係，尋求滿足各自的需求。不同族群以自己獨特的方式過自己的生活，他們之間的和諧遠勝於彼此的衝突。在都市的生活環境裡，社會的各種東西往往是由機械所生產，把工業和政府帶入一個新的境界，把鄉村變成城市。由於城市裡人們對生活物資需要的壓力和市場所提供的機會，於是形成資本主義的經濟型態。在城市環境裡，各種工藝造成的變動，產生了我們現在的社會；而社會的需要又引起發明與創新，然後會帶動工業和政府進入一個嶄新的境界，幫助鄉村轉變成城市。

這樣看來，城市似乎是自然形成的，然而，城市也是人類有意識的藝術作品。各門各派的思想在城市裡形成，城市的型態也影響各種思想與意識。空間與時間，巧妙地在城市裡，藝術性地配置，並且記錄著城市裡的文化向度，以及一個個新的時代紀元。城市有邊界和輪廓，幾何線條改變了自然的座落。城市記錄了文化和它存在的年代，不只是實體的，更是人類思想和觀念上的。城市既在實質形態上提供集體生活的印記，也在意識型態上顯示出共同一致的目標。

如果我們回顧十五世紀以來的西方文明，可以發現硬體建設的進步一日千里，但是我們卻沒能建立一個和諧、合作的都市社會。這種社會生活型態，連最聰明的人也無法瞭解。它所造成的結果，並不只是一時之間的混淆，也是實實在在的混亂，造成社會的失序和貧窮。至於日益增加的人口，生活在老舊破敗的貧民窟裡，他們連陽光和新鮮的空氣都享受不到，更無緣奢望基本的都市生活設施，和多采多姿的社會生活。當都市化程度增加時，這種慘狀也會跟著擴散。而根本的問題在於如何強調「人」的價值，而不是如何獲得權力與利益。當都市化的程度加深時，這種慘狀也會跟著擴散。

今天我們所面對的城市問題，不僅是由來已久的混亂和社會秩序的解構，更要面對社會秩序解構所帶來的各種實質與社會後果。破壞的地景、沒有秩序的都市土地分區、隱藏的疾病、綿延不斷的貧民窟，以及蔓延的市郊，混亂了郊區的愜意性。今天，城市重建的任務是要重建我們的城市文明和人文價值。我們必須警覺，現在的都市生活，大部分都是巧取豪奪式的。我們必須創造一個人們互相合作、和諧的生活方式。這種生活方式，是要建立在人文價值，互助互利的基礎上，而非權力爭奪的基礎上的。問題是如何在人文價值上，去調整各種我們曾經誤用，或者從未使用過的社會功能。

現在我們所看到上個世紀的主要都市環境，大多都是機具至上想法的產物。由於生物技術與科學的進步，以及社會思想在各方面的滲透，那種環境早已時過境遷。我們現在已經到了一個臨界點，那些歷史的洞見和科學知識所累積的資產，已經注入我們的社會生活，使我們的城市文明轉型，重新塑造新式的城市。這種巨大的改變，已經讓我們看見，它影響著人口的增加與分布，工業的效率，以及文化的素質。最終，這些方面的研究、預測與想像，都會深植進入我們每一個人的生活裡。

城市型態的形成與演化

城市型態的形成，大致可以從兩方面來看。一個是人和制度的力量，另一個是都市自身的演化（urban process）。人和制度的力量，包括：誰設計城市？他們經過什麼樣的過程？什麼機關和法律賦予他們這些權力？影響城市形成的法律與經濟的歷史演變，是一個極端重要的議題。它包括：都市土地的所有權和不動產市場，政府的徵收或收買權，法定的綱要計畫、建築規則、財務的變化、財產稅賦、城市的行政結構等。至於城市的設計家，眞是多得不可勝數。在歷史上享有盛名，而又爲一般人所熟知的，例如：設計美國華盛頓特區的郎方（Major Pierre L'Enfant），[4]設計巴黎的豪斯曼（Baron Haussmann），[5]設計芝加哥的柏恩翰（Daniel Burnham）[6]，建築師柯比意（Le Corbusier）[7]等。除了城市設計家外，城市的形成又可能受各式各樣的人、事、物的影響。例如：戰爭、宗教、軍隊、商旅、勞工、政客等等。甚至更重要的是，很多城市的形成，並不是由什麼人刻意設計出來的。例如：你知道雅典或加爾格達是誰設計的嗎？實際上，人們日常的生活，和多變的歷史可能是更重要的力量。

關於城市的演化，是指城市的實質性質，隨著時間所發生的變化。城市型態是一個有限的、封閉的，而且是非常複雜的系統。它的型態是一直都在演變的，從來就沒有停止過，也沒有可能完成的一天。我們每天所看到的和沒有看到的許多因素，隨時都在改變城市的型態。例如：城牆被拆毀了，不久又被蓋起來了。原本方格式的街道，不知在什麼時候，有一條對角線跨越其間。鐵路的軌道、河道、戰爭、火災、高速公路，隨時都在改變城市的型態。

談到城市的結構組織，從歷史上看，孟甫德（Lewis Mumford）在*The City in History*（1961）裡，把都市主義（urbanism）二分爲西方的與非西方的。其他的人也有從不同角度來分類的，或者

---

❹ 郎方（Pierre Charles L'Enfant, 1754-1825）是法裔美國人。在皇家藝術學院（Royal Academy of Painting）學習藝術與雕塑。美國獨立戰爭時期，曾在軍中擔任上校工程師。華盛頓總統在1791年任命他規劃設計華盛頓，他設計了華盛頓哥倫比亞特區的基本計畫。

❺ 豪斯曼（Georges-Eugène Haussmann, 1809-1891），通常稱之爲Baron Haussmann。早年學習法律及音樂，後來進入政府工作。被拿破崙三世任命從事巴黎的大規模改造計畫，開闢林蔭大道、公園及多項公共工程。通常稱之爲豪斯曼的巴黎大創新（Haussmann›s renovation of Paris），他的規劃至今仍然主導著巴黎的發展。

❻ 柏恩翰（Daniel Burnham, 1846-1912）美國紐約人士，是著名都市設計專家，負責設計芝加哥1893年爲紀念哥倫布發現美洲四百年所舉辦的世界博覽會（World Columbian Exposition），及芝加哥，倡導城市美化運動。主要著作有*Plan of Chicago, Report on a Plan for San Francisco*。

❼ 柯比意（Le Corbusier, 1887-1965），法國和瑞士雙重國籍的知名建築師，是二十世紀最重要的建築師之一，是功能主義建築的泰斗，被稱爲「功能主義之父」。獲得了聯合國教科文組織的認可。在其去世五十一週年之際，他的十七件建築作品被列爲人類世界遺產，其中有十座建築位於法國。

以功能來分類的。例如：大教堂式的城市、城市國家、象徵海權的城市、象徵皇權的城市、工業城市、農業中心，做爲首都、政治中心的城市等。其實，世界上的城市，幾乎沒有只因爲單一因素而形成的。也許在開始的時候是，但是後來卻因爲其他因素，而形成多功能的城市。例如上海最早也不過是一個沿海的小漁村而已。

林齊（Kevin Lynch）[8]在*Good City Form*（1981）書中，建立了一個結合都市發展和都市設計的理論。他的理論總稱爲規範性模式（normative models），其中包括：宇宙型模式（cosmic model）、實用型模式（practical model），和有機體模式（organic model）。

宇宙型模式或稱爲聖城（Holy City），如耶路撒冷。用意在於顯示上帝和宇宙的榮耀，以及文藝復興和巴洛克時代的理想設計。設計的特性，是有一個具有紀念性的主軸、防衛性的城牆和城門、占有重要位置的地標和具有層次的空間廣場。

實用型模式是把城市看作是一部機器，強調的是它的實際功能。美國殖民時期的城鎮，柯比意的光輝城市，都屬於這一類。此一模式的城市，是由許多小型、自治式的部分連接成一部機器，各個部分有其各自的功能。

有機體模式或稱生物性城市，認爲城市像一個生物而不是一部機器。它有一個邊界和適當的大小，它的結構有不可分割的內聚力和有規律的活動，以維持平衡的狀態。創造出此一模式的有：霍華德（Ebenezer Howard）、歐姆斯德（Frederick Law Olmsted），與孟甫德（Lewis Mumford）等人。他們所創造具有代表性的模式有：田園市，美國的綠帶城鎮，以及景觀如畫的鄉村，多多少少顯示出同質的型態。[9]

從以上這些分類，可以看出林齊不外乎要給我們一些基本的城市意象。假使城市是一部機器，它一定要能有效率地運轉，它也會折舊而需要不時地更新。城市型態也會像機器一樣，一直需要作機械上的調整，好讓它正確地運轉。假使城市是一個有機體，它會有細胞、血管等器官。如果生病，可能需要動外科手術。最後，回到第一個模式，這種上古時代的城市，只是象徵性的型態，並沒有任何理論或實質上的邏輯。

在城市環境裡，各種工藝造成的變動，產生了我們社會的樣子；而社會的需要又引起發明與創新，然後會帶動工業和政府進入一個嶄新的境界，幫助鄉村轉變成城市。在資本主義的市場裡，銀行提供資金的流轉，形成生產與貿易。城市也是自然的產物，就像一個山洞、一個螞蟻窩那麼自然。然而，它也是人類有意識的藝術作品，意識在城市裡形成，城市型態也影響意識。空間，藝術性地配置在城市裡，城市記錄著文化的向度，並且記錄一個新的時代紀元。無論是巨蛋或尖頂，開闊的大道或封閉的庭院，都有它們的故事。它們不僅是不同的物質作品，更是人類不同命運孕育出來的人類最偉大的藝術作品。[10]

早期的城市有許多種不同的型態。第一個美索不達米亞（Mesopotamian）的城鎮，可能是由一些不規則的聚落，圍繞著一個中心，然後依照生物自然的節奏，結合在一起。接著，一些工人居住的社區，形成有秩序的環境，或者是隨機地形成住宅區。幾乎沒有任何古代的傳統，顯示出城市是

---

❽ 林齊（Kevin Lynch, 1918-1984），美國知名都市計畫專家，就讀於MIT及耶魯大學，以「永續環境」理念聞名。最具影響力的著作爲*The Image of City* (1960)。

❾ Spiro Kostof, *The City Shaped : Urban Patterns and Meanings Through History*, Little, Brown and Company, 1991, pp. 15-16.

❿ Lewis Mumford, *The Culture of Cities*, Harcourt Brace & Company, 1936, renewed 1966, pp. 3-5.

刻意製造出來的。

寇斯多夫（Spiro Kostof）認爲一個地方要成爲城市，需要具有以下幾項前提：

(1)城市是一個具有活力的人群聚集的地方。它與大小和人口數無關，有關係的是居住的密度。大多數前工業化時期的城市都很小，人口少於兩千的非常普遍。

(2)一個城市不是一個能夠單獨存在的地方。它的周邊會有小鎮、鄉村聚落。因此，它們會聚集在一起，形成都市系統或都市階層。

(3)城市是一個有一定範圍的地方。它以實質的（城牆）或象徵性的（法律）邊界，來區分屬於城市的地方，和不屬於城市的地方。

(4)城市是一個有不同行業的地方。城市裡會有官員和百姓，軍人和工人，富人和貧民，也會有不同種族、宗教信仰的人。這些性質不同的居民，會形成社會的階層，各自發揮他們的功能。

(5)城市是一個有各種所得來源的地方。它有農業、貿易、礦產、天然港口和人力資源。

(6)城市是一個具有檔案記錄的地方。以書面記錄人口、產品、法律、地籍等資料。

(7)城市是一個與周邊鄉村有緊密關係的地方。鄉村供應城市食物與原料，城市提供鄉村保護與服務。它們之間並沒有明顯的法律和行政的區劃。

(8)城市是一個具有某些紀念性物件的地方。也就是說，有公共建築物、特殊地標，讓人一看就知道這是什麼地方。例如：羅馬的圓形劇場，巴黎的鐵塔和凱旋門，紐約的帝國大廈等。在公共領域，早期威權統治下的城市，著重皇宮、教堂和廟宇。在民主社會裡，皇宮被人民集會的禮堂所取代。

(9)城市是建築物和居民所構成的。城市的型態、它們的實際功能，以及對人的想法、影響和對價值的看法，造成城市的意象。

(10) 城市裡最能持久的是它的建築物。它們也反映著最新的經濟需求，和最時髦的樣式。但是，也爲了現代和未來的世代，保留著過去的都市文化。[11]

Stanley D. Brunn和Rina Ghose認爲：

(1) 城市是一個充滿各種豐富文化、宗教、種族、生活型態的地方。
(2) 城市是一個新舊傳統、社會階級、地方與區域轉化的地方。
(3) 城市是一個經濟與社會互動的地方。
(4) 城市是一個讓所有居民有機會改善生活素質的地方。
(5) 城市是一個投資人力資源促進經濟發展的地方。
(6) 城市是一個充滿各種媒介、生活型態，以及反思文化的地方。
(7) 城市是一個投資新財貨與服務的地方，例如：觀光旅遊、財務金融、休閒娛樂事業。
(8) 城市是一個孕育創新產品與想法的地方。
(9) 城市是一個區域間、國際間政治改革的樞紐地方。
(10) 城市是一個常有政治事件、抗議示威活動的地方。
(11) 城市是一個舉辦國際運動賽事、娛樂、文化事業、大型集會的地方。
(12) 城市是一個可以發揮人力資源潛力解決問題的地方。

---

[11] Spiro Kostof, *The City Shaped：Urban Patterns and Meanings through History*, Little, Brown and Company, 1991, pp. 37-40.

(13)城市是一個象徵人類精神再生的地方。
(14)城市是一個具有偉大建築物和新舊藝術作品的地方。
(15)城市是一個啓發人類創新、發明與創意的地方。
(16)城市是一個培養未來社會領袖（包括：學術、宗教、科學、政治、藝術、運動）的地方[12]。

有計畫的和沒有計畫的城市

有計畫的城市，也可以說，是有意設計的或**創造**出來的城市。有的時候，它的型態是由具有權威的上級所決定的。一直到十九世紀，這種有秩序的幾何線條型態都沒有什麼變化。它幾乎都是方格式的，或是有一個圓形的中心，也可能是多邊形的，加上放射型的街道從中心伸張出去。不過，有時這種幾何圖形，會再加上一些變化，也可能是這兩種形式的結合。

第二種城市是隨機成長的城市。它是沒有主要計畫的，只是隨著時間的過程，土地的使用情形，和百姓日常生活的需要，而自然發展出來的。它們的型態是不規則的，不合乎幾何線條的，街道是隨著需要而開闢的，是彎彎曲曲的，開放空間也是隨機安排的，也就是前面所說的**有機體**城市。都市歷史學家柯思塔諾理（F. Castagnoli）把有計畫的城市和沒有計畫的城市做了一個區分：

不規則的城市，是完全由居住在這塊土地上的人，自由隨意發展的結果。假使有一個管理的機關，先把土地做分割，然後才把他們分給私人使用，就會成爲有規則的城市。[13]

這個問題也要看你從哪一個角度去看它，我們可能喜歡有計畫的城市，而不喜歡沒有計畫的城市。也就是說，要看我們喜歡秩序、管理，或者是厭惡頑固、僵硬的拘束。反之，我們也可能厭惡沒有計畫的城市隨意發展，反而讚賞有一致性，卻有一些彈性的演變，再加上居民和諧而有律動的生活步調，而形成的城市。

其實，城市的有沒有計畫，有許多因素。讓我們看到這種一刀切的二分法，並不能幫助我們眞正瞭解城市的型態。首先，我們應該強調有計畫城市的規律是要看實際狀況的。都市計畫圖上筆直的街道，可能會被居民變化無常的生活行爲所改變。這種不可預料的情形有兩種，一種是建築物與街道的關係，另一種是建築物與基地的關係，兩者都與幾何線條與秩序有相當關係。在十八世紀，巴洛克式的城市規畫，建築物由街道來規範。這種設計，盡可能地使建築物蓋在同一條線上，並且把建築物蓋在基地中央。這種一致性的樣式，是希望淡化正式規劃所產生的生硬感。

假使我們問，有計畫的城市是否有規律？就要看實際狀況而定；而沒有計畫的城市之沒有規律，也是程度上的問題。街道時常彎曲，並不是法律所規定的。這種有計畫的城市和沒有計畫的城市之間區別的模糊，直到現代還是一樣的。這一派思想興起於十九世紀初期浪漫主義的鄉村生活，漸漸成長到現在，成爲完全主宰西方世界都市規劃的都市主義。它也是很藝術地設計，以避免幾何

⓬ Stanley D. Brunn and Rina Ghose , "Cities of the Future" in Jack F. Williams, & Donald J. Zeigler, Editors, *Cities of the World: Regional Urban Development*, Third Edition, Bowman & Littlefield Publishers, Inc., 2003. P. 518.

⓭ Spiro Kostof, p. 43.

線條給人的生硬感。

其實，如果我們回顧一下歷史上的上百個城市計畫，我們會發現有計畫的，和有機的城市型態是同時存在的。大多數有歷史，而且大小有如都會的城市，它們的有機老市中心，本身就可能包含著好幾個單元。在它的周圍，又會環繞著比較新發展的部分。可以看得出來，城市的形成，都是自身更新演化力量的結果。在它們繼續不斷的演化調整過程中，也很難說是從沒有規律，演變到有規律，是否是好事或不是好事。

這些演變可以從三個方面來看：

第一、**居民的活動從幾何的秩序中解放出來**。就人的活動來說，方格式的設計是比較沒有彈性的。當一個人從一個地方到另外一個地方時，如果不是出於規定，他應該不會走直角路線的。人的自然活動本性，一定會穿越方格走捷徑的。同時，在中央的市場周圍，人與車的流動，也會順其自然地形成環狀。在中世紀的封閉經濟情況下，中心市場是一項珍貴的資產，是要嚴格管理的。好幾條道路會從市場呈放射型，通過阻礙最小的路線，延伸出去到達城門。

第二、**街廓的重組**。在**羅馬**時代，各家的住屋是獨立的。或是三、四家自成一個街廓。在比較擁擠的城市，也會有多層的公寓大樓。在伊斯蘭的城市裡，人們會依血緣關係、親族、部落組成鄰里。羅馬的方格是外展的，伊斯蘭的街廓是內斂的，主要的元素是囊底路（cul-de-sac）。

第三、**公衆注意的焦點對都市紋理的影響**。交通車流就像水流一樣，會有它自己流動的路徑。但是，在遇到城堡、教堂、皇宮等公眾注意的焦點時，就會改變一下方向。道路爲了要順應地形的變化，方格的設計顯然有些困難，而且，如果這種情形繼續存在的話，道路位置的變化，可能就會成爲永久性的了。

有機體城市的演變

把城市看作是一個有機體的概念，其歷史並不久遠。當然，它們的出現跟現代的生物科學、生態科學有關。在另一方面，人類身體的器官和都市型態，在基本生命功能方面，有相當類似之處。例如：開放空間和公園，猶如城市的肺。市中心即是心臟，把血液（車流）由血管（街道）脈動輸送到全身各器官。不過，這種類比與文藝復興時代，注重人文（非有機）的想法有所不同。

近來，這種生物學的類比，因爲經濟學的發展，有令人震驚的復甦。在這種模式裡，城市裡的住屋功能有如細胞。其他如：港埠、銀行金融區、工業廠房和鄉村，都是各種重要的器官。資金以貨幣的型態，或建築物的形態出現，都是流動在城市裡的能量。甚至在資本主義興起以前，所有的都市成長，都是資本累積的過程。在實質方面，資本累積帶來都市空間的變化，我們可以看到，那是破壞與建設之間的平衡。

關於有機體，還有兩件事須要注意。就是它們的結構邏輯和生理狀況，可以用來類比**有機**城市的行爲。打從十九世紀開始，就不斷有文獻，討論到城市的人造環境，和實質、社會與人們健康之間的關係。他們認爲城市也會像生物一樣，從出生，到成長、生病、衰老，甚至死亡。但是，以生物的有機性來類比城市的生命過程，也讓人有言不由衷的地方。林齊有比較貼切的說法，認爲：「城市並不是有機體，它們本身並不會成長、改變，或是自我繁殖、整修。人類自身的目的和意願，才是造成城市的動力。」[14]

---

[14] Spiro Kostof, p. 53.

都市地區有計畫的地景

在都市地區有計畫的地景，有其歐洲的歷史淵源。在美國，鄉村的地景也是從英格蘭學習而來的，特別是十八世紀的英國田園，以及具有恬靜景觀的農莊。開始於十九世紀中葉的紐約中央公園，設計者歐姆斯德（Frederick Law Olmsted, 1822-1903）[15]的理想，正是要創造城市裡的鄉村地景。其目的是要讓紐約市的市民，抗拒一貫的城市生活方式，回復到他們所失去的原來生活型態。重要的是一反傳統的方格型態，讓這種規劃的鄉村景觀，實實在在地完全脫去都市和商業氣息。

在1869年，歐姆斯德在伊利諾州Riverside的一片草原上，種植了數千棵的樹，加上彎曲蔓延的道路，使此地的景觀具有羅曼蒂克的氛圍。彎曲蔓延的道路，意味著休閒、沉思、安寧與愉悅。他寫道：「筆直的道路，給人一種不顧左右，急急於前進的意味。」[16]因此，Riverside被稱之爲市郊的村莊。與中世紀的有機型態相反的，是現代的有機鄉村，不是各類人種，如黑人、猶太人、義大利人或其他少數民族、階級的人居住在一起。而是只有單一人種、單一階級的盎格魯撒克遜白人清教徒住在一起。這也就是土地使用分區的濫觴，把居住與工作的地方分開。之後，經過長時間的熬煉，才有今日的民族融合。

田園市的典範

霍華德（Ebenezer Howard）在寫《明日田園市》（*Garden Cities of Tomorrow*）之前，曾經在芝加哥住了幾年。他親眼目睹到現代城市的擁擠，以及毫無止境的蔓延。關於田園市，在此處所要強調的是，田園市的規劃概念非常具有彈性，可以適應在任何意識型態的社會裡。所以法國和革命後蘇聯的城市規劃，也受到影響。不過，在美國卻有幾項阻礙的因素。在美國的私有財產權制度下，幾乎不可能容忍集體式的土地所有權〔中國大陸即有集體所有權（communal ownership）〕，和受到控制的使用權；他們也無法忍受對汽車交通的限制。不過田園市周邊的鄉村地景，對他們仍然是具有強烈吸引力的。就連城市美化運動，也是強調公園和公園系統的建立的。

在美國，一個可以說是里程碑式的社區設計，就是1928年紐澤西州的Radburn新市鎮。Radburn可以容納二萬五千人，分爲三個村落。每一個村落有自己的小學和公園，每個村落再劃分爲幾個大約十六公頃大小的街廓。它放棄了田園市的綠帶原則，代之以小規模的工業區，那也是霍華德的主要想法。所謂的綠帶市鎮，也是最接近霍華德模式的市鎮，成爲現代美國城市發展史上重要的一頁。

老城市的保育：從歷史中學功課

歐洲大陸十九世紀末期的地景規劃，有一些不同的故事。故事的中心是歐陸版自己的所謂新中世紀主義（Neo-medievalism）。當英格蘭在關注它的傳統農村與農莊地景，並且學習都市生活方式時，歐陸卻優游在它自己的中世紀城鎮生活裡。他們厭惡工業革命帶給城市的醜陋、不人性化的社會羈絆，以及由於投機爭利而犧牲的都市價值。拆毀老城鎮裡建築物的行爲，有如傳染病一般

---

⑮ 歐姆斯德（Freerick Law Olmsted, 1822-1903），美國景觀建築大師，畢生致力於公園設計與野生動物保育。知名作品有紐約中央公園、Yosemite National Park、Washington D.C.，被公認爲美國景觀建築之父。

⑯ Ibid., p. 74.

蔓延，爲的是讓大道直直地通過緊湊的中世紀城市紋理，更容易地到達分散的郊區。一般百姓和文化人，都對這種變化覺得憂心，形容這種做法有如外科手術一般，將城市開腸破肚。於是，因爲文化、社會和歷史的覺醒，保衛老城鎮的聲浪日漸升高。

更令人矚目的是，賽特（Camillo Sitte）[17]認爲城市不規則的型態不只是視覺的，也有它整體的社會用途。城市是建築物和人的組合，兩者結合在一起，在時間的過程中演化而且持續地發展，都市主義（urbanism）正是研究這種關係的科學。這種關係必須是讓人一走過，就看得出來的。街道和廣場必須從三維的尺度來看，它是體積的（volumes）。布魯塞爾市長卜勒（Charles Buls）也爲他城市的老舊說話：

> 老城市和老街道，對那些對藝術不是不太敏感的人，會有一種特殊的魅力。它們稱不上美麗，但是卻很吸引人。它們以那種不是出於藝術而是出於偶然，而且沒有章法的美來取悅於人。[18]

現代城市的幾何對稱式設計，是設計師職業性地畫在平鋪的紙上，未必有行人走過，而且經驗過的。不論如何，卜勒認爲問題並不在於街道的彎與直，而是建築物需要一個延伸出去的視野、開闊的景致，使格局更清晰。到了二十世紀以後，對文化、歷史方面的看法更加注意。當我們談到保護老城時，並不是只保護某一座歷史建築物，或某一塊歷史街區。我們必須考慮城市的整體性，要把整個城市看作是一個歷史性的紀念碑。這些看法遠遠超過美學的考慮，基本上，我們所建造的東西就是我們自己。不經心地毀壞了我們的老作品，就等於塗抹了我們的文化認同。在採取任何規劃動作之前，我們必須周詳地研究一個城市的地質、地理、人們的經濟生活。而更重要的是要研究這個城市的歷史和制度。這樣做就有如治病之前的診斷，然後才小心地動手術。

吉迪斯（Patrick Geddes）[19]，在他1914年的巨著*Cities in Evolution*裡寫道：

> 我們不要像很多人一樣，輕易地開始，然後賦予它們一些美學的展望。但是，最重要的，是要掌握我們城市的精神，它的歷史精髓和它延續的生命，它的公民品格，它的整個靈魂。然後我們才能完全觸摸到它的日常生活。[20]

現代主義與計畫的城市地景

二次世界大戰之後，風行一時的現代主義告一段落。稍後，開始欣賞歐洲城市如畫的歷史地

---

⑰ 賽特（Camillo Sitte, 1843-1903），奧地利建築師，都市計畫理論家，影響歐洲的都市計畫與建設。其著作*The Birth of Modern City Planning* 開創了城市規劃的新紀元，受到中世紀與巴洛克風格的影響，著重創造空間、廣場與大道，以及塑像與美學元素。強調以藝術的原則從事城市規劃。

⑱ Spiro Kostof, p. 84.

⑲ 吉迪斯（Patrick Geddes, 1854-1932），蘇格蘭生物學家、社會學家、地理學家，和環境保育與都市計畫專家。他以在都市計畫和社會學等領域的創新思維而聞名。他將「區域」的概念引入了城市規劃架構和規劃。他強調區域間，文化與自然生態與城市規劃之間的關係。

⑳ Spiro Kostof, p. 86.

景，以及規劃出來的田園市景觀，和從它衍生出來的其他思想。除了英格蘭，沒有其他地方正式使用田園市模式來解決戰後的都市問題。既使是奉行霍華德理念的人，也嚮往現代主義的高聳建築物。不過，清除貧民窟和都市更新政策，似乎是清理戰後斷壁殘垣的兩種可用手段。但是，這樣可能會使倫敦十三世紀時的歷史街區，就此被抹煞不見了。到了1960年代，就產生兩種不同的觀點。一個是現代主義者對都市主義的自我批判，另一個則是回到過去都市歷史裡的點點滴滴，重新開啓了古代有機型態的辯論，並且從新肯定它們的合理性。

首先，一群現代主義者（Modernists）的年輕人，起來對前輩嗆聲，他們自認爲是革命的先鋒。他們聲稱，自文藝復興以來，都市設計的主流思想，認爲城市都是事先規劃的。整個十八世紀，人們認爲城市就應該像凡爾賽（Versailles）或華盛頓（Washington, D.C.）那個樣子。十九和二十世紀對城市的規範，造成一種刻板的印象，認爲城市的型態是被控制的。但是，這群所謂的現代主義者，認爲城市的形成是一個有機的過程（organic process），主要的工作是用開發來填補那些鬆散的結構。

在另一方面，歷史保護主義復甦。關於老城市的現代化，法國文化部長（Minister of Cultural Affairs）在1962年提出一項法案，目的在於保護城市的歷史性市中心區，免於被都市更新的推土機所摧毀。此一法案建立了保護歷史城區的概念，連帶地也保護了許多岌岌可危的鄰里街坊。美國的國家歷史保護法（National Historical Preservation Act）於1966年立法，英格蘭的公民愜意設施法（Civil Amenities Act）立法於1967年。此一法案建立了保護區（conservation areas）的概念。

今天，在我們經過了可怕的二十世紀二〇跟三〇年代，老城鎮一方面飽嘗了法西斯／納粹的摧殘，另一方面受到現代主義者的狂熱與迷戀。到了五〇和六〇年代以後，都市更新的浪潮與混亂，摧毀了我們的城市中心，我們必須學習概括承受傳承給我們的現實城市樣貌。那麼，我們將如何利用我們對城市新的瞭解，去看待與更新和我們一起長久生存的城市？首先，我們必須拋棄對過去的歧視，和對過去這樣、那樣的環境秩序的認識。同時，我們必須小心謹慎，不要用生硬的二分法來區分和看待所謂有機的、無機的，或有計畫的、沒有計畫的城市型態。

在藝術歷史學家和一般大眾之間，流傳著一個廣泛的看法。認爲不規則或有機的建築地景，要比規劃的建築物更美。中世紀普遍流行的廣場，是沒有任何現代市鎮所能模仿的。而且它被精雕細琢的建築景觀所圍繞，我們現在的時代是無法與過去爭勝的。同樣地，文藝復興與巴洛克時代的建築物，也不是我們的現代作品所能相比的。我們只能留戀與羨慕，我們無法回到前工業時代的世界去。我們知道我們所曾經擁有的，我們應該盡可能地滿足於我們所能保存的。然後有系統地、有感情、有愛心地，把我們的作品加上去。

符號的象徵是短暫的，功能也是會變的，永恆不變的是充滿詩一般的內容，以及空間的美學品質。但是，城市型態是歷史偶然的產物，我們只能接受我們所造成的東西，我們只能持守具有理想的歷史演化。而且必須記住，任何城市的開發，必須留意歷史的環境、地理，以及現在的需要。還有，假使我們能夠接受有機體只是一種思想的原則，而且設計只是其中一個脆弱的環節，我們就可以放心地談論無計畫的城市，而且很正當合理地去規劃它們。[21]

---

[21] Spiro Kostof, p. 93.

都市的社會主義烏托邦

十九世紀的工業革命，帶給城市無可阻擋的擁擠與混亂，以及人們身心上的疾病。於是刺激一些具有烏托邦思想（utopian thoughts）的都市設計者，興起改革的念頭。比較傑出的有社會主義思想家傅立葉（Charles Fourier, 1772-1837），歐文（Robert Owen, 1771-1858），以及十九世紀末倡導田園市（Garden Cities）的霍華德（Ebenezer Howard）。他們三位和其他有同樣想法的改革者，都有一個共同的願望，希望用一種新穎、小型、健康、公平、和諧，與大自然融爲一體的系統，替代現在陳舊、衰敗的老城市。

傅立葉的模式是類似凡爾賽宮式的一連串建築物，裡面居住二千個各色人口，不分種族、階級、性別、年齡。他的提議大約早於霍華德六十年。他的城市有圍繞中心的三個圈，中心是商業，然後是工業，最外層是農業區，三個圈各有綠帶隔離。中心圈有雙倍的開放空間，外圈則有三倍。他們痛恨私有財產，提倡未來新城市的土地要集體所有（collectively owned）。在某種程度上，他們主張公社式的生活，共用車輛、廚房與宿舍。但是，他們沒有建築師、城市規劃師。他們不知道未來的生活型態與生活環境將會如何？也不知道都市應有的服務是什麼樣子？

傅立葉的主張，在1840年代中期傳到比利時和其他地方。在美國，他被視爲協同主義的先知（Prophet of Associationism）。他的追隨者相信，全球性的社會改革，會消除階級鬥爭和政府管制。傅立葉最有力的信徒，嘗試著延伸凡爾賽的樣式類似於巴洛克式的城鎮計畫，不過都沒有成功。因爲公社式的生活方式，與美國傳統的家庭生活方式大相逕庭，而且缺乏有能力的規劃，也就沒有進一步的發展了。

歐文的思想，影響了英格蘭的政客。他的樣版城鎮依女王維多利亞命名爲Victoria。其目的在於解決失業問題。Victoria的設計是四邊形的，可以容納居民一萬人。高聳的建築物集中在市中心，隨著城市擴張到邊緣，公共建築物的高度也逐漸降低，富人與窮人也是如此分布。富人居住在城市中心，窮人居住在城市邊緣。與其說這樣的城鎮，是社會主義的產物，倒不如說是資本主義的產物更爲恰當。一種說法是讓窮人更容易到鄉村去種植。

關於霍華德的田園市規劃理念，可以說是對現代城市規劃相當有影響力的。他熱衷地倡導人造環境（built environment）與自然環境（natural environment）的平衡，他所描繪的田園市，擁有：自然之美、社會和諧、市民可以自由使用的田野和公園、清潔的空氣和水、明亮的家屋和庭院，沒有煙塵、沒有貧民窟，人們自由而且合作，簡直有如人間天堂。這就是田園市城鄉之間關係的三塊磁鐵。由市中心放射出去的六條林蔭大道，分隔了各區（wards）。公共建築物（市政廳、博物館、影劇院、醫院、圖書館），圍繞著五英畝的田園，顯示出它的市民精神。另有一百二十八公尺的中央林蔭大道，做爲市內的綠帶。田園市周邊有鐵路圍繞，住宅則分布各地。霍華德雖然不是最後的社會主義烏托邦，卻是十九世紀最後一位具有社會思想的城市規劃者。

高貴經典的城市規劃

大約在1791年三月，美國總統華盛頓指派郎方（Major Pierre L'Enfant）給這個新聯邦首都起草一個計畫。郎方所接受的任務，包括計畫的範圍和計畫的型態。關於計畫的範圍問題，他寫信給總統說：

這個計畫的尺度，應該留下足夠的空間，在未來國家發展富裕的時候，可以容納一些現在沒有想到的東西。至於設計，在平地上方格式的設計可能比較適合。在周邊沒有阻礙的地方，街道往哪個方向走都沒有差別。但是，既使計算的再好，方格式的設計太多，還是會令人厭倦乏味的。但是，這個新首都的地形是多采多姿的，這個國家的未來也是充滿希望的。所以設計與鋪陳也應該是多面向的。[22]

當郎方劃下第一條大道時，就展現出這個帝國的首都所該展現的偉大。接下來，郎方鋪陳了他的偉大計畫。從現存的文獻中，我們可以看見一個巴洛克（Baroque）計畫師樸實無華、絕不嬌飾的風格。

郎方調查這塊土地，不僅要知道它區位的適宜與否，諸如：水源、交通路線、風向等。更重要的是看地形在設計上的潛力，因爲美國的國會山莊要蓋在那裡。郎方所思考的是所有的自然景觀，和公共建築物之間的關係，以及它們的層級。例如：國會山莊、白宮、最高法院，以及其他不太重要的建築物，則可以散布在基地不同的地方，但是他們仍然壯麗有序地彼此連接。例如：國會山莊、華盛頓紀念碑，直到林肯紀念堂兩邊，一個接著一個的博物館。

公共空間是預先計畫好的，絕不是隨著需要而劃出來的一塊地方，還有市場、行政或休閒中心。總共會有十五個廣場，代表聯邦的十五個州。每一個廣場中央，都有它自己的塑像或紀念碑，能讓人清楚地辨識出來。大量壯麗的道路分布其間，在國會大廈與白宮之間的軸線上，矗立著一尊華盛頓騎馬的雕像（如圖2-1）。提柏溪（Tiber Creek）從國會大廈地下通過，然後形成一個水流層層下瀉的瀑布。

在郎方的都市設計中，所顯示的巴洛克美學特質有如下幾點：

(1)整個城市的重要焦點，和諧地分布在城市的各個地方；加上寬廣有致的空間，使人有整體、宏偉、壯麗的感覺。

(2)這些焦點適當地配合地形的變化，而且互相以便捷的交通路線連成一氣。

(3)主要街道的景觀、大道（avenues），要寬廣得可以種樹。

(4)創造景觀大道（vistas）。

(5)在公共空間放置紀念碑或塑像。

(6)用水流和人造瀑布營造特殊效果。

(7)把以上這些元素編織在日常生活地方的紋理上。[23]

㉒ Ibid., p. 209.

㉓ Spiro Kostof, p. 211.

圖2-1 提柏溪從國會大廈底下湧出

在郎方的華盛頓計畫背後，有二百年的都市主義（urbanism）歷史。最重要的發明是首都的創造，要營造一種首都定於一尊，萬方來朝的氣勢。郎方瞭解到這一點，巴洛克式的首都，有如凡爾賽宮（Versailles）之於法國。[24]以華盛頓的樣式來看，在中世紀以前，我們很難說整個都市系統是巴洛克式的。換言之，在希臘時代，還沒有一個城市，有一個固定的綱要計畫（master plan）。至於羅馬的城市，在第一世紀，方格的設計算是老式的，羅馬人用比較有彈性的直交設計。城市以大道與開放空間為主軸，交叉而又不間斷地通過城市。其他的標準城市型態，就是公共開放空間與公共建築物，如劇院、教堂、寺廟、圓柱、圖書館、兵營、音樂廳等，可以稱作巴洛克羅馬。

歐洲巴洛克

歐洲巴洛克起源於十六世紀，甚至更早。基本上，所謂高貴經典的城市規劃，是廣泛地跟學術、政治與科技的發展綁在一起的。例如：獨裁政治的興起、天文學的大發現、新大陸的探險等。歐洲巴洛克對空間的概念，又與神學上認為宇宙靜止論有關。直到哥白尼（Copernicus）發現以太陽為宇宙的中心，才知道空間是無限的，也才形成了歐洲巴洛克都市主義的世界觀文化。歐洲巴洛克可以說是一種大城市現象，城市的人口快速增加，版圖急遽擴大。這種現象起始於十四世紀的義大利，在其後的兩個世紀，復甦於法蘭西、西班牙和英格蘭。巴洛克式的都市主義與文藝復興也脫離不了關係，根據佛羅倫斯（Florence）的文獻記載，城市的街道要寬大、筆直，而且美觀。當時的態度認為，街道不應該是建築物之間剩餘的空地，它們應該有它們自己的獨立性和完整性。

接著義大利的領先地位之後，法蘭西的都市設計，在1650年之後，也受到巴洛克美學的影響。高貴經典的城市規劃一直延續到第二次世界大戰，甚至到現代戴高樂（De Gaulle）、龐畢度

（Pompidou）、密特朗（Mitterand）等總統時代。在法國，十七世紀的巴黎成爲歐洲的政治社會中心。這個國家的中央集權制度，影響各個層面，景觀建築也不例外。高貴經典的城市規劃不只在貴族領域制度化，也延伸到學術與教育。不只在法國，也輸出到俄國的聖彼得堡，甚至跨過大西洋，影響到底特律（Detroit）和郎方的華盛頓。隨著十九和二十世紀殖民主義的擴張，高貴經典的城市規劃傳播到德里（Delhi）、坎培拉（Canberra）、芝加哥和摩洛哥，可以說已經建立了世界性的地位。

沿著道路種樹的做法已經非常普遍，統一種樹以定軸線的做法，是法蘭西在環境設計歷史上的主要貢獻。高貴經典的城市規劃，經常是離不開中央集權政府的。如果沒有明確的權力，高貴經典的城市規劃，只能算是紙上作業而已。美國二十世紀初期的城市美化運動正是如此，若不是有法國豪斯曼一樣的強大政治影響力，柏恩翰不可能把芝加哥或舊金山規劃成美麗的城市。華盛頓是美國唯一能夠明確地實施高貴經典城市規劃的城市，這並不意外。因爲美國政府雖然是由國會直接授權，總統制終究是一個中央集權的制度。其他分布各地最吸引人的規劃，包括：公共公園和相關的林蔭大道、美化的水岸休閒地區、市政中心和連帶的小橋流水。不論如何，這些規劃都是在公領域內，和城市美化運動所能影響到的地方。不過這些通過的計畫，並沒有法律的支持，也不能對私有

㉔ 凡爾賽宮主體部分的建築工程於1688年完工，而整個宮殿和花園的建設直至1710年才全部完成，隨即成爲歐洲最大、最雄偉、最豪華的宮殿建築，並成爲法國乃至歐洲的貴族活動中心、藝術中心和文化時尚的發源地。凡爾賽宮宮殿爲古典主義風格建築，立面爲標準的古典主義三段式處理，即將立面劃分爲縱、橫三段，建築左右對稱，造型輪廓整齊、莊重雄偉，被稱爲是理性美的代表。其內部裝潢則以巴洛克風格爲主，少數廳堂爲洛可可風格。

財產動用徵收權。

我們可以清楚地看到，巴洛克美學可以跟現代化並存。郎方跟他那個時代的規劃師，都注意到未來快速交通的需要，如何使兩個地方的眞正距離縮短。當然，現代交通和健康的都市環境問題，也都成爲田園市和之後的現代主義規劃的重心。凡是田園市和現代主義不重視的，高貴經典的城市規劃都注意到了。巴洛克美學的一直蓬勃發展，使它成爲城市是一項藝術作品的同義字。它的蓬勃發展，是因爲它容易引人注意，都市的形象現代化，也是歷史權威的共鳴。這些都是美國的城市美化運動所訴求的，希望把城市從自由放任（*laissez faire*）的商業魔域裡解放出來，最後成爲現代城市營造者的訴求。

高貴經典的地景規劃

地景規劃與都市規劃兩者合一，是一件再平常不過的事。如果談到十七、十八世紀的高貴經典的規劃，而不曉得當時的田園型態，簡直是一件不可思議的事。爲了要瞭解田園藝術和城市妝點的關係，也許第一步要從十六世紀末的義大利開始。在那個時代的義大利，地景設計和建築偶然的結合，形成了當時的城市型態。在之後的半個世紀，地景設計師可以自由發揮，與工程師、建築師共同對城市的整體空間秩序作實驗性的設計。

在十七世紀的法國，郊區的田園擴張越過了邊界。同時開闢了巴黎的經典林園大道，成就了現代巴黎的都市規模。更準確地說，是地景大師Andre Le Notre合理而且有秩序的空間布局，錯落有致地打造開放空間和建築物的景觀。在接下來的世紀，人們依照他的理論，開闢筆直的街道，和營造適當的視野，以巴黎的經典田園做爲其他城市的典範。到了十八世紀末，這種法蘭西式的地景建築和都市設計，已經成爲歐洲設計界普遍實踐的樣版。英國如畫的花園，以及其在美洲大陸的普及，更堅實地顯示出具有巴洛克根源的城市型態，和地景藝術是無法分開的。

在美國，如圖畫般的公園地景，承接了巴洛克式的都市主義，與更廣義的高貴經典式並存。跟法國都市設計與地景設計不同的是，美國的都市設計和地景設計，都是依照正式的原則。美國的巴洛克美學，衍生出兩種不同的都市設計——擁有紀念碑的街道和廣場，以及傳承自英國田園的軟性、隨地形浪漫起伏的都市地景。還有在都市美化運動之前的方格式規劃——特別是在紐約市中心曼哈頓（Manhattan）半島上的中央公園（Central Park），看起來顯得突兀。但是經過都市美化運動，卻把兩者的接縫撫平了。因爲沿路種樹的林蔭大道，一方面綠化了城市，也平添了城市休閒遊憩的空間。到第一次世界大戰之後，霍華德的田園市模式，才跟高貴經典的規劃結合。

什麼是巴洛克美學？城市是一件鮮活的藝術作品

我們在前面說，巴洛克美學的蓬勃發展，使它成爲城市是一項藝術作品的同義字。關於巴洛克美學，我們做了簡單的介紹，我們現在要看看，城市如何成爲一件鮮活的藝術作品。在我們的想像中，城市可能是一個令人著迷的地方。如果要我們記得它的話，城市所需要的，就不只是硬體上的建設了。城市之所以令人著迷，是要我們重新發現，賦予城市生命的是社會的紋理，並且修復我們人與人之間的關係，跟那些隱而未現的罅隙。

劍橋大學艾旻（Ash Amin）教授說：一個好的城市，會愈來愈凝聚團結，會永無止境的嘗試各種建設，爲了公眾的利益，去除各種傷害，尊重倫理和社會的公平正義。會經由繼續不斷的對話，來解決歧見和衝突。城市應該走一個正確的方向，在區域、國家，甚至世界裡，確立自己的定位。而且在文化資源上，反映出它強烈的企圖心。這些要求很高，不是光用傳統方法所能做到的，它需要有野心、有勇氣和意志力。而且也不是一朝一夕所能做得到的。如果我們詳細一點看那些成功的城市，例如：巴西的庫里提巴（Curitiba）、西班牙的巴塞隆納（Barcelona）、或丹麥的哥本哈根（Copenhagen）。你會發現它們現在的做法，跟以前的做法，有令人驚奇的不同。哥本哈根有一個使它成爲可步行城市的長程計畫；庫里提巴要發展有效率的巴士交通系統；巴塞隆納則要更新它的都市地區。

哥本哈根在2014年被歐盟評選爲歐洲綠色首都，並且計畫在2025年之前，成爲全球第一個碳平衡的首都。2010年的法律規定，上至辦公大樓，下至立體停車場、儲物室等所有適用的新建築，都必須有綠色植栽屋頂。並且明定，所有哥本哈根居民，在步行十五分鐘的範圍內都要有公園。以往遭受汙染的海港，現在已經乾淨到可以安心去游泳。都市規劃師麥可・柯維─安德生和世界各地的市政府合作，讓都市對單車族更友善，被封爲都市單車教主。他呼籲其他城市哥本哈根化。他說：「重點是要對使用者友善，基礎建設規劃完善，秉持正確的態度，讓這座城市的人有休戚與共的想法。」可見一座城市規劃工作的成功，不僅硬體的建設重要，更要有軟體文化的配合，以及市民的認同與歸屬感。

面對全球化的浪潮，世界上的每一座城市，或許能很容易地隨它起伏，但是它們最後的目標在哪裡？要避免所可能受到的衝擊，它們必須清楚地知道，它們所追求的目標和倫理願景是什麼？從表面上看，城市會有居住的地方、工作的地方、購物休閒的地方。但是驅動這個系統的軟體，將會完全不同。城市若要前進，它必須選擇一個中心，對狂潮似的趨勢有所取捨。我們必須重新思考，懷抱一個全新的思維，建立一個全新的秩序。這時，城市需要兩項重要的資源。第一、要動員它的人力：人有聰明才智、抱負、野心、想像力和創造力。第二、尋找合作的夥伴：不同的人、不同的團體、不同的決策單位，從城市各個角落的故事、歷史、文物，再延伸到世界各地。

讓我們回頭再看城市規劃

規劃（planning）一詞往往會使人產生一些困擾，因爲它的一般意義可以用在所有有關城市的事物上，但是同時他又意味著城市的營造。廣義地說，是預期城市未來的狀況和問題，同時發現它們可能產生的影響。然後在各種策略中，選擇可能的行動方案，去解決這些問題，以達到我們所希望達到的目標。

在現今都市發展如此快速的時代，規劃師要做好開發工作，常會受到兩個傷腦筋的核心問題：什麼是規劃？規劃是爲了什麼？美國規劃師協會說：

> 規劃是城市建造。城市和區域規劃，是爲現在和未來世代創造便利、公平、健康、有效率和吸引人的環境，以增進人們和社區的福祉。那是一個相當和諧的過程，透過這種和諧的過程，它們可以幫助我們定義社區的願景。在分析性的規劃程序中，規劃師會考慮社區的實質、社會和經濟問題，並且檢驗它們之間的關係。[25]

㉕ Ibid., p. 299.

英國政府目前把規劃定義作：創造永續發展的社區。由此我們可以看到，規劃已經不再侷限於土地使用的規劃，而把重點放在調解社會各方面的差異。另外，也有人注意實質的土地使用規劃，以及經濟、社會和環境的動態。更有愈來愈多的人，注意到文化和社區的願景。這些方面就牽涉到型態、認知、社會、視覺、功能與脈動。涵蓋到：互相的關係、動態、街道的設計、地點與形象、環境的設計、空間的使用、功能與管理。這些都需要科際整合的人才，他們需要瞭解各種使城市發揮功能的動能，傳統的刻板規劃方法必須放棄。

無論如何，未來與過去一定有很大的差異。在這個知識爆炸的時代，我們是否能成功，要看我們吸收、整合知識，並且創新的能力。創新的能力會成爲我們經濟生活的中心，因爲它是一個國家能否生存的重要元素。一個國家的經濟發展與進步，並不在於它能製造出什麼東西，而是要看它能產生什麼新的想法賣給全世界。這就是說，原創和企業家精神，會愈來愈受重視。就一座城市而言，人們的才智是它寶貴的資產。他們的創新能力，會創造財富，推動城市向前。舉例而言，新加坡就是以高薪吸引國外人才的例子，中國大陸也以各種優惠條件，吸引台灣及其他國家的人才。

用感官看城市的景觀

通常，我們看城市，都是從實質技術面來看；卻很少，甚至沒有，從感官面來看的。但是，心理上的城市景觀，卻是從我們的感覺、情感去建立的。它們也決定了一座城市經營的好與不好，包括經濟、社會或文化各方面。城市的工程建設、實質的規劃、和不動產的開發，都很重要。但是跟一座城市感官上的景觀相比，只是一小部分而已。

我們一直以來，都把思考看得很重要，諸如寫作、數字、邏輯和抽象的思考等。但是，感官的智慧卻包括：視覺的空間判斷、身體與身體之間的親疏動態、聽覺、味覺、嗅覺、人際之間思想資訊的溝通，以及瞭解自然的智慧，包括城市與我們有限，而且脆弱的生態資源。這種詮釋正是文化的形成，它包括：信仰、希望、企圖心，以及過去的知識與經驗。我們的文化決定我們如何表現我們的情感，和它們所代表的意義。它們也影響我們身體的功能和行爲，和我們如何對待別人的態度。

在另一方面，實質與社會環境，又深深地影響個人與社區的健康和福祉。美與醜又影響我們的行爲和心理狀態，建築物的形狀與外觀，會讓我們有安全感與恐懼感。這些情形是要我們注意兩件重要的事情。第一、我們做爲一座城市的居民，應該怎樣過一個良好的城市生活？如何生財致富？如何與他人和平相處？第二、注意保護環境，否則我們無法生存。

建築物會反映一座城市的歷史，特別是不同地區的城市型態。建築材料、權利關係、階級、它們的功能，各個時代都有不同。往往城市設計的原則，會決定這些建築物的安排與鋪陳。綠色的空間，往往有助於增進生活的品質。無論一座城市的色彩、建材和設計如何，**氣候**是一項視覺考驗的因素。一場大雪會改變城市的顏色，一片濃霧會掩蓋景觀大道，一場嚴重的水災，會完全改變城市的面貌。更重要的是，**光線**會使城市的建築物產生多樣的型態。

一些城市規劃的基本原則

城市的形成是一個非常複雜的過程，它沒有一定的公式可以遵循。我們且引用**藍德**（Charles Landry）所建議的幾項原則，供讀者參考：

(1)我們不可能，也不必追求成爲世界上最好的城市。但是，可以成爲最具創意的城市，最適宜居住的城市，交通最便利的城市，人們最友善的城市。最重要的是要建立一個堅固的城市倫理基礎。

(2) 要尊重當地的文化與特性，也要接納外來的影響，追求當地與全球之間的平衡。

(3) 在規劃程序中，要有公眾的參與，特別是受到規劃影響的人。因爲平凡人也會有不平凡的貢獻。

(4) 要學習成功的範例，但是不要完全照抄。

(5) 要做能增進經濟價值的事，但是要同時強化倫理與文化價值；要平衡個人的慾望和公眾的需要；經濟發展要以倫理價值——而不是金錢價值——爲基礎；要停止榨取環境生態資源，要維持環境、社會與經濟之間的平衡。

(6) 想像力、規劃，加上執行的勇氣，是最有價值的資源。

(7) 對於城市裡的公共財，也要以創新的精神來解決問題。公部門要有企業家精神，而私部門也要對集體的利益負責。

(8) 我們應該擴大我們對城市的感官知覺，我們不要過於注意物質的建設，而忽略了城市的氣味、聲音和影像。

(9) 負責規劃的所謂專家們，往往忽略了對城市的情感、知覺和生活經驗。他們所注意的是：空間出路或規劃框架，而不注意美、愛、快樂或興奮。

(10) 如果我們注意到珍雅各（Jane Jacobs）的城市規劃理念，就可以發現她的規劃理念，就是從觀察城市裡人們的日常生活經驗所孕育出來的。

(11) 要用文化的觀點來瞭解城市，而不只是經濟學和社會學，因爲文化最能描述這個世界，它能說明社會的變化和其中的因果關係。文化不認爲任何意識型態、制度或實際操作是理所當然的。文化所關心的是人的行爲，人的行爲又是我們所熟習的。透過文化，我們能瞭解許多世界上的故事。

(12) 城市需要用故事或文化來描述，這些故事能使每一個人，在城市裡貢獻他最大、最堅實、最崇高的努力。

(13) 自由放任市場的內在邏輯，顯示出它的侷限性。它沒有倫理或道德，它也不關心什麼是好的生活？什麼是社會融洽？什麼是互相關懷？或環境保育？市場的邏輯是打破社會的整體性，讓個人自成一個慾望與消費的單元。如果希望市場更爲有效，調整市場是我們的責任。[26]

長久以來，我們相信城市的建造，所包括的只有景觀和土地使用規劃的技術。之後，我們認識到工程、測量、估價、土地開發、案件管理等，都成爲城市建造的重要元素。現在我們認識到，城市的建造還包含所有各種藝術、倫理與文化。因此，瞭解人們需要的藝術、慾望的藝術，產生財富、順應市場經濟的藝術，城市交通動線的藝術，都市設計的藝術，創造力和影響力的藝術等，都是我們所需要的。但是，最重要的是，好的城市建造，需要能增加各方面價值的藝術。

城市是一個包羅萬象的個體，它是一個經濟體，它是一個居民所組成的社會，它是一個設計出來的環境，它也是一個自然環境（生態系）。這些元素，由一個大家認同的遊戲規則所管理，這就是文化。文化讓一個城市有特性、有個性、有脈動、有光澤。我們可以說，城市的建造，藝術、文化尤重於科學與技術。

[26] Landry, pp. 1-3.

3

這些是我們城鄉規劃的理由

規劃的重點不在於發展出一套樣版式的規劃程序模式，而是在於先培養一個理想的規劃理念與願景。

我們或許可以說，人類與其他動物最大的不同，就是人類希望掌握自己現在的行爲與未來的命運，他們也想要改變或控制這個世界運行的軌跡。當然這種想法與做法，對人類本身是好是壞並不確定。不過無論如何，人類具有控制或計畫的本能是不容懷疑的。人類對自己事務的規劃行爲，可以回溯到遠古時期。在狩獵採集社會時期，人們獵撲野生動物所需要的規劃可能很少，到了農業社會，似乎就不能沒有規劃了。例如：如何配合季節、節氣、春耕、夏耘、秋收、冬藏，以及如何飼養家畜、家禽。到了都市工業化社會，沒有規劃就無法生存了。

規劃是一個很不容易讓人瞭解的問題，因爲它牽涉到許多不同的領域，也沒有一定的原則可循。康柏（Scott Campbell）和馮思丹（Susan S. Fainstein）[1]認爲問題的關鍵在於，在一個資本主義經濟和民主政治制度的社會裡，規劃到底在城市與區域發展上扮演什麼樣的角色？規劃的重點不在於發展出一套樣版式的規劃程序模式，而是在於先培養一個理想的規劃理念與願景，然後根據規劃的理念與願景，

❶ Scott Campbell是美國紐澤西州立大學Rutgers University的都市計畫教授，專研規劃理論。Susan Fainstein是Rutgers University的都市計畫助理教授（時爲1996年）。

蒐集與分析要規劃地區的政治經濟狀況，找出對規劃方法的適當解釋與應用。規劃的任務是要確定從事規劃的人，有能力根據歷史演變的脈絡，研究出一套策略或方法，去影響我們的都市和環境。[2]就好像我們預測颱風的走向一樣，沒有一成不變的原則，而是要分析全球區域性各種氣象因素的變化，隨時加以修正。

規劃是一椿理性的行爲，它有系統地分析各種解決問題的行動方案，然後採取最恰當的方案付諸實施，來達到希望達到的目標。規劃工作針對不確定狀況做決策，在私部門與公部門同樣重要，而且成爲一種制度，包含許多不同的學術領域。早期西方國家的規劃，往往都是王室爲了一己之私，或聚斂財富。當規劃成爲民主社會的一種制度時，爲了影響人民的行爲，它成爲一種規範與推動政策的行爲。到了現代，它又演變成一種理性、科學與藝術結合的行爲。它的目的是要在複雜的民主社會環境中，找出社會可以接受的做法，並且希望得到預期的結果。規劃已經不再是管制與命令式的制度，而是如何在動態、不確定而且複雜的社會中，公平而且有效率地提供福利給人民。因此，規劃不僅是政府能力的表現，它也從民間汲取能量和動力，所以規劃需要**公民的參與**（citizen participation）。我們可以說，規劃是在好的政府治理下，研究社會變遷，並且提出可行的方案，因應這種變遷的科學行爲。

規劃會依照政府組織有不同的層次，不論是民主制度或專制政府，上級機關會訂定比較宏觀的計畫。一層層的下級政府，就要配合上級政府的大計畫（master plan），來制定並且逐步完成它本身的計畫。這種各級政府機關爲了達到某些目的和社會需要，互相協調磋商，一步一步去進行規劃的行爲，就是規劃程序（planning process）。規劃專家說：規劃就是一個程序（planning is a process）。除了政府機關，既使是自由市場的私人企業也不例外，例如：企業家如何經營一個公司，建築師如何設計蓋一棟房子或大樓，都需要事先做好計畫和設計，然後按照計畫逐步來完成他們的工作。

傳統規劃所牽涉的領域，多半只涉及物理、工程、生物等科學。現在則更廣泛地涉及管理科學、人力資源配置、土地使用研究、區域科學、個體與總體經濟學、政治學、生態學、法學、歷史和藝術等。我們所要討論的重點則是偏重土地使用的規劃，雖然重點是放在空間與城鄉區域的概念上，但是仍然不能脫離這些學術領域，做整體的研究與整合。

給規劃下定義，基本上有四種主要的困難。第一，很多最基本的概念，認爲土地使用規劃是關乎社會與空間配置的研究。讓人認爲土地使用規劃理論與其他社會領域的理論（例如：地理學）有所重疊，以致於不容易有一個清晰而特定的認知。例如：都市計畫師講規劃，地理學者也講規劃。第二，土地使用規劃與它相關專業之間的界線並不明確。以致於不是規劃師也在做土地使用規劃，例如：不動產開發者、建築師、政府官員等。第三，土地使用規劃常常會因爲規劃領域的不同，或規劃目的不同而有不同的定義。例如：以土地及環境規劃的領域而言，是指人造環境（built environment）還是自然環境（natural environment）的土地使用規劃？還是兩者兼具？而規劃的方法，則是指規劃決策的程序（process of decision making）。最後，許多領域都是以其特定的目的與方法來定義，但是規劃又是各種專業領域，不同規劃方法的集合體，所以規劃的意義，很難只用

❷ Scott Campbell 和Susan S. Fainstein, "Introduction: The Structure and Debates of Planning Theory", in *Readings in Planning Theory*, Editors, Blackwell Publishers, Ltd. 1997, pp. 1-2.

某一種領域的分析方法來涵蓋。總而言之，這種在規劃的範圍與功能之間的分歧，以及對到底誰是規劃者的問題，便造成定義規劃理論的困擾。

這種對規劃理念認知的分歧，反映出大多數從事規劃的人，對規劃並不一定有專業的認知。從這個觀點看，規劃與其他領域並沒有太大的差別。例如：搞政治的人並不一定懂政治理論；企業家通常也不一定瞭解經濟學；許多從事社區工作的人也並不關心社會理論。例如：目前很多醫生參與政治活動。話雖如此，然而在實際工作上，規劃仍然與其他領域有所不同。規劃需要從過去的經驗得到一些心得，在他們日復一日的工作中，規劃師依賴經驗與想像力的成分要大於理論。想像力會幫助理論的形成，理論代表累積的專業知識。經驗的作用在於使規劃工作者，能夠更深入地瞭解規劃工作的程序，而不是只靠想像力與常識來從事他（她）的工作。我們無法完全消除理論與實際之間的縫隙，而此一縫隙的存在，反倒使兩者互相發明。我們更相信理論可以強化實踐，實踐又可以印證理論。

理論可以讓我們在專業，以及學術方面作自我反省。它能使城鄉發展中的土地使用，看起來沒有關聯，甚至互相衝突的許多方面形成一個合理的系統，用來比較與評估各種規劃理念與策略的價值。它也能讓規劃師把特殊的議題，透過比較一般化的語言與社會科學理論加以表達，而使規劃與其他的專業交換理念。一個發展良好的規劃理論基礎，應該是修讀有關規劃的碩士，甚至博士學位的學生所應該具備的。而且修讀土地使用規劃，是要讓我們知道如何透過土地使用的規劃，在社會空間結構中，營造一個優質的城鄉區域。提供人民一個優質的生活、工作與休閒遊憩環境。

第二種對土地使用規劃理論的看法，是把城鄉區域看作是一種社會的現象，而規劃是人從事規劃工作的行爲。土地使用規劃是要適應城鄉區域的各種改變，這些改變也被規劃與政治力所轉變。

這種交互作用並不是一個封閉的系統，規劃師的工作不只是規劃設計，他們也從事談判、預測、研究、調查，以及財務的整理。影響我們城鄉區域的不僅是規劃師，土地開發業者、企業家、政客、居民和其他角色，也都影響城鄉的發展。結果，規劃專業便會受到各式各樣的想法與做法的影響。研究規劃，少不了也要研究政治、法律、決策理論與公共政策。有關城鄉區域規劃的著作，也從城鄉發展的歷史、傳統、都市社會學，藝術、法律、地理學與經濟學中汲取養分。康柏和馮思丹提出了幾個有關規劃理論定義的問題。

有關規劃理論的幾個問題

沒有任何人可以從單一的典範（paradigm），給規劃理論下一個大家都認可的定義。這種對規劃理論分歧的看法，也影響到課堂上對規劃理論的教學。結果，使很多相關的學系，根本無法發展出一個嚴謹而一致的理論課程。然而，有系統地教授規劃理論仍然是必須的，而且也應該不是沒有可能的。規劃理論應該提供這種討論的平台，去瞭解規劃理論的根源與意義。

1. 規劃的歷史根源是什麼?

像我們將在以後各篇章中提到的幾位都市規劃的先驅思想家，提倡田園市（Garden City）的霍華德（Ebenezer Howard）、城市美化運動的柏恩翰（Daniel H. Burnham），以及珍雅各（Jane Jacobs）等，都不認爲自己是專業的規劃師。他們卻把設計、工程、地方政治、社區結構與社會公平正義，融會在他們的規劃理念裡。這些規劃的歷史，和這些人所建立的基本架構，至少給現代的規劃理論種下了一個起點。也幫助了後繼的當代規劃師，知道如何去塑造他們的專業。

2. 規劃就是外力的干預，其正當性如何？

規劃就是以市場以外的力量干預現狀，而且企圖改變現狀的行爲。規劃理論所關心的問題，就是規劃工作介入現狀的時機與介入的正當性。也就是說，要看在什麼情形之下規劃需要介入，而且爲什麼要介入？雖然在自由經濟的思維下，通常我們都假定改變是市場機制的作用。但是同樣地，市場機制也會造成混亂與缺乏遠見的自利行爲，即是所謂的市場失靈。對某些情況而言，我們希望規劃能在不確定的狀況下，彌平市場所造成的不公不義與混亂。但是，在另外一方面，也有人持相反的看法，認爲眞正能彌平規劃所造成的不公不義與混亂的力量是市場。前者可以由政府規劃與公共支出，拯救1930年代的經濟恐慌來證明；後者可以由近年來社會主義國家的計畫經濟解構看出。

一個人對規劃的看法，可以反映出他對私部門與公部門關係的看法。比較持平的看法認爲，規劃可以矯正市場偶爾產生的失靈現象。其實，兩者各有優缺點，規劃可以彌補市場的失靈，但是卻不能取代市場，而且會犧牲市場的經濟效率。所以，公私兩個部門不再是分離的兩種規劃立場。例如：在都市更新工作上，由政府規劃，由私人投資，正反應出公私部門的夥伴關係，也使公私部門從事規劃的界線益形模糊。現代公部門的規劃工具，很多來自於私人企業，例如：策略性規劃（strategic planning）。最後，非營利或第三部門（third sector）的興起，更顯示出，純粹以政府或市場來看這個世界的規劃工作是多麼的不恰當。

3. 規劃的遊戲規則和價值爲何？

規劃師在工作中，可能面對雇主、同儕與公眾三方面的忠誠問題。這種矛盾在技術目標之外，還需要面對更大的社會、經濟與環境問題的挑戰。在社會層面的問題是面對民主、公平與效率之間的各項價值，這種衝突使規劃師必須在經濟發展、社會公平與環境保護等方面做一選擇，或者思考如何協調這三方面的目標。除了長遠的永續發展（sustainable development）基調之外，這三個目標也在規劃領域的內外造成緊張。

4. 規劃師所面對的倫理問題有哪些？

另外，在倫理層面，也對規劃師的專業造成困擾。問題出在規劃師的專業，與公民之間存在著利益的衝突與平衡，例如：開闢公路的選線、廢棄物處理設施的選址等問題，誰會獲得利益，誰必須負擔成本？更明顯的例子，是當專家們評估風險時，賦於「人的生命」一個金錢價值；或者在預測公共設施對環境的衝擊時，使用依據理論模型所建立的假設條件並不實際。利用科學專業知識，去討論政策的正當性，問題出在使用的方法是否恰當。技術語言往往掩飾了眞正的價值，使人不知到底誰是贏家，誰是輸家？然而，規劃師在執行他的任務時，又不能不用技術上的預測方法。例如：核能電廠的建與不建，或是運轉不運轉，絕對不是模型與科學數字所能決定的。土地的徵收、都市的更新，其社會的福利與公平正義，又該用什麼標準來定義？

5. 如何能使規劃有效？

只是決定規劃師應該規律地介入市場機制是不夠的。因爲在此同時，我們也應該關注如何界定他們的地位與權力。與其他專業不同的是，規劃師在他們的工作上並沒有獨占的權力。規劃師所面對的是在經濟、政治體系中，彼此競爭的開發商、消費者以及其他更有權力的利益團體。當這些人要求實現一個案件時，規劃師並不能充分掌握所需要的資源，他們必須依賴私人或公共投資，也必須臣服在政府的官僚體系與法令規章之下。他必須扮演一個能在多重利益之間權衡、協調、溝通又專業的角色。

6. 規劃的型態有哪些？

規劃是一個須要宏觀整體（comprehensiveness）思考的工作，但是理想的整體思考並不容易。通常我們一般所瞭解的整體規劃（comprehensive planning），是指在一個區域或城市的架構下，協調整合多項目標的開發，而且仔細地顧及每一項細節。其成功與否，要看我們是否具備更高層次的知識、思慮與技術能力。第一，整體規劃需要非常複雜的知識、細膩的分析與組織上的協調。這種困難也就催生了近代漸進式的規劃（incremental planning），所謂漸進式的規劃，就是審視社會三、五年之間的變化，而因應變化來做規劃，也有人稱之爲摸著石頭過河（muddling through）式的規劃。第二，規劃似乎是在注意普羅大衆的利益，但是最後卻忽略了貧窮與弱勢族群的需要。這種批判又引起了1970與1980年代，所提出的倡導式的規劃（advocacy planning）。再者，策略性規劃（strategic planning）認爲宏觀整體規劃所需要注意的事情太多，不容易做到，於是開始引用軍方與企業界的瘦身精簡（lean and mean）策略。另外，公平規劃也出現，爲貧民與弱勢團體發聲。有時，從事規劃工作的人往往爭辯大尺度規劃，相對於小尺度規劃；從上往下的規劃，還是從下往上的規劃，而忽略了眞正影響規劃的力量，是大環境的政治、經濟與社會條件。眞正挑戰規劃的，又超出土地使用規劃，而會延伸到社會、經濟與政治的領域。

7. 什麼是公衆利益問題？

在二十世紀的六〇或七〇年代，有關規劃理論的討論，多半著重在整體的或漸進式的規劃，客觀性的或倡導性的，集權化的或分權化的，由上往下的或由下往上的，爲人（people）規劃的或是爲地方（place）規劃的。但是一直爲大家所關心的問題則是，什麼是公衆利益（public interests）的問題。這也是從事規劃工作的人一直沒有放棄追尋，卻還沒有得到答案的問題。一種追尋公衆利益的信念，是規劃師一向秉持的基本價值觀。這一價值觀是：**注重保護公平與機會的公平，足夠的公共空間，對公民社區與社會的責任**。眞正的挑戰是如何融合一般普羅大眾的利益，與鄰近眾多社區分歧利益的訴求。也就是要尋求一般持守的社會公平正義與理性，以此做爲一個橋梁，克服前述的各種矛盾。規劃師爲了公眾利益，他們需要在多重文化、技術官僚之間扮演談判、協調的角色。

最後，規劃師的中心任務是要爲城市、郊區、鄉村的公眾利益服務。至於規劃師在何時、爲何、以及如何介入規劃，而面對許多限制條件的問題，也都回歸到服務公眾利益的問題上。但是**公衆利益**也會隨時改變，都市經濟的重新結構，公私部門疆界的移動，以及規劃工具與資源的有無，都會迫使做規劃的人反覆思考公眾利益的問題，這種反思就是規劃理論的任務。[3]

規劃與不規劃的論辯

社會大眾與學術界對規劃的關注與討論，在1930與1940年代，主張自由市場與政府規劃之間的大辯論（great debate）達到高峰。到了1950年代，規劃的理想性與可行性，被如何達到社會目的的規劃技術與制度結構所替代。所面臨的問題成爲：誰應該作計畫？作計畫的目的是什麼？作計畫的條件爲何？作計畫的工具又有哪些？

英國與美國，曾經一度放棄了國家層級的規劃工作，它們目前的目標已經聚焦在放鬆管制，私

[3] Scott Campbell and Susan S. Fainstein, "Introduction: The Structure and Debates of Planning Theory", in *Readings in Planning Theory*, Edited, Blackwell, 1996, pp. 2-11.

有化、都市化、企業園區（business park），以及讓其他限制政府經濟角色的措施浮出水面。規劃遭受到媒體、學術文獻以及國會愈來愈多的攻擊，學校裡學習規劃的學生日益減少，規劃專業的就業機會也跟著減少。基本上，規劃工作者、學生與學者把規劃看作一種謀生的途徑與方式，而忽略了它的專業性以及工作者崇高而專業的生活目標。

在這種環境之下，最重要的事情是回到基本面，仔細檢驗在現代（1980年代以後）工業化的社會裡，規劃與不規劃的利弊得失。以下的討論將僅限於地方與區域階層的政府正式計畫，英國稱之爲城鄉計畫（town and country planning），美國稱之爲城市與區域計畫（city and regional planning）。

從經濟學層面看規劃

目前主張放棄規劃、減少管制、限縮政府的呼聲，一般都伴隨著要求增加對私人企業以及市場競爭力的倚賴。通常的說法認爲政府的管制與規劃是不需要的，而且往往是有害的。因爲它們會窒息企業家的衝勁與創新，而且會加上一些經濟上不必要的財務與行政負擔。

這種思想傳承自亞當斯密和彌爾（John Stuart Mill）等古典自由經濟學派的學者，他們重視個人自由，依賴非人力的市場力量與法律規範；希望國家對社會的經濟事務干涉愈少愈好，並保護個人的自由與選擇。更實際一點說，他們認爲競爭的市場可以協調個人的行爲，對個人行爲提供誘因，供給社會所需要的勞務與服務，以願付價格（willingness to pay）爲代價。

在這個基礎上，當代的新古典經濟學家認爲，自由競爭市場在理論上能夠有效地配置社會上的資源，也就是能夠達到柏瑞圖（Vilfredo Pareto）效率的最適當狀態。❹然而，柏瑞圖的最適當資源配置狀態，是要在完全競爭的市場中才能實現。所謂的完全競爭市場，要具備以下幾個條件：(1)眾多的買方與賣方，而且交易的財貨與勞務都是同一的品質；(2)雙方都有充分的市場資訊；(3)消費者的品味與選擇不受其他人的影響；(4)每個人唯一的目的都是追求自身利益的最大化；(5)生產、消費與勞務都能在市場上充分地流通。然而，這些狀況在實際世界上是不存在的。

這些經濟學家所說理想的完全競爭市場，與實際世界的市場行爲有著明顯的分歧，這正是須要政府介入從事規劃的理由。因爲政府介入的目的，是與保障私人財產、個人自由，與自由市場的目的是完全一致的。更重要的是，古典與新古典學派的經濟學家都認爲，既使是完全競爭的市場，也需要政府的行爲去矯正市場失靈（market failure）。市場失靈包括：(1)公共（public）或集體（collective）消費財的配置；(2)外部性（externalities）或外溢（spill over）效果；(3)囚犯的困境（prisoners' dilemma conditions）；(4)資源分配問題。

❹ 柏瑞圖效率是義大利哲學家與經濟學家柏瑞圖（Vilfredo Pareto, 1848-1923）所提出的福利經濟概念。要達到柏瑞圖效率，生產與消費必須互相協調。因爲生產不僅取決於資源與技術的有無，也要看消費者的偏好爲何而定。柏瑞圖效率是指市場已經達到最有效率的境界，以致於不可能進一步藉由資源的重新配置或產品的重新分配，而使市場機制更有效率，福利更形增加。也就是一旦達到了柏瑞圖效率的狀況時，如果使某一個人的福利再增加，一定會使另外某一個人的福利減少。如果並沒有使另外一個人的福利減少，就是達到了社會全體福利的增加。

公共財貨

公共財貨的定義有兩個特性：(1)共同的或非敵對的（non-rivalrous）的使用或消費。也就是說，一種財貨，一經生產，可以同時被兩個以上的人使用；(2)非排他性（non-excludability）或非占用性的（non-appropriability）。也就是說，賦予某件東西完全的財產權，或者限制使用是非常困難，幾乎不可能的。私有財貨如：蘋果、麵包以及其他的一般消費財貨，都沒有上述兩種特性，它們在同一個時期內，只能由一位消費者享用。這樣便很容易用要求付費的方式限制別人享用。在另一方面，公共財貨如：開放式的演奏會、電視節目以及健康而休閒的環境（公園），可以同時由不只一個人享用，因爲一個人的享用，並不會妨礙其他人的享用（擁擠的情況則另當別論）。

對於私有財，競爭市場可以有效地配置可購買的量，管制是無用武之地的。因此，一個人所願意付出的價格（willingness to pay, WTP）剛好反映出他對此一財貨的偏好，可以用以下公式來表示：

$$\frac{MU_A}{MU_B}=\frac{P_A}{P_B}$$

公式中：MU_A 是財貨A的邊際效用。

MU_B 是財貨B的邊際效用。

P_A與P_B 分別是財貨A與財貨B的價格。

消費者即可以從他所付出金錢的多少，衡量他所獲得的利益。如果最後一個單位A的邊際效用（MU_A）是最後一個單位B的邊際效用（MU_B）的五倍，而A的價格僅爲B的五分之一時，消費

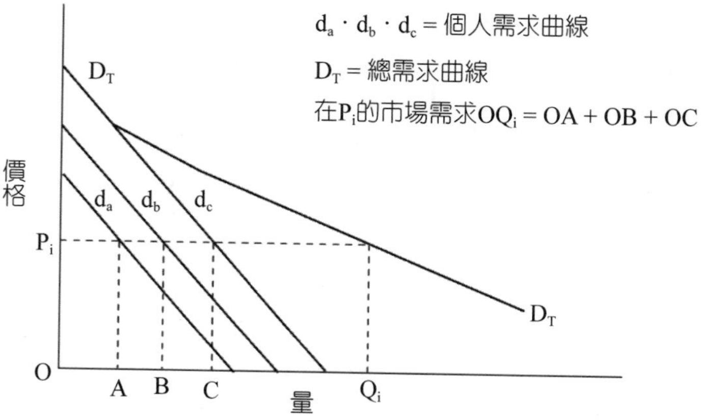

圖3-1　私有財貨的需求曲線：水平的加總

者就會多買一個單位的A。所以WTP就是購買A的利益的指標，而需求曲線下方的面積就是社會每個人的WTP的總和，也是邊際利益的總和。

如果我們依照市場的運作來推論，社會全體的WTP應該是個人WTP的總和。在圖3-1中，如果某財貨的價格爲P_i，A、B、C三人的需求可能不同，爲d_a、d_b、d_c，其需求量爲OA、OB、OC，三個人的總需求量爲OQ_i，需求曲線爲D_T。總需求量OQ_i爲三人個別需求量的水平加總。

但是以純公共財貨來說，一個人對財貨的享用，要看此一財貨的總供給，而不是他對生產此一財貨的貢獻。每一個人的享用量不會因爲價格的不同而有所不同。如圖3-2所示，假使某人享用Q_j的公共財貨，則每一個人都會享用等量的Q_j。如果價格爲P_j，則Q_j爲三個人的WTP，OP_A、OP_B與OP_C的垂直加總，需求曲線爲D_T。也就是說他們的享用量是相同的，雖然他們對該財貨的貢獻並不一樣，甚至於毫無貢獻（搭便車的）。換言之，對於公共財貨，例如：清潔的空氣，無論他付出多少防治空汙的稅費，或不付任何費用，他

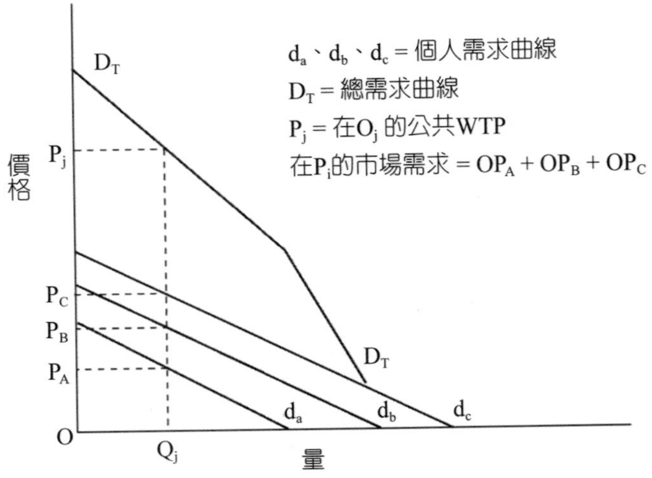

圖3-2　公共財的需求曲線：垂直的加總

所享用的空氣量仍與其他的人一樣。假使每一個人都這樣做的話，保護環境的錢便沒有了。也會使人低估或高估了別人的願付價格，結果便會有多過需要的公共財貨以及過少的私有財貨。不論如何，都無法準確地反映個人對公共財貨或私有財貨的社會總偏好，這隻看不見的手便失去作用了。這些分析告訴我們爲什麼提供公共財貨的決策往往含有政治意味，而且含有政治因素的決策，也往往無法達到資源配置的效率標準。

以上的討論也適用於準公共財貨（quasi-public goods）如：教育、公共衛生方案、交通運輸設施以及警察、消防等，都能同時提供社會大眾分享。結果，公共財貨與勞務，以及其他政府工作，便會用政府採購的方式來提供。

外部效果

在生產與消費的過程中所產生的外部效果或外溢效果，與公共財貨概念有密切的關係，它們也未能計算在自願的市場交易中。最常見的例子就是工廠對美景與鄰里所造成的空氣汙染，這種成本是沒有計算在生產過程中的。同樣的情形也產生在土地開發中，開發者往往不顧開發土地對鄰里所造成的擁擠、噪音與失去的隱私。正面的外部經濟包括：建設運輸系統與其他公共設施，改善景觀，增加土地價值。

與公共財貨同樣的，外部性所造成諸多外部公私利益與成本的分歧，更使自由市場錯誤地配置社會的資源。追求利益最大化的企業，只關心增加營利與降低成本，因爲社會成本並沒有反映在他們的生產成本裡。既使負面的外部成本超過所增加的收益，仍然鼓勵增加生產。在另一方面，因爲企業家無法與鄰里分享他們的經濟利益和正外部效果，如鄰里景觀美化等，因而又明顯地生產不足。所以不論在何種情形下，那隻看不見的手仍然無法正確地反映社會的期望與需要，這時就須要規劃了。

囚犯的困境

同樣的困難也顯示出另一種情形，就是當一個人追求他本身的利益時，並不能同時帶給社會最佳的狀況。例如：當一個地主面對一個正在衰敗的鄰里社區時，他必須決定是否修繕他的老舊出租房屋，或者把錢投資到其他的地方。假使他修繕他的老舊出租房屋，而他的鄰居並不修繕他們的老舊出租房屋，此一鄰里仍然會一直衰敗下去，使他覺得他的投資不智。在另一方面，如果這個地主不修繕他的房屋，而其他的人都修繕他們的房屋，使這個鄰里的環境普遍地得到改善，就會使租金提高，不修繕房屋的地主也因此成爲搭便車的人（free rider）而得利。然而如果每一位地主都爲了自己的利益著想，而不投資修繕自己的房屋，此一鄰里的環境會更爲衰敗，每一個人都會因此遭受損失。同樣不可避免的邏輯，會使競爭市場過分地使用有限的共同資源（common resources），如：荒野地區、公共河流或未受汙染的環境。[5]

基本的問題在於公共財貨與外部性，產生於個人私利與社會公益成本的不一致。以上三項問題的唯一解決方法，就是由政府採取行動，來對應私人在追求私利時，所忽略的公義與外部性。對於衰敗的鄰里，其解決的辦法包括：制定強制性的建築法規，由公部門取得並且改善此一鄰里，以及由公部門整修公共部分，而鼓勵私人投資整修自家部分。

資源配置與財富分配問題

正如上面所指出的，經濟學家已經說明，在資源配置的問題上，**完全競爭市場**在配置資源，並且達到最適當狀況時，欲使某一個人獲得更多利益時，必然會使另一個人受到損失。然而，不論在開始或最終，資源的配置都不會是最適當的（optimal）。兩者都會取決於傳承的財富、天生的才能以及運氣，使人完全平等或極富、極貧。只靠經濟效率，是無法衡量孰優孰劣的。假使社會上有一個正確的資源配置共識，例如：在大同世界裡，老有所終、幼有所養，政府有最適當的課稅與所得再分配辦法，只要對市場做最小的干預即可達成。

經濟面論述的意涵

上面的討論已經顯示出一系列的政府功能，與消費者至上的想法是一致的。例如：個人生產與交易的自由、市場選擇的分散化等。每一種功能都符合現代的主要規劃做法：(1)透過明確的資訊系統，提供長期的都市人口、經濟與土地使用的預測資訊；(2)經由運輸、環境與經濟發展的規劃提供公共財貨；(3)透過都市更新、社區發展、自然資源規劃與傳統的土地管制法規，管制外部性與解決囚犯的困境問題；(4)透過公共衛生、住宅與其他社會規範，去公平配置基本的社會財貨與勞務設施；(5)以明確的政府作爲，去減少不相容的土地使用之間的衝突，使私人開發配合公共基礎建設，保留開放空間與具有歷史意義的建築物。以及(6)檢驗城市的目前實質發展，對未來長期發展的衝擊，以矯正市場的失靈。❻

然而，我們必須注意，一方面政府規劃在市場經濟中的重要性，但是也要知道以上的討論並不足以使規劃畢竟其功。的確，因爲，既使沒有規劃，這些事情本來就是政府應該做的。政府有關提供公共財、管制外部性等決策可以有很多途徑去完成。例如：由專業規劃師、選出或任命的政府官員、地位崇高的統治者的宣告、企業的認養，或者偶然的時機等。假使規劃的大小事情都要倚賴政府，還不如沒有政府。

更基本的想法是，自由市場無法恰當地配置社會資源，並不必然表示政府的介入、制定法規或者規劃就更爲可取。有時，政府也會失靈。恰當地定義而且執行績效標準（performance standards）、建築法規（building codes）以及對開發條件的要求，可能比傳統的綱要計畫（master planning）、使用分區（zoning）等方法對指導土地開發來得更爲有效。排廢罰款（effluent charges）可能比直接執行排廢標準（effluent standards）對管制汙染更爲有效。對違章建築罰款，也可能比執行拆除有效。同樣的道理，公共設施的租用與認養制度，可能比政府提供更爲有效。如

❺ 韓乾，《土地資源環境經濟學》，三版，2013，p. 93。

❻ Scott Campbell and Susan Fainstein, p. 155.

此看來，規劃的適當角色，可能並不是擬定一個終極的計畫，而是建立與維持一個適當的準市場系統（quasi-market systems）。[7]

我們可以說，在一個自由市場的社會裡，規劃不能只歸咎於以上所說，在理論上市場的有限性。一般對自由企業的不滿，不只是因爲各種市場失靈的情形，而是因爲市場並不能提供穩定的經濟成長，以及整個社會成員適當而美好的生活。反過來說，對規劃的批判，也不是忽略規劃在實踐上的有限性，而是相信市場仍然比政府的集中協調更爲有效。我們的結論是，在現代的自由經濟市場社會裡，規劃不能在一個抽象的狀態下進行。而是須要仔細地評估規劃相對於希望達成社會目標的其他制度與機制的有效性，然後去選擇一個比較有效的（不一定是最好的）方法與步驟。

多元論的看法

大約在1960年與1970年間，又有其他附和經濟理論，而反對規劃的論調出現。批評規劃的人認爲政府的施政，不應該被長期而且綜合協調的規劃所引導，而應該倚賴現有的政治談判程序。這種說法的根據是類似經濟學家所謂的完全競爭市場。在這個市場裡，各個群體爲各自不同的目標與利益互相競爭，同時維持政治的穩定，促進每一個人才能的發揮，而沒有任何一個群體可以主宰全局。在這個模式裡，政府的功能只是建立與執行遊戲規則，維持競爭的公平。簡單地說，政治的競爭一如市場的競爭，使政府的行爲、規劃與協調減到最少。

但是很不幸的是，多元模式與完全競爭市場的經濟模式，具有同樣的基本缺點。正如市場被巨大的全國或跨國的企業主宰一樣；在政治領域裡，公司或企業領袖爲了保護自身的利益、權力、選票與財富，同樣會透過政府官員與其他菁英份子，主宰政治領域，進行尋租（rent seeking）[8]的利益。特別是在地方層面，會要求減稅或低利貸款以吸引工業投資或都市更新，進而涉入政府的運作、媒體、文化與教育。但是對弱勢族群而言，例如：低收入戶、市中心貧民窟或市郊的居民，他們沒有時間、教育、資源、領袖、資訊與經驗，於是便被排除在政治運作程序之外。

這種政治談判程序的模式，也不能恰當地提供公共財貨與服務。對小族群而言，每一個人所能獲得的公共財貨與服務的利益夠大，所以應該提供。而對大族群而言，每一個人所能獲得的公共財貨與服務的利益太小而成本太大，結果是小族群剝奪了大族群的利益。如果以政府的權力幫助最能得利的族群，而排除公眾，則政治談判也會有意地忽略了政府的行爲與政策，對沉默的普羅大眾產生外溢效果。

多元論模式是直接融合在倡導式規劃裡頭的。倡導式規劃並不認爲計畫是價值中立的（value-neutral），而且是能代表社區整體利益的。倡導式的規劃者認清了政治運作的不公平，便爲社會的貧窮及弱勢族群發聲。然而，經驗告訴我們，倡導式規劃具有多元論模式同樣的弱點：(1)都市社區與鄰里的性質與利益的訴求並不一致，而且不容易被發現；(2)領袖不見得能代表整體的意見；(3)狹義地定義利益並且維持現狀比較容易，倡導普遍的利益或提出新方案並不容易；(4)官僚們仍然缺乏

---

❼ Scott Campbell and Susan Fainstein, p. 156.

❽ 尋租一詞則是庫格爾（Ann Krueger）在1974年發表於《美國經濟評論》（*American Economic Review*）裡的一篇論文中首先使用的。庫格爾注意到政府在市場導向的經濟體系中限制某些經濟行爲，使人們競相尋求租利（rents）。這些競爭有時完全合法，但是有些則用非法的管道，例如關說、賄賂、貪瀆、走私與黑市等。尋租是利用人爲獨占或寡占的優勢地位，使某種財貨的供給，以尋求比從競爭市場所能獲得的更高的利益。

做正確決策的資訊。❾

結果，公部門的規劃者，仍然缺乏能夠代表社區利益、協調個人與族群行為、思考目前措施的長遠後果的基本思維。這並不表示社區的共同利益一定會大於個人與族群利益，或者措施的長遠與外部效果比眼前立即的影響更重要。只是假設這些考慮有政治上的重要性，因為只有政府才能夠考慮這些問題。也就是說只有在這些基礎上，才能做傳統式的城鄉規劃。

傳統規劃的論述

規劃這個專業起源於二十世紀之初，因為大家對當時工業城市的髒亂與政治腐敗普遍的不滿。最早的根源始於公共衛生、建築與景觀規劃。對規劃的看法是：能為城市與家庭做些什麼、改善人造環境（built environment），提高宜居性、提高城市基本功能的績效，以及增進居民的健康、安全、便利與福利。在政治上則強調規劃是政府改善公共福祉的獨立第四權。也有人認為，規劃是協調公、私之間或私人與私人之間，土地財產使用衝突的機制。這些論述的基礎，是相信規劃的專業與科學方法，能夠比不規劃的市場力量與政治競爭，更有效地增進經濟成長與政治的穩定。

把傳統的規劃看作是一個提升市民共同福祉的想法，顯然與前面所講的經濟與多元論述是相同的，都是要提供公共或集體的消費財貨與服務。把規劃看作是綜合協調工作，同樣是要消除個人與集體行為所造成的外部效果。把規劃看作是考慮當前行為的長期影響，同樣也是認識到公共政策的制定，需要更多的資訊與參與。值得注意的是，規劃者在嘗試增進公共福祉的同時，往往忽略了政府與個人行為的公平分配效果。

到了二十世紀中葉，一群在學術上參與規劃的社會學家，嚴厲地質疑公部門規劃的一些問題。

這些問題包括：規劃者只注意城市的硬體建設，似乎眼界過於狹窄了；他們對都市發展程序的政治性，看法似乎過於天眞；他們對城市生活的技術性解決方法，反映出他們中產階級生活的觀點；他們對提升公共福祉的嘗試，只注意到企業菁英的需要；他們對公私開發的民主綜合協調，在政治與行政上幾乎是不可能的。歸根結底的問題是，社會的公平正義在哪裡？

與這些批判同時產生的，是一些有關規劃的新觀念。例如：價值中立、發現問題的理性程序、目標的訂定、資料的分析、計畫的實踐與績效的評估。在最近幾年，理性規劃模式也受到嚴重的攻擊。因爲沒有認識到個人與機構決策的基本限制；傳承下來的規劃政治與倫理作爲；以及在規劃行爲上，組織的、社會的與心理的現實面。結果，當社會需要提供公共財貨時，外部性等問題仍然無法解決。規劃這個行業，目前仍然缺乏一個被廣泛接受的發現及確認問題的步驟，或者如何使規劃出來解決問題的方法合理化的共識。

正如在第五章裡，珍雅各認爲城市有如生命科學，恰巧是有組織的複雜問題。它們呈現出數個，甚至數十個變數同時在變動，而且是互相巧妙關聯的有機體。再想像一個城市鄰里公園的例子，任何一個單一的因素，都會像泥鰍一樣滑溜。這種情形可以指涉任何事情，端視它如何受到其他因素的影響，以及它如何反應。公園如何被使用，有一部分要看公園本身的設計，要看使用的人如何使用它，也要看公園外圍的城市狀況。這些情形，不僅單獨對公園有所影響，也結合起來產生綜合的影響。無論如何，城市公園有規劃，有組織，可以說是一個有組織的複雜問題。傳統的城市

---

❾ Scott Campbell and Susan Fainstein, p. 158.

規劃，一直把城市當作簡單而且沒有組織的複雜問題來分析。這些誤用阻擋了我們，我們必須把它們拋棄。

馬克思主義者的論點

最近出現的馬克思主義者的都市發展理論，給規劃的理想性與可行性添加了另一個新的思考面向。從馬克思主義者的觀點看，現代社會規劃的角色，要從認識現代資本主義結構與實質環境的關係著手。也就是說，在資本主義社會制度下，增進社會福祉的生產資本，都掌握在少數資本家手裡。在這種關係下，所建立與維持的各種條件，都是有助於累積私部門財富的。接著，便產生資本家與資本家、黨派與黨派之間的各種長期與短期的利益衝突，最後便會威脅到資本主義的社會秩序。於是便順理成章地認為民主制度，可以塑造一個中性的政府，為社會全體成員謀福。

而馬克思主義者認為最基本的社會改善，只能透過勞工階級革命性的行動，以一個嶄新的社會制度替代現存的社會制度，來為整體社會服務。最基本的改革包括：生產工具的公有與中央集權式的規劃。這樣便可以用一個綜合協調的投資決策與民主程序，替代現有的市場與政治決策程序，也可以評估社會需要的優先順序，以及限制與長期的社會利益衝突的私人行為。

如果把這種觀點應用在都市規劃上，馬克思主義的學者是對傳統的規劃理論與實踐做了嚴苛的批判。以上對贊成與反對規劃的討論，只能看作是理論上的討論，而無法認清實際的條件，以及讓規劃產生，並且確立其社會角色的歷史與政治力量。如果我們接受以上所討論的市場與政治競爭的有限性，馬克思主義者對規劃者在各個領域行為的詮釋，認為只是在為資本家的利益服務，而犧牲其他社會成員的利益。規劃者嘗試去提供公共財貨與管制外部性，也是在為資本家的需要，而幫助管理資本主義無可避免的城市發展中，硬體與社會氛圍之間的矛盾。規劃者嘗試去使用科學技術與專業知識，也被視爲是爲了資本家的利益；以公共利益、科學理論爲藉口而使政府的行爲合理化。規劃者嘗試去改善弱勢族群的地位，也被視爲壟斷改善弱勢族群福利所需要的措施。

在討論現代規劃理論時，馬克思主義者的論述實在顯得有所不足。一項嚴謹的對馬克思主義者的分析，把所有的社會關係與政府行爲都被看作是爲資本家服務。除了對社會做革命性的改變，並提不出其他的改革機制。假使所需要的改革只能透過勞工的革命，則也看不出任何有改革意識的規劃者，能在資本家與勞工之間扮演具有建設性的角色。如果不讓規劃者嘗試在公共政策的制定上，應用專業知識與科學方法，而只是維護現有的社會與經濟關係，那簡直是在政治上剝奪了規劃者在專業技能上的重要資源。

事實上，正如我們討論贊成或反對規劃一樣，馬克思主義者的論述不能只在抽象的狀況下加以評估，而必須攤在現實的經濟政治狀況下，加以嚴格的檢驗。因此，它可能在理論上非常理想，從基本教義派的馬克思主義者的分析來看，因爲規劃者缺少革命性的角色，也不是不能在短期內藉由其他激進的專家進行改革，但是卻非常難以在多數西方民主國家實現。在另一方面，既使目前的規劃眞的是爲資本家服務，也不需要單單依賴基本上，有許多缺點的市場與政治的競爭。

奉行馬克思主義的蘇維埃聯邦共和國，在1991年12月25日正式解體，經濟衰落、民不聊生。中國大陸也是奉行馬克思主義的國家，幸好在1979年實施改革開放政策，因此經濟快速成長，人民富裕。這兩個過去實施馬克思主義計畫經濟國家的歷史演變，就是上面所說「**攤在現實的經濟政治狀況下加以嚴格的檢驗**」的最好例證。中國正在進行打造所謂的「中國特色的社會主義經濟制度」，自從1979年實施改革開放政策以來，以市場經濟機制的運作，使中國的經濟突飛猛進。不但使中國進入中產階級社會，也使其成爲世界第二經濟大國，目前則稱之爲「中國特色的社會主義市場經濟制度」。

現代規劃的歷史根源與發展

現代規劃概念的基礎，可以說是形成於啓蒙時期（Age of Enlightenment）[10]，**啓蒙時期**是十七、十八世紀歐洲的思想家，相信理性與科學才是使人類進步的動力，而不是傳統的宗教思想，是爲啓蒙運動。從此，規劃與理性結合成爲一體。**人類的行爲，依循一貫的理性思維，選擇某些行動以求達到既定的目標，這就是規劃**。

市與區域的規劃設計，並不是什麼新鮮事務。如果把時間推到更早的年代，城市與區域的規劃設計，可以追溯到西元前七千年到西元前兩百年。早在巴比倫、希臘、羅馬，以及中國、印度、義大利，和中美洲、非洲以及中世紀時期的城市，在實質與社會秩序，以及組織上，都已經是井然有序的了。在文藝復興與巴洛克時期，新的城市是以皇宮爲中心，以顯示王公貴族的輝煌。在北美洲，則跟隨兩千年前希臘的方格式街道建立新的市鎮。

現代的城市規劃，起源於十九世紀末到二十世紀初的幾個有關城市規劃的個別運動。它們是：田園市（Garden City），城市美化（City Beautiful）與公共衛生改革。這三個基本的領域形成其後的歷史：(1)霍華德、柯比意、萊特與柏恩翰等人，使規劃理論成形（1800年末到1910年）；(2)規劃的制度化，專業化，與自我認知的時期，同時也有區域性與全國性規劃工作的協助（1910-1945）；(3)二戰以後的時代，規劃的標準化與分歧化。

這些歷史告訴我們城市規劃的技術、社會與美學的起源，解釋了規劃是設計、土木工程、地方政治、社區組織與社會公平正義的混合產物。它也說明規劃的發展到了二十世紀成為公領域、專業的工作，而不是十九世紀末那種私領域工業城市的專業。對規劃歷史發展的瞭解，可以幫助當代的規劃師形成他們的專業自我形象。[11]

在1850年之後，城市的環境規劃開始於對**公共衛生**的注意，把住宅區與汙染的工業分開。其中也隱含著統治階級，有意無意地把自己與中下階級的人分開的味道。這時開始有綱要計畫（master plan），成為之後都市計畫的基礎。不過彼時所作的，大多為實質的硬體設計，以及由政府控制的土地使用分區。如果拿美國與英國做一比較，美國的私人財產權，要比英國受到較多的法律保障。英國1932年與1947年的城鄉計畫法（Town and Country Planning Act, 1947），建立了綱要計畫和規劃許可制（Planning Permission）的土地使用管制方式，並且散布到世界各地，當然也傳布到台灣。不過台灣的規劃界並沒有眞正瞭解規劃許可制加強管制的本意，反而把它當作是放鬆管制，便宜審查行事的制度。以致於台灣的地理景觀，如今已經淪落到千瘡百孔的地步，對天然災害毫無抵抗力。

---

❿ 啓蒙時期是指在十七世紀及十八世紀歐洲的思想家、哲學家興起的一場哲學及文化運動。他們相信理性發展與科學知識，才是解決人類基本問題的途徑。人類歷史從此展開在思想、知識上的「啓蒙」，開啓現代化和科學的發展歷程。德國哲學家康德以敢於求知的啓蒙精神來闡述人類的理性擔當。啓蒙時代不同於前此以基督教神學權威為主的知識權威與傳統教條，而是認為科學和藝術知識的理性發展可以改進人類生活。承接十七世紀的科學宇宙觀及以理性尋找知識的方法，啓蒙運動相信普世原則及普世價值可以在理性的基礎上建立。

⓫ Friedrich, Hayek, *The Road to Serfdom,* London, Routedge, 1944.

今天，對土地使用管制的看法，大多認爲是影響都市與環境改變的手段，特別是針對環境的敗壞和全球氣候變遷。最早的規劃立法，在英國可以追溯到1848年到1875年的公共衛生法（Public Health Acts）。1875年的立法，建立了都市地區的最低衛生標準，使地方政府可以通過法規，管制房屋的建造與土地的使用。十九世紀快速的工業化與都市化，大量人口移入都市地區，造成社會、經濟和環境的巨大變化。

全面性現代城市規劃的肇始，可能要追溯到十九與二十世紀之交的田園市運動（Garden City Movement）。田園市只是一個有如雨傘罩頂的概念，在它下面包含著許多規劃和不動產開發的原則與策略。我們運用這些原則與策略，去營造一個愜意與高素質的生活環境。今天，田園市代表我們的規劃系統是針對環境的敗壞，而努力去創造一個能夠持續發展（sustainability）的生活環境。

田園市的發展，是建立在四個主要原則上的：第一，開發是有限度的：每一個中心城市，大約可以容納五萬八千人，提供特殊的土地使用，如：圖書館、商店和政府功能。周邊的衛星市鎮人口約有三萬人，總共不超過二十六萬人。中心城市和衛星城鎮都有綠帶環繞。第二，愜意性（amenity）是最基本、最重要的要求。大量規劃開放空間和景觀，可以提供休閒遊憩與美學意境。第三，這種型態的開發，可以形成多核心的社會城市，就業、休閒、購物、居住、就學等使用都混合在步行距離之內。最後、所有的土地，都受城市政府的管制，居民可以取得土地、出租住宅。田園市的創業財務，靠發行股票和債券，獲利則用來提供公共設施與服務。

從1930年代開始，都市邊緣地帶的私人投機性開發快速地成長。大量的農地被都市發展所侵蝕，市郊低密度的不動產開發，形成另一種地景，私有小汽車也漸漸成爲人們倚賴的主要交通工具，形成都市的蔓延發展。這種開發的型態，也是現今世代所應記取的功課。不動產開發與城鎮開發，有密不可分的關係。以英國來講，在1920和1930年代，大片、大片的農地都被規劃開發爲住宅。城市郊區的低密度使用或不使用，都被視爲沒有效率的土地使用。我們台灣的現代城市規劃與不動產開發觀念，竟追隨英國1920、1930年代的腳步。也許終有一天會嘗到有如英國的苦果，才會發展出我們自己追求美好環境的規劃理念。

英國都市規劃學者郝彼得爵士（Sir Peter Hall）指出，以百萬計的英國人正以腳投票，離開城市到小村、小鎮落腳。此一現象反映出人們不再認爲都市生活對他們具有吸引力。一個半世紀以前，大不列顛曾經是世界上第一個都市化國家，現在則變成第一個反都市化的國家。顯然，是因爲他們看到了城市裡有他們不喜歡看到的東西。例如：人車的擁擠、環境的敗壞、缺乏公共設施、貧民窟與犯罪案件等等。當然，這種趨勢並不限於英國。整個歐洲的每一個國家，甚至美國、加拿大、澳大利亞，也莫不如是。人們從城市去中心化到郊區，再從郊區到更小的小村、小鎮。[12]

人們最初遷移郊區，或許是爲了私密性、活動性、安全與獨棟住宅的擁有。而在城市裡，又使人感覺孤獨（樓上、樓下，互不相識）、擁擠、犯罪、汙染與使人不勝負荷的房屋與生活成本。但是這種往郊區蔓延的成長，也並不一定能使生活品質更好。在此同時，城市的中心，因爲經濟動能移往郊區，而逐漸衰敗。在這種文化之下，工作的地方、工作的人力都已改變，財富在縮水，環境問題浮上檯面。但是我們還是以二戰之後的思維建造城市與郊區，好像土地和能源是可以欲取欲求的。

---

⑫ Peter Hall, *Good Cities, Better Lives-How Europe discovered the Lost Art of Urbanism*, Routledge, 2014, pp. 2-3.

柯比意的規劃理念，雖然受霍華德的影響，卻與田園市模式有很大的不同。他建立的城市，把三百萬人裝在五、六十層的大樓裡，大樓與大樓之間用大片公園綠地隔離，周邊有綠帶環繞。此一原則於1925年應用在巴黎市中心地區，以及里約熱內盧（Rio de Janeiro）、聖保羅（Sao Paulo）、安特衛普（Antwerp）、斯德哥爾摩（Stockholm）等城市的再開發。柯比意的想法，正是在倡導良好設計、混合使用、高樓發展、大片都市公園的城市。

第二次世界大戰給英國規劃系統一個誕生的機會，一方面是戰後重建，另一方面是政府乘機多取得一些對土地的管制。戰後的土地使用政策，受到戰爭期間所問世的三個報告的影響。第一個是和區域人口分布與就業的Barlow Report（1940），兩年之後出版的是在規劃系統中都會碰到的改良與補償問題的Uthwatt Report，以及鄉村經濟與保護的Scott Report。每一個報告都影響到區域政策、開發利益與稅賦、國家公園以及城市郊區和綠帶的保護問題。

接下來通過了幾項重要的法案，開啓了英國的新規劃時代。它們是1946年的新市鎮法（New Town Act），1947年的城鄉計畫法（Town and Country Planning Act），以及1949年的國家公園與市郊法（National Parks and Access to the Countryside Act），國家也取得了全面性的土地開發管制權。接著在1949與1970年間，建立了二十八個新市鎮。1947年的立法，取消了私人開發土地的權力，以規劃許可（planning consent）代之。

城鄉計畫法把私人的土地開發權國有化，也就是對於某種土地開發，必須取得規劃許可（planning permission）。當然，在許可被駁回時，申請人有權提出申訴。但是基於公共利益的考慮，國有開發地當然優於私人的土地不動產開發權。城鄉計畫法在二十一世紀的今天，也做了一些政策上的改變，也就是要適應永續發展的要求。例如：從2008年起，百分之六十的新住宅，必須蓋在棕地（brownfield），或已經使用過的土地上，或者利用老屋土地重建。換言之，未經開發的處女綠地，是要嚴加保護的。

環境的永續性已經受到舉世的矚目。聯合國於1992年在巴西里約熱內盧召開世界環境與發展大會，擬定二十一世紀議程（*Agenda 21*），接著有1997年的京都議定書（Kyoto Protocol），2002年約翰尼斯堡（Johannesburg）的世界永續發展高峰會，在2015年四月二十二日（地球日），一百七十五個國家又在巴黎開會協定，各國致力於減少排放CO_2。重要的議題都集中在如何減少碳的排放，以及減緩氣溫與海平面的上升。面對此一全球性的氣候變遷問題，我們台灣的土地使用規劃系統將如何因應？現在與未來，我們的城鎮規劃政策又將如何？

現代與後現代的規劃

從二十世紀初期的幾十年，一直到1960年代，美國各級政府所主導的規劃，都維持了它現代主義的完整性。從事規劃的人努力的重點在於：(1)在民主制度下進行資本主義的都市化；(2)以技術而非政治性思考指導政府的決策；(3)以社會整體的目標，形成一個協調而能發揮功能的都市型態；(4)以經濟成長創造一個中產階級的社會。

到了1980年代，現代主義的規劃受到一些挑戰。因爲面臨都市結構、政治、文化等方面的改變，規劃界便把針對這些問題的規劃，歸類稱之爲後現代的規劃。後現代的現象包括：快速的資金流動、新式服務的集中、貧富差距的懸殊、客製化的生產、中心城市的去中心化等。這些問題都是現代主義規劃，前所未見的。特別是在文化上，過去爲中產階級服務的思想與做法，已經被埋葬了。[13]

規劃的歷史回顧

以美國而言，規劃始於十九世紀末與二十世紀初。肇因於現代城市實質環境的敗壞與不彰的功能，以及人口的集中與公共衛生問題。改革者呼籲地方立法，改善勞工階級的住宅與都市環境（built environment），以及工業城市的土地使用。他們的訴求認爲，要建立有秩序、有良好功能，講求美學的城市。因此，早期的規劃者，提出各種綱要計畫（master plan），去規劃土地使用，以求達到功能和美學的目標。芝加哥的城市美化運動，開始了城市中心公共空間、公共建築物和公共設施的規劃設計。

直到二十世紀最初的幾十年，這種型態的規劃並沒有太大的變化。各種對住宅的法規限制，只有一部分被所謂的公共住宅所取代。在1920年代，比較注重的是公路和住宅社區（subdivision）的規劃。地方政府的土地使用分區（zoning），取代了綱要計畫。二戰之後，住宅、土地使用分區，和交通的規劃，開始蓬勃發展，都市更新也開始受到重視。在1960年代，都市的快速成長，使規劃分化出多樣的專業領域，它們包括：環境、人力資源、社會規劃、衛生保健規劃、交通、能源規劃，以及伴隨著傳統土地使用與住宅的區域規劃。一個規劃者所做的，並不只是規範土地使用和住宅的空間安排。社會規劃對於重視硬體規劃的規劃者，成爲一項新的挑戰。規劃工作開始多樣化的結果，卻使「城市」對最初有興趣規劃的改革者，失去了吸引力。

規劃理論與規劃教育

有關城市規劃的大學教育，從1920年代一直到二戰之後，都是比較職業性的。在那個時期，規劃教育可以分成兩派：擁有專業學位的規劃者和擁有哲學博士學位的理論家。再者，教育不僅是職業的敲門磚，也與規劃理論與實踐緊密相連。在兩次大戰之間（1918-1939），規劃理論結合芝加哥學派的社會學和人類生態學（human ecology），來解釋都市型態和都市問題。早期的規劃理論，所涉及到的是城市和都市環境。在那個時候，不能說有城市規劃的理論家，只能說有改革者或從業人員，以及對城市結構應該是什麼樣子的想法而已。

然而到了二戰之後，芝加哥大學在都市規劃方面的研究，使規劃理論漸趨成熟。芝加哥大學的目標是要訓練Ph. D.學生，使規劃成爲一個專門的學術領域，而不僅是一項職業訓練而已。因爲學生一旦有了理論基礎，畢業之後稍加職業訓練（on-the-job-training）就會成爲規劃專家了。其次，芝加哥大學把職業訓練和學術訓練分開，這樣便使規劃理論學家，與從事實際規劃職業的人分道揚鑣。然而，在1950到60年代之間，出現了一個舉足輕重的規劃理論典範（paradigm）。把規劃定義爲：**一個指導政府如何干預都市問題與解決問題的綜合、理性的決策模式**。服膺這個模式的學者，相信他們找到了規劃學術的核心，可以結合理論與實踐。當早期戰後的學者，仔細研究了規劃的本質之後，證明這種看法並不正確，因爲現代規劃理論的本質被侵蝕了。[14]

什麼是現代主義規劃理論？

現代主義規劃理論認爲現實是可以控制的，也應該是完美的。相信這個世界是可以改變的，是

---

⑬ Scott Campbell and Susan Fainstein, pp. 213-4.

⑭ Robert A. Beauregard, "Between Modernity and Postmodernity: The Ambiguous Position of U.S. Planning", in Scott Campbell and Susan Fainstein, pp. 216-7.

可以操控的，人類的行爲和願景是重要的。現代主義的規劃者，相信未來的社會問題是會被解決的，人類會從稀少性和貪婪的桎梏中解放出來的。社會管制會促進進步，規劃能使我們更能適應這個瞬息萬變的世界。規劃行爲要實施在投資者、家庭和政府的行爲之前。事實上，規劃需要知識的啓蒙，知識和理性可以把人類從宿命論和意識型態中解放出來。在實踐方面，規劃結合開發和都市環境，成爲一個整體的都市形態，以發揮城市的功能。精確地說，現代主義的規劃，相信整體綜合（comprehensive）解決問題的方式。[15]

總結上面所說，現代主義規劃相信知識與社會、資本主義的興起、中產階級的成形、科學思潮的啓蒙、城市空間有秩序的配置，以及政府對民間事務的干預等等關係，都是密不可分的。

現代主義規劃的式微

現代主義規劃在1970和80年代開始解構。新的政治型態、經濟關係，以及城市結構的重組，都給規劃帶來新的難題。一種兼容並蓄的思想，替代了唯我獨尊的規劃。一項主要的解釋是說，生產技術與社會關係，已經被後現代的社會型態所超越：高科技的產品、資本的流轉、彈性的工作程序，以及式微的勞動力，都是當下的現象。新的空間型態出現：後現代的城市，加入後現代全球化的政治經濟體系。塑造城市有機體的綜合規劃，在政治上已經站不住腳。這種規劃需要提升人民利益與節制資本之間的平衡，但是它妨礙了經濟的擴張。因爲經濟發展，才是1980年代的政治目標，而非改革，於是福利國家的理想便被犧牲掉了。[16]

在現代主義之下的規劃，改革與成長是被視爲平行的。其間的區別就是規劃者與不動產開發者之間的不同，但是現在這兩組人馬形成了公私夥伴關係。學校甚至訓練學生不動產開發，成爲先進的規劃教育。規劃變成企業化，規劃者成爲生意人，曾經受到讚美的現代主義規劃被侵蝕了。但是因爲規劃者仍然談論公眾利益，以及開發的負面後果，他們仍然保有其應有的地位。而不動產開發者則受商學院的訓練，然後在企業方面發展。台灣的公私立大學，有關土地使用的科系，也莫不以不動產開發、投資等方向爲教育主軸。有關土地使用規劃管制方面的課程已被邊緣化，未來的走向和結果則有待觀察。

什麼是後現代主義規劃？

首先，乍看起來，後現代主義規劃對空間與時間的注意，與現代主義規劃並沒有區別。規劃者仍然以區位爲思考的中心，而且需要倚賴過去的趨勢以尋求未來的走向。後現代主義的討論，充滿了對資本主義新空間的評論和讚揚。同時，後現代主義特別欣賞過去的都市設計和建築風格。再者，後現代主義規劃者所看到的空間與時間，與現代主義規劃者所看到的空間與時間不同。現代規劃理論家和實踐家，對空間的看法是惰性的，對時間的看法則是線性的。後現代主義的挑戰則認爲空間與時間，是邏輯辯證的、社會的、歷史的，而且把這些概念融入在一個具有批判性的社會理論中。雖然美國的規劃是地方性的工作，所注意的是社區的規劃。然而規劃理論家仍然拒絕了物質主義的看法，而傾向理想主義，因此很難與後現代拉上關係。反倒是不太注意空間尺度，和結構之間的互動關係。在1960年代之前，對規劃的批判多集中在綜合理性模式。現代規劃理論家遠離了攸

⓯ Ibid., pp. 217-9.

⓰ Ibid., p. 221-2.

關大眾的實際規劃工作，捲入了內部的學術辯論。對規劃的批判，否定了規劃的保守性和中產階級的偏誤，明顯地與美國社會的種族主義和不平等拉上關係。但是他們的批判並沒有跳出專業的窠臼與大眾分享。整體而言，他們失去了規劃的目標——城市，也就失去了規劃的正當性。他們的新目標——規劃程序、作決策、擬議政策等，只是實踐者的事情，卻缺乏實質的內涵。[17]

有關後現代規劃的討論，不只攸關理論和文化，也是一個政治議題。然而，在某一方面，政治經濟改革又沒有占到重要議題的位置。他們的政治傾向，與大多數的現代規劃理論家不謀而合。他們放棄了批判的角色，專注於學術的討論。至於規劃教育，則是訓練學生浸潤資本主義、改善社會，以及瞭解專家的政治角色，以及存在於現代與後現代之間的敏感政治關係。整體而言，現代規劃沒有整合，卻也沒有消失。在另一方面，理論開始離散，不再聚焦於社會理論與規劃的討論。從這個角度看，規劃似乎懸在現代與後現代之間，使理論家與實踐者無所適從。

規劃系統的改造

在2001年，英國的交通、地方政府與區域部長（the Secretary of State for Transportation, Local Government and the Region），宣布了英格蘭與威爾斯規劃系統的審查結果。認為目前的系統複雜、難以瞭解，並且不易實施。地方計畫更為複雜，常常不符區域或國家政策，而且不夠公開、缺乏彈性。因此，亟需一個新的基本思想架構。跟著政策的改變，把環境的改善納入未來改革的考慮之中。認為倚賴小汽車的郊區住宅區，以及城市之外的商業與企業園區的開發必須扭轉，並且鼓勵私人循環使用都市土地。否則，都市地區將更加向外蔓延。

都市任務小組（Urban Task Force）提出了四點規劃系統所應注意的議題。第一，過去嚴謹的規定，阻礙了創意。例如：街道應該被視爲空間，而不只是交通廊道。第二，要倡導緊湊型城市（compact city），以利永續性發展與都市生活品質。適當的密度，可以減少小汽車的往來旅次。第三，高密度並不等於高樓開發，適當的密度，有利於城市的持續發展。最後，要多注意都市設計，促進混合的土地使用，和棕地（brownfield）的再開發與循環使用，使城市更具吸引力。我們面對的挑戰是創造一個新的規劃系統，有效地實現我們的理想與政策。

城鄉與環境規劃觀念的歷史演變，大約可以分五個階段

1. **十九世紀到二十世紀**：這個階段包括：資源保育運動（conservation movement）、**霍華德**的田園市，柏恩翰的城市美化運動、歐姆斯德（Frederick Law Olmstead）的紐約**中央公園**規劃、柯比意的光輝城市、萊特的廣域城市、珍雅各的混合與多樣化概念等，又形成現代的城市規劃理論。這幾個基本領域形成其後規劃的歷史發展：(1)幾位並不自以爲是規劃師的先驅人物，使規劃理論成形（1800年末到1910年）；(2)規劃的制度化，專業化，與自我認知的時期，同時也有區域性與全國性的規劃工作（1910-1945）；(3)二戰後時代規劃的標準化與分歧化。

2. 1920-1969：**區域生態規劃和科學方法的應用**。城市規劃進展到區域與環境領域。在1930年代，益／本分析使經濟科學應用在規劃上。到了1969年，馬哈（Ian McHarg）使土地適宜性分析的

⓱ Robert A. Beauregard, "Between Modernity and Postmodernity: The Ambiguous Position of U.S. Planning", in Scott Campbell and Susan Fainstein, pp. 224-5.

應用普遍化。美國國家環境政策法（National Environmental Policy Act, NEPA）建立了生態研究、環境工程和環境影響評估制度，促進了環境規劃的科學分析。

3. 1970-1981：**現代環境規劃誕生**。這個階段的產生是過去各種運動累積的結果。在美國，除了聯邦政府，各州（如：夏威夷、威蒙特、緬因、奧瑞岡），以及舊金山灣區、明尼蘇達州的雙子城、加利福尼亞州的太浩湖（Lake Tahoe）等區域，開始實施成長管理政策。

4. 1982-2011：**緩步進入永續發展的理念**。在這個階段，有許多創新的做法，把經濟思考整合在實際法規中。例如：硫化物排放量的限制、溼地保育與土地儲備、汙水與碳排放交易制度、棲地保育的規劃、能源政策等。另外，許多州、地方政府和NGO，也主動進行他們自己的土地保育、水資源與溼地保護、天災的防護、成長管理、能源規劃、氣候變遷等環境政策。到了2005年，非政府土地信託機構有一千六百六十七個，保育了三千七百萬英畝的土地，比2000年多了一倍。

5. 1992-現在：**永續發展與全球環境的關懷**。歷經1987年，聯合國的布蘭德蘭報告（*Our Common Future*），以及其後里約熱內盧和約翰尼斯堡的地球高峰會議。永續發展已經是全球與地方環境保護規劃的重要課題。能源與氣候變遷，成爲極端重要的環境規劃目標。此一新環境保護課題，伴隨著都市生態、社區設計、集水區保護，以及環境正義，已經整合成爲永續發展、宜居城市的新課題。[18]

藍道夫（John Randolph）把規劃的歷史演變，歸納如表3-1：

在二十世紀的早期幾十年中，規劃的方式只有很少的改變。對住宅管制性的立法，有一部分由公共住屋所替代。在1920年代，大部分的重點放在公路與住宅社區的規劃。地方政府的土地使用分區，開始使用在綱要計畫之中。二次世界大戰後，住宅區、使用分區與交通規劃開始發展。這時，

表3-1 環境規劃的歷史演變

環境規劃的演變	年代	說明
以設計為主	1850-1950	都市設計師、規劃師主導城市發展
以法規作規劃	1925後	政府以分區、管制法規為主要工具
科學應用在規劃上	1940後	以科學、經濟、政策分析解決問題
規劃受政治影響	1965後	社會與政治運動影響規劃決策
規劃受資訊影響	1975後	公共資訊與參與擴大了規劃的視野
規劃是合作關係	1990後	相關部門、人士共同思考
規劃是政策、科學、合作、設計的整合	2000-2010	資訊的革命與設計的創新與科學、政策、合作的整合
規劃永續與宜居的社區	2010後	科學、設計、合作與政策分析應用在社區、生態、經濟、公平與宜居性

都市更新也開始加入規劃的行列，幫助傳統的綱要計畫，作短期的復活。規劃的實踐在1960年代開始蓬勃發展，而且多樣化。例如：環境、人力、社會規劃、衛生規劃、交通、能源規劃與區域規劃，伴隨著土地使用與住宅規劃。規劃師不再只是用法規來規範土地在空間上的使用。社會規劃者，開始對傳統的實體規劃發出挑戰。其結果是規劃工作的實踐，開始離心與分散化。最初吸引激進改革者的城市，規劃者已經對它失去了興趣。

⑱ John Randolph, *Environmental Land Use Planning and Management*, 2nd. ed., Island Press, 2012, pp. 29-31.

4

回首來時路，那些改變城市的人與他們的思想

一個人所擁有的想像力，終將能夠改變歷史。

在我們從事城鄉規劃時，一定會先問，什麼是理想的城鄉發展模式？在1890與1960年代間，霍華德（Ebenezer Howard）❶、柯比意（Le Corbusier）❷、萊特（Frank Lloyd Wright）❸與珍雅各（Jane Jacobs）❹等幾位先驅思想家曾經嘗試回答這個問題。他們各自研究

---

❶ 霍華德（Ebenezer Howard, 1850-1928），英國城市學家、社會活動家，「田園市」運動的領導人、現代都市計畫理念的先驅思想家之一。他最爲知名的著作是1898年出版的《明日田園市》（*Garden Cities of Tomorrow*）。他提出的理想主義與現實主義結合的田園市，開創了現代意義上的都市計畫，也就是現代新市鎮的原型。

❷ 柯比意（Le Corbusier, 1887-1965），是出生於法國旅居於瑞士的建築師、室內設計師、雕塑家、畫家。是二十世紀重要的建築師之一，是功能主義建築的泰斗，被稱爲「功能主義之父」。柯比意致力於讓居住在擁擠都市的人們有更好的生活環境，對現代都市計畫理念有巨大的影響。

❸ 萊特（Frank Lloyd Wright, 1867-1959），美國建築師、室內設計師、作家、教育家。他設計的建築物超過一千棟。萊特認爲建築結構須要與人性以及環境協調，這種建築哲學稱爲「有機建築」。有機建築最佳的實例便是萊特所設計的落水山莊，曾被稱許爲「美國史上最偉大的建築物」。

❹ 珍雅各（Jane Jacobs, 1916-2006），是旅居於加拿大的美國人，早年做過記者，速記員，和自由撰稿人。她的著作《美國大城市的死亡與再生》（*The death and Life of Great American Cities*），從一個小市民或家庭主婦的角度批判傳統的都市計畫理論與實踐。她的想法對現代都市計畫的思想與理念有巨大的影響，被譽爲美國都市計畫的教母。

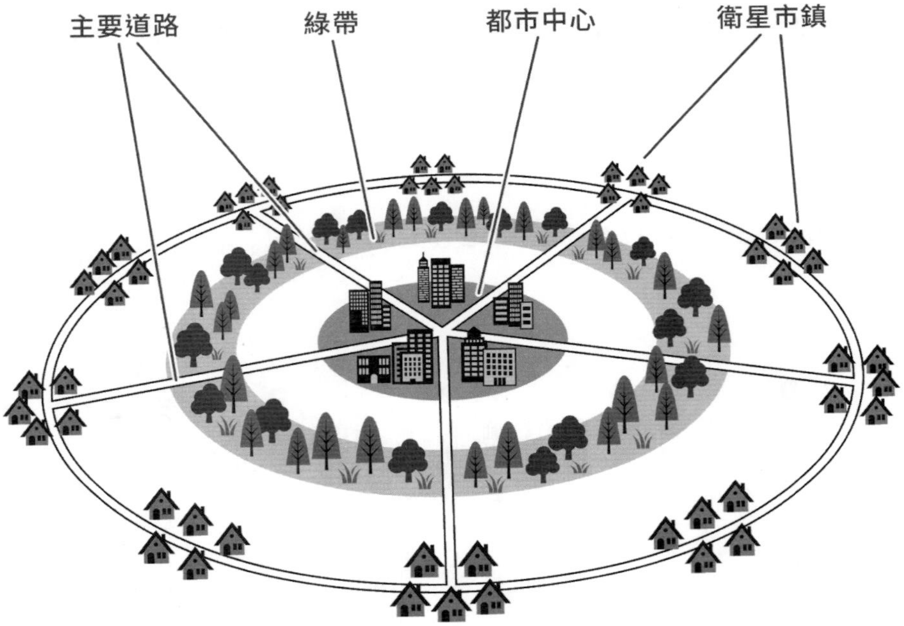

圖4-1 田園市（Garden City）示意圖

出不同的模式，把住宅、工廠、學校、公園、運輸系統等，整合在一個城市模式裡。附帶加上城市的經濟與政治組織，然後再以各種熱情的方法推動其實現。他們也展望他們所構想的理想城市，除了希望能夠解決當時的都市設計問題，也希望能解決社會問題。他們的做法也激勵大家重新思考都市規劃的一些原則與理論，希望對城鄉規劃提出嶄新的思維。他們不認爲逐步改善的（incremental）做法能夠奏效，而是希望對都市環境做革命性的改造與轉型。在這裡，我們先介紹前三位先驅思想家的城市規劃理念。珍雅各的理念，將在另一章裡單獨加以介紹。

霍華德認爲老城市已經完成了它們的階段性任務，如果我們希望提升人類文明到更高的層次，老城市必須被取代。這三位思想家的理想城市模式，建立了城市再造的理論基礎。可以說他們的想法，是都市革命的宣言。[5]在十九世紀末，霍華德推廣了英國的田園市（Garden City）概念（圖4-1）。田園市的概念是一種新市鎮（new town）的型態，它注重綠林道與開放空間的規劃。特別是在中心城市的周邊地區。規劃自己的工業，而周邊則爲農地所環繞。

在此同時，裴瑞（Clarence Perry）[6]以實用性爲主，開創了以鄰里單元（neighborhood）爲一個有機體的設計概念。他提倡人車分道的概念，他以主要運輸道路分隔地方的（local）街道與人行道。這些概念顯示在1920年代紐澤西州司坦因（Clarence Stein）[7]與Henry Wright所規劃的雷特朋（Redburn）新市鎮裡。這個設計案開創了囊底路（cul-de-sac）式的設計（圖4-2），而且使住宅的起居室面向後院，而且可以通達鄰里公園。

在1920年代，馬凱（Benton Mackaye）[8]是首先認識到小汽車與公路對都市型態，產生影響的人之一。早期沿著公路的帶狀開發，已經使他意識到會形成看不見市鎮的公路（townless highway）。他的選擇是希望成爲沒有公路的市鎮（highwayless town），他的規劃可以隔離社區與

---

[5] Scott Campbell and Susan S. Fainstein, p. 20.

[6] 裴瑞（Clarence Arthur Perry, 1872–Sept 6, 1944）是美國的城市規劃師、社會學家、作家與教育家。他出生在紐約，工作在紐約市政府的規劃局。他倡導以鄰里單位 (neighborhood) 爲一個有機體的設計概念。爲早期鄰里社區和休閒遊憩中心的推動者。

[7] 司坦因（*Clarence* Samuel *Stein*, 1882–1975）。是美國都市規劃專家、建築師和作家。他是一位美國田園市的主要推動者，Redburn 新市鎮設計者。

[8] 馬凱（*Benton MacKaye, 1879-1975*）是美國森林學家、規劃師和資源保育專家。

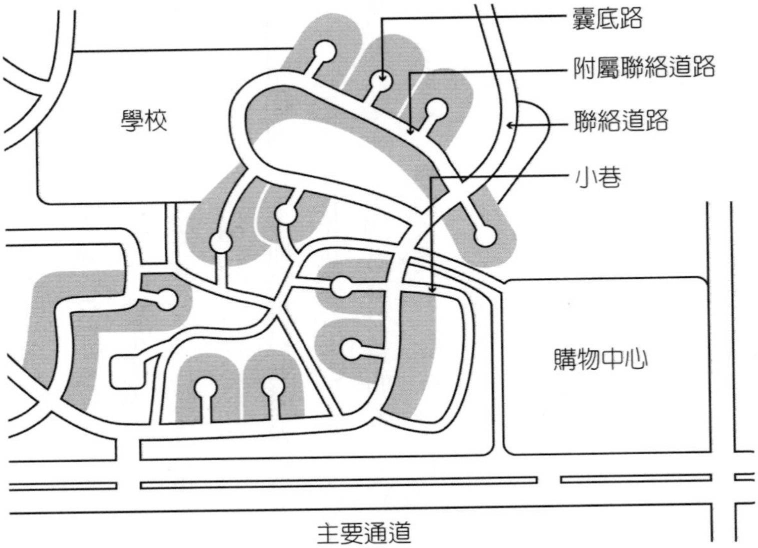

圖4-2　囊底路示意圖

公路，而且使主要的交通走廊不至於在商業與開發地區打結。

珍雅各在她的名著《美國大城市的死亡與再生》（*The Death and Life of Great American Cities*, 1961）裡，推崇對現代城市規劃最重要的影響，開始於霍華德的田園市概念。霍華德1898年的論述，旨在遏阻倫敦市的成長與市郊人口的膨脹，而在鄉村地區建立田園市，使城市居民的生活能更接近大自然。他不是規劃城市，也不是規劃住宿型社區，而是規劃具有自己的產業，能夠自給自足的小型市鎮。田園市的周邊有農業綠帶，工業、學校、住宅、公園，各在保留的區位。市中心爲商業區，文化及社團俱樂部設在公有土地上。市鎮與它的綠帶，由市鎮當局永久管理，避免不合理的土地使用變更與投機行爲。

霍華德的理念不只在於建造一個新的實質環境與社會生活，也在於建立一個具有權力的政治經濟社會。霍華德的思想對美國的影響，在表面上看，並不在於實質田園市的建造，而在於其思想與規劃原則，一直到今天都在學術與實踐上影響著英國和美國的城市規劃。霍華德對美國城市規劃的影響可以說有兩方面，一方面是對城市與區域規劃者的影響，另一方面則是對建築師的影響。他認爲城市的規劃要從區域的角度著眼。在區域計畫之下，田園市才能在一個區域裡合理的分布，與自然生態資源融合，使市鎮在農業及林木之間取得平衡。❾

另一位對現代城市規劃理念具有影響力的人物，是出生於瑞士，成長於法國的建築師柯比意。他在1920年代發展出一個夢想城市（dream city）的概念，他把它叫做光輝城市（Radiant City）。城市裡的建築物不是人們喜愛的透天厝，而是在公園裡的摩天大樓（skyscrapers），整個城市就是一個公園。在柯比意的立體城市裡，因爲住宅大樓很高，所以地面可以留下95%的開放空間，摩天大樓只占5%的土地。高所得的居民可以住在其間較低、較奢侈的住宅，留下85%的開放空間，餐飲、商店與劇院則間雜其中。

實際講起來，光輝城市是直接脫胎換骨於田園市的。柯比意接受田園市的基本想法，讓它更爲實際地有較高的密度。照他的說法，光輝城市是實現田園市的理想。其實可以說，光輝城市就是立體的田園市。柯比意的夢想城市對我們現代的城市規劃也有巨大的影響，對他的想法最爲稱道的是建築師，漸漸地也被住、商和建築界所接受。柯比意的其他新想法還包括：把小汽車融入城市規劃，規劃單行道、地下車道、人車分道等，以減少交叉路口和人車的衝突。事實上，現代的城市規

❾ Jane Jacobs, *The Death and Life of Great American Cities*, Vintage Books, 1991, pp. 17-19.

劃是融合了田園市與光輝城市兩者的概念，再按個別狀況加上一些修正而來的。[10]

另外一位可能對美國城市規劃具有影響力的人物，則是萊特。他是個個人主義者，他的城市規劃理念剛好與柯比意相反，他的廣域城市（Broadacre City）是以高速公路連接的郊區主義（suburbanism）與個人主義城市。萊特希望整個美國變成一個個人生活愜意的國家。他的廣域城市是完全去中心化（decentralization）的，城市的郊區和鄉村地區，被成千上萬的獨棟住屋所覆蓋。每一個人都有權取得他所想要的土地，最小也有一英畝。這些分散的城鎮以高速公路網連接。萊特認爲個人意識，要建立在個人的土地所有權上，才能表現出來。去中心化才能讓每一個人在自己的土地上，以自己的方式過生活。[11]

他們三位都認爲城市需要一種根本的改造，如此不但能解決城市面臨的危機，而且也可以解決城市的社會問題。他們相信都市地區需要一個綜合的規劃，一種對城市規劃的嶄新思維。他們不認爲逐步改善的（incremental）辦法能夠奏效，他們也不去尋求老舊城市的改良，而是希望對都市環境做根本的改造。

這種改造意味著廣泛的重建，甚至於放棄當時的城市。有如霍華德所說，老城市已經完成了它們的階段性任務；假使人類希望達到一個更高層次的文明，它們應該被一個新的型態所取代。這三位先驅思想家的理想城市，就是要爲城市的改造建立一個基本的理念架構。他們所要的是一場都市的革命。

霍華德、萊特與柯比意都認爲設計是一項主動的力量，可以引導社會到達一條和諧的道路，他們絕不認爲水泥與磚頭就可以解決社會問題。他們認爲社會的凝聚力，可以在城市裡藉著人們的聚集，而不是因爲種族、階級的不同而被隔離。如果經濟的剝削與階級的衝突，使市民像在老城市裡那樣被分割，建立一個新的社區中心便顯得毫無意義了。好的規劃實在是要建立社會的和諧，也就是在社會結構中融入眞正的理性與公義。假使一個城市仍然像柯比意所說的貪婪的世代，那就毫無希望了。

因此，我們可以說，理想的城市是要以詳細的計畫，在土地財富與權力的分配上做根本的改變。這種改變，從三位先驅思想家的看法來看，就是要伴隨著他們所謂的革命性的設計。規劃者在這個時候，也扮演著重要的角色，他們一直不認爲一個規劃者的想像力，一定要被侷限在現有的制度裡。取而代之的是，他們認爲一個城市的實質結構、社會的經濟結構，都是在短時間裡不在正軌上的，不久便會被後人所超越的。這三位規劃大師的遠見，遠遠超越了他們當時的世界，到達一個新的境界，他們相信這個新境界或新世代的來臨已經迫在眉睫，是亟需定位與建造的。

他們所關心的事情範圍很廣，包括建築設計、都市主義（urbanism）、經濟與政治。但是他們注意的焦點卻只是要找出一個適當的方法，來表現他們理想城市的計畫。現有的城市都不可能用來做實際規劃的藍圖。他們所說的未來理想城市，是表現他們嚴謹倡導與設計的模式。這些模式可以使規劃者在他們的設計上有所創新，也是一個基於完全重新規劃的理想城市。它是一個抽象的烏托邦（Utopias）理念，所以它不占任何實質的空間、區位。時間就是當下，而不是任何一年的任何一

---

❿ Jacobs, 1991, pp. 21-23.

⓫ Robert Fishman, *Urban Utopias in the Twentieth Century: Ebenezer Howard, Frank Lloyd Wright, and Le Corbusier*, Basic Books, 1977, pp. 17-23.

天，它是在一個抽象的平原上，周邊沒有任何附帶的設施，是現在的，也是永恆的。

這三位具有理想的規劃者，希望他們所倡導的都市設計，不只是合理的，而且是具有美感的，也能夠具體表現他們所相信的社會價值。這樣的城市是整體文化的一部分，貧困與壓榨都銷聲匿跡了。因此，這種城市是完全不一樣的社會，而且企圖引起政治、經濟與建築的革命。它們完全是在一個烏托邦式（utopian）的環境裡，在這種環境裡，人們會和平相處，也會與自然維持和諧的關係。

這三位都市主義理論家，霍華德、萊特與柯比意都嘗試去定義任何工業社會的理想城市型態。雖然他們的觀點都是出自於他們各自的社會理論背景、國家傳統與個人性格。但是他們也都一致認爲，這種理想的城市是可以界定與達到的。當我們把他們的模式拿來互相比較時，可以發現它們之間的歧異很大。但是歧異常常與一致性同樣具有意義。因爲他們提供給我們的不是單一的藍圖，而是三種不同的選擇——大都會區、中度的去中心化，與極度的分散化——每一種模式都給我們一種不同的政治與社會實用意義。

霍華德的貢獻就是田園市，田園市是一個中度去中心化的模式。他希望田園市是建立在一個社區共有，並且沒有被汙染的鄉村地區。限制人口在三萬人，有綠帶環繞，田園市的中心地區是緊湊的（compact）、有效率的、健康的，而且是美麗的。它會從過度膨脹的大城市吸引人口，會幫助消化大城市過分危險的財富與權力的集中。另一方面，在鄉村地區能夠有點狀分布的上百個具有民主與合作精神的小型社區。

萊特是個人主義者，他想要把美國變成充滿獨立個人的國家。他所規劃的城市叫作廣域城市，它是介於去中心化（decentralization）的小社區（霍華德的理想）與個別家庭住宅之間的型態。在廣域城市裡，你看不到比郡（county，相當於我們的縣）政府所在地更大的城市，社區中心被移到鄉下千百個自耕農場家庭之間。大多數的人都以部分時間農作，部分時間在農場附近的工廠、商店或辦公室工作，各個社區以高速公路相連。萊特相信個體性必須以私人財產所有權做基礎。去中心化會使每一個人在他自己的土地上過自己想過的生活。

我們台灣的城市規劃，也可能是不經意地隨意發展，也許根本沒有規劃，似乎在走萊特理念的方向。其實，平心而論，我們的城市發展，從來就像是一直在無政府狀態下，漫無方向地往外擴張發展的。如果這種看法接近事實，我們似乎應該注意到，美國是一個土地多麼遼闊、廣大的國家？而我們又是一個多麼小的島嶼？我們這麼一點點土地，禁得起個人主義者的揮霍麼？我想特別指出的，是城市不斷地向外擴張，尤其是由政府所主導的，在城市周邊的市地重劃，（有關市地重劃的問題，我們會另有專章討論）。所以，我們的城市規劃，應該，或者說希望走哪一個方向，是需要多加思考的。

柯比意，我們的第三位規劃師，比萊特更有創意。他的許多見解剛好與萊特相左，萊特主張個人主義，柯比意則信仰組織，他看到了現代工業社會，會造成大型城市與合作生產。萊特認爲現有的城市密度太高，柯比意卻認爲還不夠密集（其實，密度與密集是兩個不同的概念，珍雅各有比較貼切的說法）。他以巴黎爲例，認爲應該在市中心區以玻璃與鋼架蓋起摩天大樓，周邊圍繞花園、公園與高速公路。裡面住著技術菁英、規劃師、工程師等知識份子，他們將會帶給社會美景與繁榮。柯比意把他設計的城市叫做光輝城市。

他們三個人的規劃理念，雖然可以簡單地說明如上，但是要使它們實現，所需要的資源則是無法估計的。也許我們會認爲，這些設計最好還是紙上談兵吧！但是，我們會看到，他們的規劃理念已經改變了許多我們現在生活其間的城市，說不定對將來的城市型態會有更大的影響。

在二十世紀中葉，一群新的設計師與科學家主張，土地的開發應該與周邊的自然生態系統相調合。李奧波（Aldo Leopold）在*A Sand County Almanac*（中譯《沙地郡年紀》）裡，雖然並沒有特別強調社區或土地開發的設計，但是卻對其後設計者的思想有巨大的啓發。它提出了土地倫理的概念，認爲土地本身與它所隱含的內在價值，應該是土地如何使用的基礎。所謂土地倫理依照李奧波的說法：「人必須認清自己的角色只是自然界的一份子，而非征服者，因此他必須尊重自然界的其他份子。我們不能僅從經濟的角度來看土地，將之視爲財產而不盡義務。」[12]或者將它視爲經濟發展和投機牟利的工具；而不顧它在環境生態與人類持續生存發展的意義。

如果我們回顧城市發展的歷史，可以發現在十九世紀前一半，多半歐洲的大城市，都外溢到歷史性的城牆之外，快速擴張到周邊的鄉村，失掉了一個健康機體的凝聚性。倫敦的人口從十九世紀的九十萬增加到二十世紀的四百五十萬；巴黎在此同時膨脹了四倍，從五十萬成長到兩百五十萬；柏林從十九萬增加到超過兩百萬；紐約從六十萬成長到三百四十萬；芝加哥在1840年還是一個村莊，但是到二十世紀初，人口增加到一百七十萬。[13]北京把城牆拆掉闢建三環快速公路，目前已經到六環，使北京變成一個無法馴服的巨獸（mega-city）。

這種城市無法控制的爆炸式成長，正好發生在自由放任（*laisser-faire*）與土地投機的年代。城市無力控制它自身的成長，盲目的投機行爲，決定了城市的型態。到了十九世紀末，都市與鄉村之間人口的平衡開始傾斜到大型城市。城市裡的中產階級過著不錯的日子，但是大多數的百姓，一家人擠在一、兩間不透空氣與陽光的房子裡，這種情形可能綿延數英里。他們三人都形容當時的大城市有如現代世界的腫瘤、癌症、胃潰瘍或血管栓塞。

這三位規劃大師除了負面地批判十九世紀的城市發展之外，也洞察到現代技術的功能。他們也看到現代的建築技術，能如何建造一個創新的城市形態。霍華德看到以前助長城市成長的鐵路，也是同樣能夠助長分散化現代城市的運輸工具。萊特瞭解個人化的小汽車與網狀的道路系統，更能在分散化的城市發揮它們的功能。柯比意認爲技術可以在摩天大樓裡發展垂直的空中交通運輸，也可以使都市的土地使用更加集約與節約。

這三位城市規劃改革家的思想，也間接地受到十九世紀初期烏托邦社會主義者（utopian socialists），如：傅立葉（Charles Fourier）、歐文（Robert Owen）、聖西門（Henri de Saint Simon）等的影響。他們又受莫爾（Thomas More）的烏托邦（*Utopia*）與柏拉圖（Plato）的《理想國》（*Republic*）的影響。烏托邦社會主義者有兩個規劃的主題：第一，希望克服城鄉差異的界線；第二，希望克服個人與家庭實體上的孤立、隔閡，而使社區成爲一個大家庭。他們大多數設計所表現的，不是理想的城市，而是不超過兩千人的小型理想鄉村社區。

因此，這三位規劃師寄託信心與希望予新的世代，他們反對大城市以及造就它們的巨大老舊力量與思維，希望以有計畫的成長來進一步做他們的設計。他們重新重視共同的福利與較高的價值，以及人造環境與自然環境之間的平衡。他們仍然相信，一個人所擁有的想像力，終將能夠改變歷史。具有想像力的人一定要扮演重要的角色，他們能把社會的價值融入他們的計畫，而且能以他們

---

⑫ Aldo Leopold, *A Sand County Almanac*, 1963.

⑬ Scott Campbell and Susan Fainstein, *Readings in Planning Theory*, Edited, Blackwell, 1996, p. 25.

的先見引導社會的改變。這三位思想家的想像力最後終將產生力量，實現他們的夢想。[14]

霍華德（Ebenezer Howard）的田園市

霍華德說：「城市與鄉村必須結合，這種歡樂的結合會帶來新的希望、新的生命與新的文明」。孟甫德（Lewis Mumford）[15]認爲霍華德1902年出版的《明日田園市》（*Garden Cities of Tomorrow*）是引導現代城市規劃最具影響力的一本書。孟甫德推崇田園市的概念是二十世紀初，兩個偉大發明之一，一個是萊特兄弟（Wright Brothers）的發明飛機，另一個就是田園市，兩者都讓我們看到了一個新的世代。前者給我們翅膀飛上天空，後者讓我們在地面有一個宜居的居住空間。[16]孟甫德認爲霍華德不僅是一位理論家，也是一位實踐者，他與他的支持者創建了兩個英國的新市鎮，黎其沃（Letchworth, 1903）與威樂域（Welwyu, 1920），它們至今仍然展現出霍華德的理想。更重要的是，霍華德能組織一項城市規劃運動，使他的理論活生生地延續下去。英國戰後的新市鎮計畫，可以說是嘗試進行全國性計畫，最有野心的企圖。

孟甫德強調，霍華德的主要貢獻，是勾勒出一個平衡的社區生活應該是什麼樣子。在城市裡，人們受到貧民窟、錯置工業區的爲害；另一方面，長途運輸居民與財貨，既浪費時間，又浪費能源與金錢。在鄉村地區，有新鮮的空氣、陽光、林蔭大道、安寧的夜晚，都是大城市所沒有的。但是鄉村卻也缺少了人際關係的互動與合作的情誼。假使人們要過一個平衡的生活，它必須生活在一個能夠完全自給自足的社區裡。也就是城市與鄉村的聯姻，這種聯姻就是田園市。霍華德所認知的田園市，絕對不是擁有大片院落的住宅，不著邊際地在大地上蔓延。相反地，它是一個緊湊的、嚴格管制的都市群落，它的居住密度，比一般所接受的還高（十二棟住宅／英畝）。霍華德的想法並不是要區別市鎮與鄉村，把田園市弄成毫無秩序的市郊。所以我們絕對不可以認爲霍華德的田園市，是在倡導都市蔓延。

簡單地說，霍華德對整個城市發展的抨擊，不僅是實體的成長，也包括社區裡的都市機能，以及都市與鄉村關係的整合。在他那個時代，把鄉村與城市的改善看作是同一個問題。霍華德毫無疑問的是時代的先知，他比大多數當代的都市規劃專家，更知道城市的問題出在哪裡。人們的誤解可能是因爲他在城市周邊，規劃了一個農業用的永久性開放綠帶。其實，這個綠帶是用來限制城市向外蔓延的，也是爲了保護郊區農地的。霍華德並不認爲在目前的市政架構下，能夠解決城市的問題，因爲最大的問題是城市與周圍鄉村之間，缺少經濟、社會與政治關係的互動。他的田園市，不僅是在設法紓解大城市的擁擠，也使地價降低，以利於都會區的改造。同樣重要的是嘗試解決無可避免的都市擁擠，以及以郊區爲住宿區的發展形態。田園市的概念，也同樣適用於城市與區域的規劃。田園市，以霍華德自己的定義來說，**田園市不是一個城市的郊區；剛好相反的，它是反郊區化**

⓮ Scott Campbell and Susan Fainstein, pp. 31-33.

⓯ Lewis Mumford(1895-1990)，他的寫作生涯延續六十年，在歷史、哲學、藝術與建築評論方面都有長足的貢獻。最使他出名的是都市計畫與對技術的研究。他是美國區域計畫協會的創始人之一，爲《紐約客》（*New Yorker*）雜誌寫建築專欄「Sky Lines」歷四十年之久。他也曾在史丹佛、賓州與麻省理工學院等大學任教，並且受聘於紐約市高教委員會。他最高的榮譽是獲頒總統的自由勳章、國家文學獎章與國家藝術獎章。

⓰ Ebenezer Howard, *Garden Cities of To-morrow*, The MIT Press, 1965, p. 29.

的；它也不是退卻式的鄉村，它是支持都市生活的有力基礎。[17]

在美國，1930年代開始進行的綠帶城市（green belt city）也是以田園市爲藍本的。美國近代最好的新市鎭案例是馬里蘭州的哥倫比亞（Columbia）。它建立於1960年代，是一個完全獨立的工業與住宅城市。在1969年，國家都市成長政策委員會（National Committee on Urban Growth Policy）督促美國政府在全國建造一百一十個新市鎭來容納二千萬人口。次年，國會在住宅與都市發展部（HUD）裡成立了一個新市鎭公司，開始了此項偉大的任務。到1996年，美國有十六個在計畫中或已經完成的新市鎭。這不過是霍華德最有影響力的時代才剛剛開始。

霍華德在1898年，借了三百五十英鎊自行印行《明日田園市》（*Garden Cities of Tomorrow*）。五年後，他的支持者募集了十萬英鎊開始建造第一個田園市。他的書成爲一項了不起的學術成就。在書中，他列舉出解決整體城市規劃與實際解決城市各種問題的方向，如土地使用、城市設計、交通運輸、住宅與財政。他聲稱，人類正無可避免地走向一個兄弟之邦的新世代，田園市正是唯一能適用於未來人文社會的環境。他最初的支持者並不是規劃師或建築師而是社會改革者，他們認爲他們的夢想能在田園市裡實現。而霍華德的田園市正是通往眞正的和平改革之路。他所擬議的田園市的基本原則是：**只有在分散化的小型社區裡才能實現合作的文明**。

於是，霍華德以去中心化作爲行動的綱領，也就是用一種**以腳投票**的方式來反對城市所代表的權力與財富的集中。他的反都市主義（anti-urbanism）思想與一般的見解並不相同。他喜歡當時令人振奮的倫敦，而且深深推崇大城市的社會品質與價值。但是令他懊惱的是現代城市裡同時並存的富麗堂皇大廈與可怕的貧民窟。他從這一點切入來分析現代城市，使他認識到在城市裡財富的集中與貧困，也需要一個對等的力量來反對它。在一個大城市裡，過度膨脹的都市土地價格與廣大貧困的居民群落並存，意味著需要一個政府，用一套有效的賦稅權去平衡它。

在霍華德的心目中，一個理想的田園市應該是城市裡每一樣有價值的社會生活，都應該保留些元素，與鄉村的社區設計相結合。人類社會人造環境與自然之美應該同樣被尊重與享用。田園市應該是一個大約有三萬人口的城市，擁有基本的中小企業與農業，每一個居民都能享用它健康的環境。資本家與勞工之間的鴻溝應該可以縮小，社會問題應該可以被掌握，並且可以用合作的方式加以解決，規劃與自由之間也可以取得平衡。

這種社會的轉變又如何達到呢？霍華德用三塊磁鐵的作用來說明城鎮與鄉村之間的關係（圖4-3）。每塊磁鐵有它的吸引力，城鎮的熱鬧、高薪與就業機會，以及高物價與貧窮的生活形成一股引力。鄉村的美麗與經濟的落後，並且缺少歡樂形成另一股引力。規劃的任務形成第三股引力，如圖4-3所示，人口成爲三股引力之間被吸引的對象。也就是霍華德的觀點，認爲居民可以在各種環境中，理性而自由地選擇最爲有利於自己的方向。沒有任何一個人是被捉進城市裡的，也沒有一個人是被逐出城市的。

在這種情形之下，所需要的就是規劃。在規劃之下，城鄉之間就應該有意識地產生實體與社會接合的利益。建造新市鎮，創造一個新環境，就成爲霍華德的新目標與任務。他寄望於能產生共同福利的合作方式。霍華德的第三塊磁鐵就是田園市，田園市能使人從都市中心被吸引進入一個新的文明。

---

17 Ebenezer Howard, *Garden Cities of To-morrow*, The MIT Press, 1965, pp. 34-36.

圖4-3　三塊磁鐵作用的示意圖

田園市的建造

在1889年與1892年間，霍華德建立了他理想社區的基本藍圖。他把他的田園市設計成一個組織嚴密的社區中心，有三萬居民，周邊圍繞著一個永久性的公園與農田的綠帶（green belt）。在城市裡有寧靜的住宅區以及完整的商業、工業與文化活動。

霍華德並不認爲田園市是一個專業的衛星市鎮或住宿型市鎮（bedroom town），永久地附屬於一個大城市。沒有任何一個大城市，能夠主宰一個區域或者甚至於整個國家。相反地，都市人口會分散在幾百個田園市裡，它們的規模都很小，而且功能多樣化，最後作主的是小市民。

霍華德的田園市非常注意健康與衛生。依照他的設計，每英畝容納二十五人，有綿延不斷的寬廣林蔭大

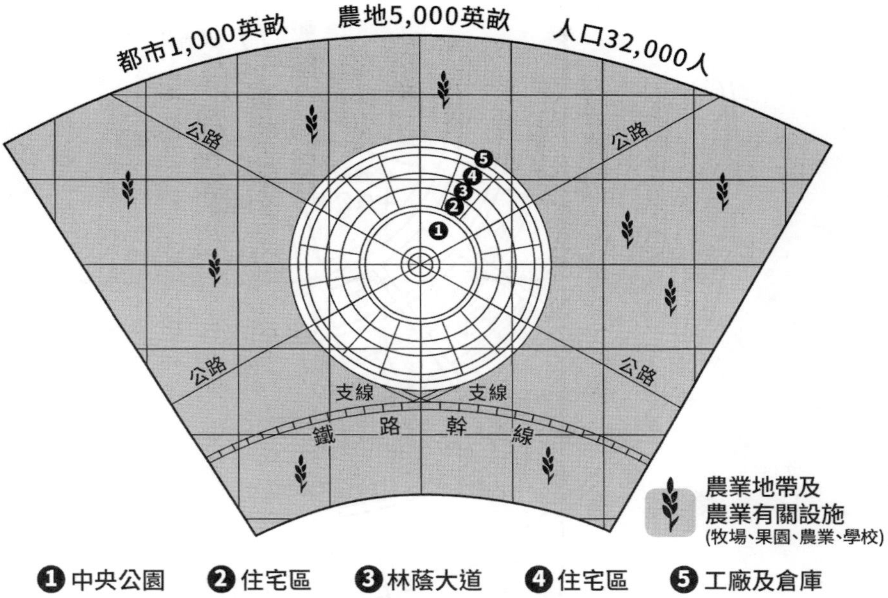

圖4-4　田園市與周邊鄉村綠帶

道，每個家庭或公共公園都綠意盎然，有雀鳥飛躍其間，有花香與綠意而沒有垃圾的氣味。霍華德認爲田園市應該是最健康的城市，有低密度的人口、寬廣的道路。他使居住與工作之間維持步行可以達到的距離。爲了維護健康，他把工業區放在田園市周邊，與繞行田園市的鐵路相近，並且連接主要道路。（圖4-4）

田園市有兩個中心：鄰里（ward）與行政中心。每一個鄰里占田園市面積的六分之一，約有一千個家庭，五千人口。圍繞著田園市的中心，分割爲六個區（六邊型的分割），有如切割的派，這些鄰里也可以自成一個小市鎮，每一個市鎮又有綠帶或花園圍繞成爲衛星市鎮，市鎮中心有學校、圖書館、辦公廳舍、會議廳、禮拜堂等。聯絡各區與中心城市的力量有兩種。第一種是休閒，市中心有中央公園，供所有居民休憩使用。公園周圍有購物的

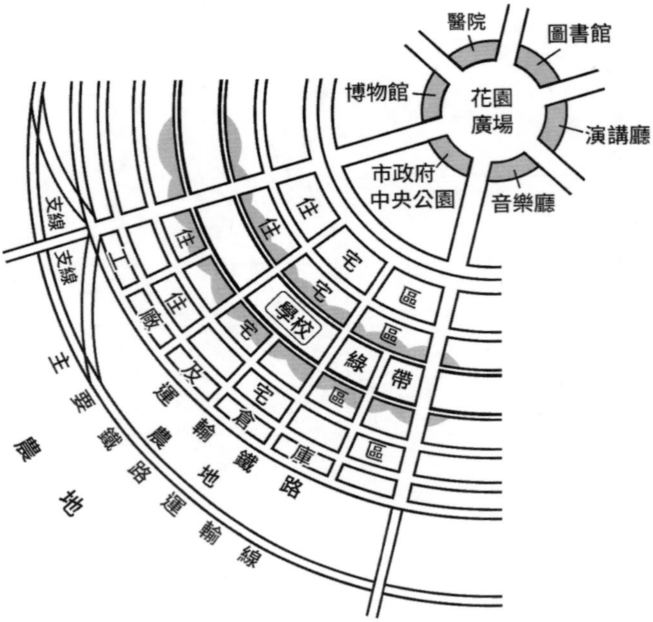

圖4-5　田園市中心與鄰里（ward）

商業設施，供市民休閒購物。霍華德並不喜歡大型的百貨公司，而喜歡許多的小型商店，商店要各不相同，形成多樣化的商業區。（圖4-5）

第二種凝聚力是市民精神（civil spirit）。因此，他希望在市中心有市政府、圖書館、博物館、音樂廳、演講廳與醫院。這些設施的組合，營造社區的最高價值——文化、慈善、健康與互相的合作。英國的中產階級與相當大的工人階級都能自行創造他們自己的文化。例如：組織演講社、合唱團、劇團、交響樂團等。霍華德並不嚮往國家級的、都會型的組織制度。他所希望的是小規模的、自願的合作組織。這些小規模的組織，不只是發展經濟的基礎，也是提升文化的層級。

田園市的市中心占地一千英畝，座落在周邊五千英畝的農地與森林中間。

農耕帶是田園市經濟不可或缺的一部分，因爲農地供應城市的糧食。而且，農耕帶可以防止城市蔓延到鄉村地區。使居民既享有緊湊的都市中心，又能享受開闊的鄉村開放空間與郊野。霍華德認爲每一個男人、女人、和兒童，都應該有充足的空間過生活、去活動、去發展。他認爲這是人類的另一項權利——空間權。田園市的思想在各個方面都表現出霍華德合作社會的理想。在霍華德看來，田園市的實現，並不需要等待任何革命式的變化，田園市本身就是一項革命。在資本主義社會裡，它是立即可以實現的。這種對環境作有計畫的轉變，是非暴力的，他把田園市的建造稱之爲達到眞正改革的和平途徑（the peaceful path to real reform）。

他也認爲建造田園市的經費是可以自償的。他這種說法可以在1884年馬修爾（Alfred Marshall）的一篇文章裡發現。馬修爾指出英國的鐵路網，使太多的工商企業集中在倫敦附近，既不經濟又不合理。這些工商企業可以設在土地廣大、便宜、有效率、又令人愉悅的地方。馬修爾認爲田園市的主管機關，可以購買倫敦郊外的廉價土地，同時誘導工廠與居民遷廠，並且遷居到這些地方來。這時，這些新開發的土地，價值會大幅度地上漲，擁有這些土地的田園市政府出租這些土地，將會獲得可觀的地租收入，用來償付當初購地與開發的成本及興建公共設施，土地的稅賦便變得沒有必要了。單獨的地租收入即可以很充裕地支撐學校、醫院、文化機構與慈善事業。**霍華德也認爲英國的土地集中在少數人手中是所有問題的根源**。

當時（1873年）的英國，有80%的土地被不超過七千人所擁有。田園市的推廣將可以使大部分的土地所有權，從個人轉移到社區，這樣也會引起經濟與社會的改革。霍華德對土地問題嚴重性的分析，深受美國土地改革者亨利喬治（Henry George）思想的影響。亨利喬治認爲社會上的土地問題，是由於大地主利用他們的獨占地位，掠奪由於社會進步所造成的地價上漲。這些上漲的地價，本來應該是由於工人與企業家的地租所造成的。**霍華德**認為：「**田園市會很自然地使任何地主階級無法生存下去，私有土地財產權不會太突然地自然死亡**（die a natural but not too sudden death）。不需要革命性的立法，也不會有任何痛苦，田園市政府會是唯一的地主。」[18]他接受亨利喬治的看法，認為土地問題的解決將會使經濟狀況恢復健康，使資本與勞力取得平衡。這種趨勢正是在走向愈來愈多的共有與管制。消除地主的地租所得，也會消除資本與勞工之間的衝突，讓資本主義與社會主義的企業和平共存。

在另一方面，霍華德也認為三萬人口的田園市並不符合經濟規模，也無法獲得產業多樣化之間的平衡。擴大範圍與增加人口又會破壞了它的計畫，於是他提出在農耕帶外面建立新的姐妹市。這些姐妹市鎮將會形成簇群式（cluster）的發展，成為一個規劃完美的都會區域性市鎮（圖4-6）。霍華德稱之為社會城市（Social City），也正是現代最先進的**城鄉結合**成長的概念。正如美國學者艾思華（Graham Ashworth）在1981年發表的《邁向一個新土地使用倫理》（*Toward a New Land Use Ethic*），文中除了強調土地倫理的概念之外，更從城鄉環境規劃的角度提出他的建議：

1. 使鄉村真正是鄉村，人們卻有都市的生活水準。
2. 保留空地以建設新社區，使市民都能享有適當的生活品質；且能以租稅的方式使利益與損失得以均平。
3. 供給市民清潔衛生的飲水、食物與空氣。
4. 擁有使大多數市民稱便的交通系統，以往來於居住、工作、學校與遊憩設施之間。
5. 控制城市的成長，使其不適越一定的界線，保持理想的人口密度，維持社會秩序與分際，不至於影響生活與健康。

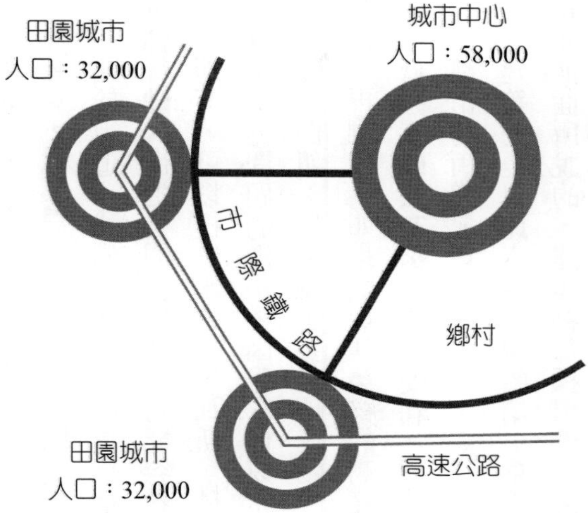

圖4-6　城市成長原則

6. 讓城市在我們選擇的理想地區，以智慧的方式成長。
7. 決定合理的住宅、工作與遊憩設施設置的區位。
8. 對建築物的形式、色彩有所選擇，以使都市景觀賞心悅目。
9. 對自然、文化遺產加以保護，免除因求取成長而遭毀棄的危險。
10. 保存我們值得保存的東西，而且有權對任何不當的改變加以否決。

柯比意的光輝城市

柯比意認爲，我們解決城市問題的方法，仍然維持非常傳統的思維。例如：我們往往去拓寬一條馬路，或者是開闢一條新的，希望這種昂貴的做法，能夠減輕一些交通壅塞的問題。但是這

[18] Scott Campbell and Susan Fainstein, p. 47.

種做法的結果，未必能達到我們當初所希望的情境。依照柯比意的想法，最理想的辦法是完全重新改造這個城市。因爲現代的生活方式，有如一股浪潮把我們淹沒。到處都是開發與建設，我們無法再看到十八、十九世紀時代的建築與景觀。以前愜意的生活形態，也一去而不復返了。

柯比意注意到城市的三個要素是：街道、建築物與開放空間。其實，這是所有關心城市生活的人，都應該注意的。因爲這些要素與我們的生活關係太密切了。每一個城市居民，都應該享有適當居住的建築物與活動的空間；他應該能在城市裡，自由自在地走動；也應該保證他們都能享受陽光、空氣，以及戶外的活動與休閒。至於水、電、瓦斯與衛生設備，那就更不在話下了。

關於街道，我們往往認爲街道是給車輛行駛的。但是，柯比意認爲街道的功能，遠遠超過供給車輛行駛。街道是開放空間，它能容納商業、住宅、警察消防等建築物之間車輛與人們的活動。街道的地下，可以提供水、電、瓦斯、排水等功能。街道的上空，可以供採光與空氣的流通。許多希望解決交通問題的辦法，因爲它們只希望紓解壅塞的車流，而並不注意街道的其他功能，所以注定會失敗。例如：如果爲了要車輛流暢，而劃設單行道，或禁止停車；但是卻妨礙了臨街建築物的可及性。再例如：如果臨街建築物的高度與強度，與街道的寬度不成比例。既使把街道拓寬，可能還不如低強度的狹窄街道來得便利。因此，我們不應該再認爲街道只有提供車輛行駛的功能，也不要認爲都市的街道愈寬愈好。

建築物是柯比意所重視的第二項都市重要元素。建築物可以作商業使用，也可以做居住使用。正如前面所說的，建築物都採用摩天大樓（sky-scraper）的型式。摩天大樓與摩天大樓之間，彼此相隔甚遠；周邊圍繞著95%的開放空間或公園。摩天大樓主要作商業使用，政府辦公廳舍、博物館、劇院等，在摩天大樓附近的住宅與餐廳、咖啡廳等其他建築物，則高度較矮。

柯比意認爲開放空間悠關城市的生存（vital）。開放空間有如一個城市的**肺**，柯比意認爲一個理想的城市，要有90%的土地作爲開放空間，也許並不實際，但是我們的城市開放空間，卻少得可憐。根據國際自然保育聯盟（International Union of Conservation of Nature, ICUN）的資料，先進國家當中，都市居民人均享有的綠地面積都在二十平方公尺以上。倫敦爲二十五點六平方公尺，舊金山爲三十二點二平方公尺，紐約爲二十三平方公尺。巴黎較少，但是亦有十一點六平方公尺。台北市民所分配到的綠地面積只有五平方公尺左右，台中市更少，只有三點七平方公尺。與歐美國家比較，眞有天壤之別，顯示出台灣地區的城市，多麼缺乏空間綠地。

當城市需要一個能大口呼吸的**肺**時，台北市僅有的城市公園，大概只有大安森林公園了。目前所見，台北學苑已經標出，空軍總部、中山樓、甚至松山機場，都是財團所覬覦的大片國有土地。可是，在現代保育土地資源，因應氣候變遷，改善都市環境的世界思潮下，先進國家，無不把都市的棕地（brownfield）、空地開發爲公園綠地（greenfield），作戶外休閒、遊憩、景觀、環境保護的使用。所以爲什麼柯比意提倡，一個現代城市，要有90%的土地作爲開放空間。不論其型式爲林蔭大道、遊戲場所、公園或花園。如果這些開放空間能在每一個居民的門前，整個城市就有如一個偉大的公園了。[19]

---

⑲ Le Corbusier, *The City of Tomorrow,* The Architectural Press, London, first published in 1924, Reprinted in 1977, 1978. Reprinted and enlarged from the 1929 edition in 1987, pp. v-xviii.

光輝城市

光輝城市（The Radiant City）保留了現代城市規劃的重要原則：就是集體秩序與行政管理領域與個人家庭私生活領域的並存。這種兩者並存的狀況成爲柯比意嘗試調和權威與公民參與之間矛盾的關鍵因素。如果兩者和諧，就可以使全城市民的生活結構更爲完美。

光輝城市的整合要比規劃現代城市大膽而困難，柯比意使光輝城市更權威又更自由放任。在集體生活的領域，權威是絕對的。在現代城市裡，沒有單一的權力來管理社會上所有的事務；柯比意相信自由競爭那隻看不見的手（invisible hand），自然會創造最有效率的整合。然而經濟大蕭條（Great Depression）把他的信心完全摧毀。現在他瞭解組織機構必須超越企業，但是整個經濟體系仍然是浪費而不理性的。企業經由規劃配置人力與資源的辦法，現在必須搬到社會上來。在光輝城市裡的每一項環節都要按照計畫自上而下的管理，計畫代替了市場。專家依照社會的需要貢獻他們的能力，這是規劃理念最關鍵性的引伸。

在另一方面，霍華德與萊特相信，一旦環境設計好了，社會的無秩序狀態便會極小化，個人也就會去追求他自身的利益。這種信念建立在一個自然經濟秩序（natural economic order）裡，柯比意的信念卻不是這樣的。因爲他遭遇過動亂與衰敗的世界，所以他相信只有管訓才能建立良好的秩序。協調必須是明顯而全面性的，最重要的是，社會需要權威與計畫。在柯比意的概念裡，計畫是像金字塔一般由上至下的階層。金字塔的底層是藍領工人，上到白領階級、工程師與企業主管。再由城鎮延伸到區域，以至國家議會與行政組織的計畫，有效率地主管全國的生產與資源的配置。計畫是行政的而不是政治的，計畫由專家、菁英在沒有任何壓力之下製作。不受市長與官僚的影響，也不受議員與弱勢族群的影響，他們只問人們的需要與感受。計畫是公平的、長遠的；是顧到現實的，更是經過創意思考與具有想像力的，那是一個社會工作的藝術品。它把複雜但是卻能促進和諧而且人性化的社會有意識地表現出來。

關於住宅的規劃，柯比意並不贊同現代城市以階級來分區的做法——使富人與貧民分隔在不同的分區。他認爲住宅的規劃應該爲普羅大眾著想，爲那些終生擁擠在不見天日、綠樹、沒有新鮮空氣地方的老百姓著想，光輝城市的住宅是爲他們規劃的。柯比意說：「如果城市是一個人性化的城市的話，它應該是沒有階級的。」[20]同時，住宅區的休閒設施，也是能夠讓居民自由使用，而且能夠滿足居民需要的。

光輝城市的中心區都是高聳的公寓與商辦大樓，柯比意稱它們作合眾樓（Unite）。這些大樓，每一棟都是一個鄰里單元，有二千七百戶家庭居住其中，這是從1914年開始傳下來的骨牌式（Domino）建築。他認爲的骨牌式設計可以表現出集體之美（collective beauty），這種設計既不是爲了富人，也不是爲了窮人，而是爲了「人」。他相信住宅的建造應該合乎人性尺度（human scale），適合任何人的居住與使用。合眾樓所重視的是提供給全體居民共同的（collective），而不是個人的設施。它也能提供給居民比獨棟住宅社區更美的環境，它也有咖啡廳、餐廳與商店等社交場所。最重要的是合眾樓能提供給居民一整系列的體育活動，這些都不是現代工業社會所能提供的。例如：體育館、網球場、游泳池、幼兒園、小學、超商、甚至沙灘。這裡要再一次重申的是，

---

⑳ Robert Fishman, "Urban Utopias: Ebenezer Howard and Le Corbusier" in *Readings in Planning Theory*, Edited by Scott Campbell and Susan Fainstein, p. 60.

高樓建築的建蔽率只占土地的15%，周邊的開放空間景觀，都精心地設計成兒童遊戲場、花園與公園。[21]

城市美化運動

芝加哥市的都市計畫是1892年，爲了紀念哥倫布發現美洲新大陸四百年，在芝加哥舉辦世界博覽會，由柏恩翰（Daniel H. Burnham）爲芝加哥所做的都市計畫。當柏恩翰與班奈特（Bennett）所寫的《芝加哥計畫》（*Plan of Chicago*）在1909年出版時，象徵著城市美化運動已臻成熟。但是當此計畫出現之前，各種批評已經紛至沓來。讚賞這個計畫的人，認爲他注意到都會區的發展。照柏恩翰的定義，芝加哥都會區是指從芝加哥市中心（Loop）向外延伸六十英里半徑的範圍。他所規劃的輻射與環狀道路也受到讚許，因爲這樣的設計能紓解交通的擁擠。另外，密西根湖岸的廣大水域與綿延不斷的綠帶，也提供人們休閒、遊憩與美學的享用。並且也符合擴大公園，擴展湖邊林蔭大道與公園，以及保留森林的要求。

在密西根湖畔和南方商業核心部分之間的Grant Park裡計畫的文化中心，儘管它是新古典式的設計，其價值卻受到肯定，而比較少受批評。柏恩翰關於拓寬芝加哥河以北的密西根大道的計畫受到讚許，因爲它打開了低度開發地區，擴充成爲零售商業區。評論家通常大致贊同他的城市乘客交通與軌道貨運計畫，和芝加哥河的改善計畫。

柏恩翰的其他關於所謂的社會及美學等提議，並不是很成功。另外，有關市政廳和它的附屬建築物，與街區廣場的配置，則相當和諧。此外，芝加哥計畫的市政中心，則成爲計畫的基石。在檢討實際、美麗和協調等計畫元素之後，柏恩翰回頭審視芝加哥的各式各樣活動，在市政中心設計了高聳的大樓，形成一個統一而且生動和諧的整體。但是在他的計畫出版的那年，市政府卻在遠離他原來計畫的位置上破土興建新市政廳和法院。事實上，要實現他的和諧設計理想，完全是不可能的。

在芝加哥的計畫中，出現了對商業建築高度的限制。高度限制在二十世紀的美國城市裡幾乎是沒聽過的事情。建築高度的限制開始於波士頓，爲的是希望增進視覺的協調、吸收充足的陽光與空氣。太高的建築物將會有所阻礙，並且爲了公眾在嚴重的火災或其他災禍下的安全。丹佛市（Denver）是有高度限制的，但在1908年之後提高了限制，西雅圖（Seattle）維持二百呎的高度直到1912年，當時它允許了史密斯塔（Smith Tower）上升到四十二層樓爲止。柏恩翰並沒有在芝加哥計畫中採取高度限制的意圖，但是他卻注意到建築物的一致性。他所希望的是一個動態的文化與商業城市，在這樣的一個城市裡，個人主義是要附屬於大眾福祉的協調之下的。

柏恩翰和其他城市美化的計畫者，對於住宅（housing）是較少關心的，也許在那個時代，住宅問題是不包括在城市的綜合計畫裡的。規劃者的工作，是爲所有收入水準階層的人提供良好住屋空間的機會，爲貧窮人提供適當的住屋是一種私人的事情，只供政府檢查而已。此外，柏恩翰對小汽車也不太注意，這種忽略更讓他付出遭受批評的代價。他更沒有料到小汽車造成都市擴張時代的到來。預先判斷大量小汽車對都市、空間、社會、和經濟的衝擊，一直是一個巨大的挑戰。其實，我們也不應該苛責柏恩翰對小汽車造成壅塞與停車問題的忽視；因爲既使具有科學修養的後起之秀，也同樣沒有將之納入計畫中。

㉑ Robert Fishman, "Urban Utopias: Ebenezer Howard and Le Corbusier", in *Readings in Planning Theory*, Edited by Scott Campbell and Susan Fainstein, p. 62.

事實上，大多數不論是對芝加哥計畫的批評也好、讚美也好，都是因為對城市美化運動的誤解。批評的人只看到柏恩翰所掌握的巨大而奢侈的資源，特別的技術與工匠、壯觀的外貌；卻沒有看到什麼是一個正確的、高尚的城市美化計畫。柏恩翰從區域的觀點看問題，顯示出他稍微領先洞察到未來都會發展的趨勢。太多的城市在世紀交替之後難以置信地成長，顯示出城市的區域主義（regionalism），進入大都會區的年代。特別值得注意的是，在那個時代，城市與周遭遊憩地區與城市公園的結合受到重視。

對城市美化運動的實質評論

當柏恩翰的計畫剛一出現，對城市美化運動的批判就已經開始了，攻擊包括批評、嘲笑和錯誤的陳述，但是也有人稱頌它的效用。城市美化運動的反對者譴責它過度關心壯觀的效果、空泛的美學、為有錢人效力，而且一般來講，並不實際。大多數城市美化運動的擁護者，對這些批判簡直無力招架，反而很快地加入攻擊者的陣營。城市美化運動實際上承受著這場鬥爭，因為它能從：逐漸增加的特殊化，逐漸升高的專業性，和政府計畫官僚體系的萌芽等三個相關的發展中獲益。

專業化在十九世紀到二十世紀初期快速地發展。專業的意識強化了專業化，包括大學課程，文獻的成長，專業人士的唯我獨尊。計畫的官僚化和專業化和市政府的其他功能對城市美化運動都有影響。從十九世紀開始，市政府的工程師有意地先占了一些計畫領域。例如：公共衛生，街道改善、排水、和建築物的改善。市政府的計畫功能，由市長轉移到專業人士組成的城市計畫委員會與市經理制的型態。城市美化運動最重要的意義，是影響到1907年，在康乃迪克州的哈特福（Hartford）成立第一個城市計畫委員會（city planning commission）。這個體制使我們預見，市政府將會承擔計畫的責任和保有專業的計畫師。

在1909年五月，在華盛頓（Washington, D.C.）召開第一屆全國城市計畫會議（First National Conference on City Planning）時，紐約的住屋改革者馬詩（Benjamin C. Marsh）攻擊城市美化運動。他認爲城市美化運動太過於重視外表的妝飾，如公園、市政中心以及其他的公共建設。只是貧窮的老百姓只能偶爾走出貧民窟，看一眼周遭的美觀建築，體驗一下離他們甚遠的城市改造。馬詩從他的實用與人文主義角度對城市美化運動加以責難。他倡導土地使用分區（zoning），限制工廠的區位、規範建築物的高度、建設有效率的運輸系統、在人口稠密的地方闢建公園與遊憩空間，以及大量徵用土地。其他的與會者，也有人認爲城市美化運動的最大罪惡，是隱藏了城市規劃的眞實自然與正確目標。城市規劃應該是要紓解人口的擁擠，而不應該只是爲了美化而美化。

其他詆毀城市美化運動的意見認爲，昂貴的公園系統、一般人無法使用的改善設施，似乎都是爲了社會上少數的富裕人家與有閒階級；而這些人又是最不需要享用這些設施利益的人。在這些虛飾表面之下的，卻是難以置信的擁擠、邪惡、醜陋、汙穢、疾病、墮落、貧困和罪惡。什麼外部裝飾才能塑造一個眞正美的城市呢？有人說，城市美化運動應該是要使一個城市是有用的、實際的、宜居的、有感覺的、合乎社會利益的、具有經濟效率的；或者任何什麼都好，就是不要只有美麗而已。假使一個城市是美麗的，它必定是自然的。城市美化運動太重視表面工夫了、太嬌飾了、太令人眼花撩亂了。如果在一個城市的居住問題、工作問題、休閒遊憩問題還沒有解決之前，就談城市美麗不美麗，那當然是一項嚴重的錯誤。[22]

---

[22] Scott Campbell and Susan Fainstein, *Readings in Planning Theory*, pp. 74-5.

對城市美化運動的攻擊，反映在市民激進份子、專業計畫師與城市政府之間關係的改變。如果一個想法不被專業或官僚贊同時，便可能被抨擊爲是奢華和不實用的。此外，到了1909年，對一些具有崇高理想，希望重塑美國城市的早期進步樂觀者，則有些性急難耐。並非所有完美的城市計畫都會成功，或者某些部分或全部都保留不作發展，因爲不能符合市民心理的與物質上的利益。往往城市的規劃多由工程師來做，但是做得並不理想。因爲他們的工作僅只是符合他們社區法規的標準和要求而已。景觀建築師對美學和生活的愜意性也許有所體會，可能勝過工程師；但是他們對人們生活的影響力與工程師相比，有如一桶水中的一滴。對於規劃的眞正結果，並不是由來已久的呈現，而且毫無意義的理論空談。重要的是要讓能幹與有影響力的市政工程師，在城市美化運動中占據一個重要的地位。

另一個問題在於城市美化這個用語本身。到了1909年，它已經被用了十多個年頭，一點新鮮感都沒有了。很不幸的是城市美化所關心的是美質，而不是更重要的住屋、休憩或土地使用管制。最後，城市美化運動正是被它的成功所害。批評者因爲著重美質而攻擊城市美化運動非常容易，如果沒有仔細地研究過城市美化運動，也會很容易地就忽略了久已受人關心的遊憩、交通、汙染管制與市政效率等問題。

最後，美麗城市的成功，使它自己成爲受害者。攻擊美麗城市對美質的熱衷，很容易地就使人忽略了長久以來對遊憩、交通、空氣汙染的管制、與都市效率的關心。這種說法很諷刺，但是如果沒有對美麗城市的內涵作仔細的研究，這種說法卻是事實。在1962年，一個比較深入的分析聲稱**美麗城市是一個狹隘、可悲而脆弱的理想**，它遠離企業、商業、工業、運輸、貧窮。這些事情似乎平淡無奇，但是卻是都市生活整體的一部分。不論是獲知當時，或當時之後，很少批評家對這一點加以懷疑。

城市美化運動的貢獻

如果我們暫且把對城市美化運動限制與批評放在一邊不談，可以說它仍然是相當有貢獻的。最重要的是，起碼它當時是所有城市居民對什麼是理想城市渴望的回應。它最重要也是最困難的任務，是把城市從現實的狀況裡，重新改裝使它更爲美好。它是與反城市、鼓勵分散化、拆解大城市的田園市運動相反的。然而事實上，田園市運動與其後繼者，因爲田園市對私有財產與大企業的限制，充其量也只能使居民成爲鄉村居民而已。

城市美化運動基本上是一個都市政治改革運動。它在都市政治結構中傳承了市民的活力與彈性。除了這個時期的規劃專家以外，具有政治意識的平民百姓，對城市美化運動成功與否的看法也同樣重要。在實質的建設上，例如：林蔭大道、連綿寬敞的公園，與看起來點綴精緻而令人愉悅的新古典建築，都會使後代人想到，這些都是他們的先人所遺留的遺產。他們曾經認眞地希望打造一個有秩序、有系統，而且美麗的未來城市。我們一定不要只注意規劃美麗城市的人，如何設計與籌畫，也要注意他們做了些什麼。美麗城市的城市尺度，在當時似乎有些背乎常理，然而，既使摩天大樓的建築師，也敬它三分。因爲摩天大樓的第五到第六層的精細設計，已經顧到了路邊與街道的視野。[23]

城市美化運動也激起與延續了改善與保護了華盛頓D.C.的美，它也啓發了都市美國應該如何

㉓ Scott Campbell and Susan Fainstein, p. 91.

改變的爭論。城市美化運動接受了歐姆斯特（Frederick Law Olmsted）[24]對城市美化價值的看法，實際從事城市規劃的人也擁護城市設計的美化。每一個世代的精神都不相同，都會有傳承什麼，改變什麼的思慮。城市美化運動發展出綜合計畫的做法，已經使規劃的理念向前邁進了一大步。綜合計畫所說的綜合，似乎是要針對一個城市的每一個，或者是廣泛地，幾乎所有的問題尋求解決。其實它是指多功能（multifunctional）而說的。依照這個定義，雖然在歐姆斯特後來所作的計畫中，討論遊憩、都市成長的管制、以及住宅區的開發等議題，仍然幾乎沒有一件可以說是綜合性的。其實，很多部門計畫常常做得很合學理，也很恰當地與其他計畫融合成一體，而且很有系統地執行，但是卻都不能算是綜合性的。

城市美化運動以城市機體理論（Theory of the Organic City）爲基礎，做出了第一個綜合性計畫。公園與林蔭大道提供了各種遊憩與教育機會，引導城市成長的方向，開啓了新的住宅區開發方式。依照不同功能劃分都市地區的各種分區，協助交通與各種設施的開發。市政中心與零售商業核心的合一，使市政府更能合理地中心化而強化其功能，也能增強市民的城市歸屬意識。之後的規劃者，雖然覺得城市美化運動並不能滿足他們的期望，卻學習到綜合性計畫（comprehensive plan）的概念是怎麼一回事。

---

[24] 歐姆斯特（Frederick Law Olmsted, 1822-1903），他是美國十九世紀下半葉最著名的規劃師和景觀設計師，設計覆蓋面極廣，從公園、城市規劃、土地細分，到公共廣場、半公共建築、私人產業等，對美國的城市規劃和景觀設計具有不可磨滅的影響。他的理論和實踐活動推動了美國自然風景公園運動的發展。他和瓦克斯規劃設計紐約中央公園，是美國第一座人工建造的景觀公園，融合了正統和田園式的設計風格。被譽爲「美國景觀公園之父」。

5

品味珍雅各的城市規劃之道

她的規劃理念與原則，並不是基於什麼高深的規劃理論，而是根據她在日常生活中所看到、所體會到的城市經驗。

珍雅各（Jane Jacobs）在《美國大城市的死亡與再生》裡，說明爲什麼城市的土地使用要混合、要多樣性。這本書從1961年出版以來，一直對現今世界的城市規劃理念有舉足輕重的影響。她這本書也是英、美國家大學規劃類科系的指定讀物。一直到現在，每年都有出版社，以不同的封面、不同的編排出版她這本書。她的規劃理念與一般學校規劃科系的傳統教材，或學術期刊的學者論文都迥然不同。她並不是針對規劃與設計的形式與方法吹毛求疵，而是針對當代與傳統的規劃原則與理念加以批判。

她的規劃理念與原則，並不是基於什麼高深的規劃理論，而是根據她在日常生活中所看到、所體會到的城市經驗。以及她日常所看到的，居民所關心的一些看似稀鬆平常，但有深意的事情。例如她在書中問道：哪些城市的街道是安全的？又有哪些是不安全的？爲什麼有些城市的公園令人讚嘆，而又有些卻變成犯罪的淵藪？爲什麼有的貧民窟一直是貧民窟，而又有哪些貧民窟，卻能在財務困窘、官員反對的情形下復甦？是什麼原因使市中心換了地方？城市的鄰里街坊又該是什麼樣子？城市鄰里街坊的功能又有哪些？簡單地說，珍雅各是從城市的眞實生活面來探討城市規劃的原則和理念。也唯有這樣，才能看出如何規劃一個城市，也才能知道如何從事實際的規劃與重建。並且增進城市的社會與經濟活力，以及如何做，或不如何做，就會扼殺了這些功能。

珍雅各認爲，現在的規劃界，有一種一廂情願的迷思。認爲假使我們有足夠的經費，例如有一千億，我們就能在十年之內清理所有的貧民窟，翻轉以前灰暗、衰敗、呆板無趣的市郊，留住那些搖擺不定，想要離開城市的中產階級仕紳，以及他們的財富，甚至奢望解決交通問題。

但是她說：也許讓我們看看，如果我們眞的先花上幾十億，又能做出些什麼？可能一些低所得的住屋開發案，會變成無可救藥的遊民與罪犯的溫床，甚至形成比希望清除的貧民窟更糟的貧民窟。而中等所得的住宅呆板無趣地湊在一起，封閉得沒有任何城市的活力。豪華的住宅，則散發出暴發戶似的俗氣與乏味，卻又希望用精雕細琢的裝潢，來掩飾他們愚蠢的設計，例如台中市的七期重劃區。所謂的文化中心，竟然無法支持一家有水準的書店。虛有其表的市政中心，除了想申請救濟金的無業遊民之外，沒有人願意去。商業中心，想模仿郊區購物中心的銷售模式，卻又顯得力不從心。閒散遊蕩的人們，不知何去何從。快速道路則將城市開腸破肚。這不是重建城市，而是蹧蹋城市。

其實，眞實的情形，依照珍雅各的看法，可能比上面所說的情形更糟。理論上，城市應該對它的周邊地區有些幫助，可是其實不然，這些外科手術可能使它們變得更不堪。要用這種規劃方法使住者有其屋，其房價可能要讓人十幾年不吃不喝才行。獨占的購物中心，與象徵性的龐大文化中心所涵蓋的，是日見萎縮的商業與文化表象。成千上萬的中小企業被摧毀，他們所有人連一點補償也得不到。整個社區被拆解得四分五裂，一下子就隨風飄散了。

珍雅各的觀察，都集中在大城市，如紐約、費城、波士頓、華盛頓、聖路易、三蕃市等地方，而且是在它們的內部地區。因爲這些地區才是問題的所在，也是規劃理論常常規避的地方。其實，實際的情形比我們表面上所看到的更糟。所有的城市規劃理論與技術，都無用武之地。城市的規劃與設計，有如在實驗室裡做實驗，來驗證城市規劃理論，這種實驗充滿了嘗試與錯誤，有成功也有失敗。其實，從事規劃的人，只有從城市本身，才能學到城市的規劃與設計。

以都市更新而論，並沒有適當地運用公共稅收投資。而是壓榨那些並非自願，而且又無助的現住戶。而城市從這些建地所得到的稅收，也不知道最終用在什麼地方、又發生了什麼效果？一個讓人想不到的都市更新鬧劇，卻在台灣發生。台北市文林苑的都市更新案，竟然是由建築商主導，美其名曰BOT，卻在老舊房屋尚未拆遷完竣之前，已經開始由建築商預售他們所要蓋的大樓單元了。其實台灣的都市更新案，絕大部分只是老屋或地震損壞的大樓，藉容積獎勵重建而已。經過市政單位大規模整體規劃，具有遠見的案件幾乎沒有。

珍雅各是怎麼說的？

任何事情的外表與它的實際運作是分不開的，城市的土地使用規劃更是如此。因此，珍雅各從城市的功能與秩序開始，再談到城市的規劃。爲了要說明形成城市秩序的基本因素，她用自己所居住、熟悉的紐約市的一些事情作例子。其他大部分的想法，是來自她所注意到或是聽到的其他城市的情形。例如：她第一次覺察到，使城市某些功能混合，能產生強大的效果，是來自於匹茲堡（Pittsburgh）；第一次思索到街道交通安全的問題，是來自於費城（Philadelphia）與巴爾的摩（Baltimore）；第一次對街道要蜿蜒曲折的概念，是來自於波士頓（Boston）；第一個如何消除貧民窟的想法，是來自於芝加哥（Chicago）。其實，大部分形成這些概念的素材，是來自於她每天生活所見，只是她並不把它們視爲理所當然，而且嘗試去檢驗，與其他城市比對，來學到一些功課罷了。

另外，珍雅各也不是不重視郊區。其實，她注意到，現今城市最糟糕的地方是市郊。因爲郊區在不久之前，可能還是安靜、高貴的住宅區。曾幾何時，它們就被城市的蔓延捲入都市的範圍。接下來的發展，就要看它能不能與城市的功能協調一致了。成功或失敗的戲碼，照樣會一再地重演。珍雅各很坦白地表示，她最喜歡，並且關心的是緊湊（compact）的城市。不過她的這些想法，是針對大城市，而不是針對小城鎮或郊區說的。因爲大城市與小城鎮的情況是迥然不同的。要瞭解大城市的行爲已經是夠讓人頭痛的了，如果要用瞭解大城市的思維方式去瞭解小市鎮，簡直就更徒增困擾了。因此，珍雅各認爲我們極端需要大家，盡快地學習、應用有關城市的各種知識。

珍雅各對傳統的城市規劃理論，有些不客氣的批評。她認爲傳統的城市規劃理論，至少到目前爲止，已經對我們造成了不小的傷害。因爲這些理論，已經理所當然地成爲現代城市規劃思維的一部分。因此，她對一些影響現代城市規劃最大的傳統城市規劃理論，做了一個回顧。我們在第四章討論過三位現代規劃界的先驅思想家，霍華德、柯比意、萊特，以及城市美化運動，對現代城市規劃的影響。現在讓我們先看看珍雅各對這些理念的看法如何，然後再看她自己的城市規劃理念。

對珍雅各最重要的影響，多多少少來自於霍華德（Ebenezer Howard）的田園市（Garden City）模式。霍華德之所以倡導田園市的概念，是因爲他當時所看到的是十九世紀末倫敦貧民窟的生活情形，而這些是他所不願意看到或聽到的。他不僅厭惡城市所造成的罪惡與對大自然的冒犯，他更想要從根本剷除城市。他在1898年提出的辦法是爲了遏止倫敦市的成長，同時把人口移往正在衰微的鄉村，建立一個所謂的田園市，使城市的窮人再度回歸自然。田園市可以建立工業，使人可以謀生。可是，霍華德的想法既不是要規劃城市，也不是要規劃住宿型的市郊住宅區，他的目標是要創造自給自足的新市鎮（new town）。田園市要有農作帶圍繞，工業放在計畫的保留區。學校、住宅與綠地，也在計畫的保留區。商業、機構和文化設施，則放在公有土地上。綠帶和所有的設施，都由市政府管制，以避免投機，或做不合理的使用改變，以及提高密度，使它變成城市。

珍雅各認爲霍華德對美國城市規劃理念上的影響，遠遠大於在實質上建立了多少個田園市。不管是對田園市有興趣，或沒有興趣的規劃師或設計師，都自然而然地受到田園市規劃理念的影響。霍華德對美國城市規劃的影響可以從兩方面來看。一方面是城市與區域的規劃，另一方面是建築設計。蘇格蘭生物學家和哲學家吉迪斯（Patrick Geddes）❶爵士，認爲田園市的想法，並不是要吸收中心城市成長的人口，使它不至於過分龐大，而只是讓它比較容易被馴服而已。他認爲城市的規劃，要從整體區域的觀點著手。在區域規劃之下，田園市就會很合理地分布在廣大的區域裡，與自然資源、農田、森林等，取得和諧的平衡。霍華德與吉迪斯的理念，被1920年代的美國，毫無保留地接受。一些有影響力的名人，包括：孟甫德（Lewis Mumford）、史坦因（Clarence Stein）、萊特（Henry Wright）❷與包爾（Catherine Bauer）❸。他們自認爲是區域規劃師，而且自稱爲城市

---

❶ 吉迪斯爵士（Patrick Geddes, 1854-1932），蘇格蘭生物學家、社會學家、地理學家、慈善家和都市計畫師。他以在都市計畫和社會學等領域的創新思維而聞名。他將「區域」的概念引入了城市架構和規劃，並提出了「城鎮群」這個概念。他重視自然與文化一體的合一關係，他倡導生態規劃、生態設計，與生物區域主義。

❷ 史坦因（Clarence Stein）1919年與萊特（Henry Wright）在紐約開始執業，1902年協助建築師George Kessler 設計the Louisiana Purchase Exposition in St. Louis, Missouri。在1920年代早期萊特與史坦因、孟甫德及馬凱（Benton ackaye）成立美國區域計畫協會，並且成爲協會的中心會員。他們倡導可負擔住屋、荒野保護，並且批判都市蔓延。兩人規劃新市鎮Radburn，成爲美國新市鎮的典範。倡導鄰里街坊（neighbourhood）概念成爲二十世紀各國城市型態的典範。

❸ 包爾（Catherine Bauer, 1905-1964），美國知名重要公共住屋倡導人，都市計畫教育家，爲低所得家庭可負擔住屋發聲。對社會與環境公平正義，住屋公平、健康公平社區的倡導有重大貢獻。

去中心主義者（decentralist）。他們認爲好的城市規劃，最少一定要保持家庭的獨立與郊區的隱私性。規劃後的社區，要獨立於城市之外，成爲一個自給自足的單元。並且要抗拒未來的改變，也要一直由規劃者管理。

更誇張一點講，去中心主義者要剷除老舊的城市。他們對大城市的成功事蹟並不在意，他們只注意失敗的地方，甚至認爲一無是處的地方。例如：孟甫德在《城市的文化》（*The Culture of Cities*）一書中所說的，這些都是城市的病態，這也就是爲什麼去中心主義者要放棄城市的理由。而且在規劃與建築的學校裡、在國會裡，或是在議會與市政廳裡，去中心主義者的理念已經逐漸被接受，成爲處理大城市建設的基本方針。最令人不解的是，衷心希望強化城市的作爲，最後卻成爲毀滅城市的淵藪。

對於如何將反城市規劃理念引入不公不義的城市，最戲劇化的人物，正是歐洲的建築師柯比意（Le Corbusier）。他在1920年設計了一個夢想城市，稱作光輝城市（Radiant City）。城市裡沒有去中心主義者所喜愛的低矮房屋，代之而起的是具有公園綠地的摩天大樓。柯比意寫道：「我們有如經由一個大公園進入城市，其實，整個的城市就是一個公園。」在柯比意的垂直城市裡，每英畝居住一千二百人，密度的確非常之高。但是因爲建築物非常之高，仍然可以有95%的土地，可以保留作開放空間，摩天大樓只占5%的土地。高所得的人可以住低矮的豪宅，還會有85%的空地，餐廳、劇院散布其間。

柯比意不僅規劃了一個實質的環境，他也規劃了一個社會的烏托邦。柯比意的烏托邦，他稱之爲最大的個人自由（maximum individual liberty）。他所謂的自由並不是可以任意妄爲的自由，而是出於正常責任的自由。沒有一個人要由另一個人去管，也沒有一個人要爲自己的計畫掙扎，也沒有人會受到束縛。這種想法，使去中心主義者與倡導田園市的人，對柯比意在公園裡蓋摩天大樓的想法覺得非常驚奇。其實說穿了，光輝城市的想法就是來自於田園市。柯比意接受了田園市的基本想法，然後至少在形式上，提高了人口的密度。他認爲他的創意可以實現田園市的理想，其方法就是建造垂直的田園市。

從另外一個觀點看，光輝城市是倚賴田園市的。田園市的規劃者，以及後來日益增多的追隨者，如住宅改革者、學者與建築師等，不遺餘力地推廣超大街廓、有計畫的鄰里社區、改變僵化的計畫，以及連綿不斷的青草綠地。更成功的是，光輝城市把這些特性鑄造成符合人性、具有社會責任、以及崇高理想的規劃。

不論如何，柯比意的光輝城市對我們的城市產生了巨大的影響。它受到建築師熱情的讚許，而且逐步用在他們的規劃案件中，包括低所得住宅、公共住宅，以及辦公大樓等。除了把田園市的原則應用在高密度的城市之外，柯比意也嘗試把小汽車納入他的計畫中。在1920年到1930年代有這種想法，實在令人興奮。他把主要道路規劃成快速的單行道，盡量減少交叉路口，讓重型車輛行駛地下，使行人行走在路外的公園中。柯比意的概念也給主張土地使用分區者莫大的鼓舞，他們訂了一些規則，鼓勵建築商採用，用來反映他的夢想是可以實現的。事實上，有經驗的城市設計者的設計，除了少許的變異之外，大致上都是結合了霍華德與柯比意兩者的概念。特別是在都市更新方面，要避免作全面的清除。也就是對窳陋地區的老建築物，會作有計畫的保護。並且把它改變成一個光輝的田園市。

除了霍華德的田園市與柯比意的光輝城市之外，珍雅各也簡單地回顧了另一個主流的傳統規劃理念。也就是1893年爲了紀念哥倫布發現美洲四百年，從芝加哥設計的世界博覽會開始的城市美化運動（City Beautiful Movement）。芝加哥博覽會不但沒有理會當時如雨後春筍一般的現代建築，反而戲劇化地回頭模仿文藝復興時代的建築風格。宏偉的摩天大樓一個接著一個地散布在博覽會園區中，正如柯比意所提倡的，讓摩天大樓錯落地散布在公園裡。這種組合捉住了規劃者與大眾的想像力，也推動了城市美化運動。推動城市美化運動的主角就是規劃博覽會的柏恩翰（Daniel Burnham）[4]，後來被稱爲芝加哥的柏恩翰。

城市美化運動的目標就是要建立城市的宏規，規劃巴洛克式的林蔭大道系統還不算什麼。最了不起的是模仿博覽會所建立的市中心，包括行政中心、文化中心，和沿著密西根湖濱的好幾個博物館。這些建築物的安排，在費城是在富蘭克林大道兩旁；在克里夫蘭是沿著廣場（mall）；在聖路易是在公園邊緣；或者像舊金山的市政中心，散布在公園之中。不論這些建築物是如何安排的，最重要的是把它們從城市的其他地方分別出來，自成一個既獨立又完整的單元，盡可能地顯示出宏偉的效果。

但是這種城市中心的改造並不成功，原因之一是，城市中心周圍的地方都在向下沉淪，而非向上提升。在另一方面，城市美化運動的建築設計，並沒有趕上流行。不過它們背後的理念，並沒有受到質疑，它們所表現的力道更勝過今天。把一些文化與公共服務的功能獨立出來，正符合田園市的理念。這種田園市與光輝城市在理念上，非常協調的結合，成爲一種美化的光輝田園市。同樣地，這種把某些功能獨立出來的做法，也可以延伸到城市的每一種功能上。直到今天，一個大城市的土地使用綱要計畫，也不過是結合交通運輸的區位計畫。

依照珍雅各的看法，從霍華德到柏恩翰，甚至到最近都市更新法的修訂。這整套的規劃理念與方法，似乎都對城市的規劃沒有產生太大的影響。既沒有被研究，也不受尊重，城市就這樣被犧牲了。接著，就讓我們看看珍雅各的城市規劃理念吧！

土地的混合使用與城市多樣性

珍雅各認爲要瞭解城市，最好直截了當地從土地的混合使用這一重要想法開始。

從性質上來看，城市愈大，它的製造業就會愈多樣化。同時，它的小型製造業在數量上與比例上，也會愈大愈多。另一方面，大企業自給自足的能力比小企業強，有能力維持它們本身大部分所需要的技術、設備與自己的倉儲設施，而且能夠尋找及銷售它們的產品到較大的市場。它們不需要在城市裡，因爲不在城市裡比在城市裡更爲有利。許多重要原因之一，就是郊區與市內土地成本的差異。但是對小型企業來說，每一樣事情都剛好相反。通常，它們都必須倚賴本身以外的廠商取得技術與供給，它們的市場也比較小，它們也必須對市場的快速變化非常敏感。沒有城市，它們也無所依附。有了其他城市的多樣性，它們也能更加多樣化。最後這一點最爲重要，城市本身的多樣性，能夠容許並且引起更大的多樣性。對製造業有利，對其他的行業也莫不如是。例如：零售、文化設施與娛樂產業等。另外一個原因，就是小公司的主管與員工，常常需要與其他公司的主管與員工做面對面的接觸與溝通。

---

❹ 柏恩翰（Daniel Burnham, 1946-1912），美國建築師、都市計畫師。他主導規劃芝加哥紀念哥倫布發現美洲四百年的世界博覽會，並且爲芝加哥和其他城市完成綱要計畫。他強力地描繪出美國城市所應有的形象，他與Edward Bennett 合著*Plan of Chicago* 規劃了芝加哥未來的整體計畫。是美國第一個城市整體計畫，倡導控制城市的蔓延成長。

城市的好處是它有足夠的人口，能支持各種企業與活動，而且大城市能提供小城鎮所能提供的各種利益。例如：城鎮與郊區最適合大型超市，但是無法讓小雜貨店生存；適合露天汽車電影院，卻不適合歌劇院。原因很簡單，只是沒有足夠的人口來支持更多的活動。大城市則可以支持超級市場、電影院，以及美食餐廳與畫廊等。沒有城市，它們都將無所依附。

多樣性，無論什麼樣的多樣性，它的產生都是由於城市有眾多的人口聚在一起，有各樣不同的品味、技能、需要、供應與熱情。既使是一個人經營的小型五金行、雜貨店、糖果店、酒吧等，在城市的鬧區，只要有人片刻的光顧，都能增添一些額外的活力。當一個國家的農村演變成城鎮，再由城鎮演變成都市，企業就會自然跟著增加。不止是數字上的增加，也是成比例地增加。都市化會使大的更大，小的會更多。小與多樣性的意義並不相同，城市企業的多樣性，包括所有的各種大小規模，並不限於高比例的小企業。一個充滿活力的城市，應該充滿各種各樣的小型元素。

城市的多樣性也並不限於營利的企業與零售商店，然而商業的多樣性，在社會上與經濟上對城市都具有無比的重要性。不僅如此，當我們無論在什麼時候，發現城市在商業方面多采多姿時，也會發現在其他方面也具有多樣性，包括文化、情境與人們的多樣性。這不僅是巧合，產生商業多樣性的實質與經濟條件，也同樣能產生其他的城市多樣性。雖然城市被認爲在經濟上是產生企業與多樣性的溫床，但是這並不表示只要是城市，它就一定會自己自動產生多樣性。城市會產生多樣性，是因爲城市會形成各種有效率的經濟活動，而且又把它們聚在一起。

其實產生城市多樣性的複雜因素，只是實質的經濟關係，它們要比所造成的都市複雜性簡單得多。要城市產生多采多姿的多樣性，有四個條件是不可或缺的：

1. 每一個地區必須具備兩種以上的功能，這些功能最好能有不同的人，在不同的時間爲了不同的目的出現，而且他們會使用許多共同的設施。

2. 大多數的街廓一定要小；也就是說，要讓走路的人有機會多轉幾個彎。

3. 每一個地區必須有不同年代、不同狀況的建築物混合在一起，包括相當大比例的老建築物。它們會產生不同的經濟效益，這種混合必須符合某種紋理。

4. 不論人們聚集的目的爲何，人口必須密集而集中，他們包括定居的人口。

依照珍雅各的看法，這四個條件必須樣樣俱備，才能產生城市的多樣性，缺少任何一項，都會妨礙一個區域的多樣性潛力。以下再就這四個條件，逐一加以說明。

城市需要主要使用的混合

一個成功的城市街道，必須有人們在不同的時間出現，時間的尺度應該小到以小時計算。從經濟效用的角度來看，商店像公園一樣，要整天有人使用才有意義。不同的是，假使商店在大半天的時間沒有人光顧，它勢必會關門大吉，或者根本就不應該出現。但是公園不會。所以商店需要有人使用，街道車水馬龍的動線，要倚賴基本混合使用的經濟基礎，吸引各行各業的人們，購物也好、餐飲也好，或者只是單純地逛街欣賞櫥窗也好。我們對這些事情的支持，是不知不覺的經濟合作行爲，正如亞當斯密所說，**被一支看不見的手所引導**。不過，很多人使用城市街道，和這些人分布在一天的不同時段使用城市街道，完全是兩碼事。

珍雅各把多樣性分成兩種，它們是主要使用（primary uses）與次要使用（secondary uses）。某主要使用是指那些本身具有特色的地方，把人吸引過去。辦公大樓、工廠與住宅都是主要使用。某些娛樂場所、教育與休閒遊憩的地方也是主要使用。在某種程度上，許多博物館、圖書館與畫廊等，也可以算是主要使用。但是也不是所有的博物館、圖書館與畫廊都是主要使用。任何單一的主要使用，不論是哪一種，都無法造成城市的多樣性。然而實際上，如果一項主要使用，能有效地與另一項在不同時間吸引人潮的主要使用結合，就能產生經濟上的刺激效果，造成一個產生次要多樣性的優良環境。

次要使用是呼應，並且服務主要使用所吸引的人潮而產生的。假使這個次要使用，只服務一項主要使用，不論那個主要使用是什麼，都是注定沒有什麼效用的。光是主要使用混合，也會沒有什麼用處，假使另外有產生混合使用的有利條件，能夠同時發生作用的話，成果就會非常豐碩了。假使次要使用能夠蓬勃發展，而且擁有不尋常的特質，累積下來，它自己似乎就可能變成一種主要使用，人們就會被吸引而來。這種事情常會發生在良好的購物地區。它對一個城市的街區，甚至城市整體經濟的健康發展都是非常重要的。

不過，無論如何，次要使用本身並不太可能完全變成主要使用。假使希望它存在，而且有成長與改變的活力，它必須保有它與主要使用混合的基礎，也就是人們會分散在一天的不同時間來造訪。既使在市中心的購物區，因爲其他的混合使用在萎縮或嚴重地失衡，也會如此。假使它們要產生多樣性，主要使用的混合必須有效。所謂有效，就是人們在不同時間的造訪，必須在同一條街上，否則就不會有實際上的混合。其次，有效是指人們在不同的時間使用街道時，會使用大致相同的設施。最後，有效是指在某一個時段，混合在街道上的人們，必須與其他時段的人們有某種相稱的關係。簡單地說，主要使用的混合，是人們每天、每時、每刻，平常都會出現在街頭的景象。這也是聚集經濟效果，它是實實在在的經濟事務，絕對不是虛無縹渺的假象。

珍雅各特別注意市中心（downtown）的問題，其原因有二：第一、市中心最重要的問題是沒有充分的主要使用的混合，最要命的問題是下班時間之後就少有人影了。第二、主要混合使用的市中心會影響城市的其他地方。市中心有如城市的心臟，心臟如果停滯而失靈，其他地方也會支離破碎。城市的文化、社會、經濟，就無法兜在一起了。維斯康辛大學的土地經濟學教授芮克里夫（Richard Ratcliff）認爲：如果城市的去中心化（decentralization）或向外蔓延，使市中心變成眞空地帶，便是退化衰敗的徵兆。如果是向中心集中，則是健康的。芮克里夫注意到，在一個健康的城市裡，比較集約使用的土地使用，會一貫地取代比較不集約的土地使用。[5]

另一位土地經濟學家史密斯（Larry Smith），把辦公大樓比喻作西洋棋的棋子。所有的主要使用，無論是辦公大樓、住宅或音樂廳，都是城市的棋子。下棋的人移動棋子，步調與位置必須互相協調，以贏得比賽。城市的建築物與棋子所不同的是，其數目並不受規則的限制，如果配置得當，必定能如雨後春筍。在市中心，政府的政策雖然不能直接干預私人企業，要求他們服務下班之後的人群。任何公共政策，也不能把這些主要使用強留在市中心。但是公共政策可以間接地鼓勵或施加壓力，使它們成長爲主要使用。在另一方面，也不能把主要使用遷離市中心，或者另外規劃一個獨立的園區。

紐約西五十七街的卡內基音樂廳，就是一個很顯著的例子。卡內基音樂廳在夜間，發揮了市街熱鬧而集約的使用，帶動了其他的小劇院、歌舞工作坊、餐廳、酒吧與住宅。但是紐約市計畫把它

---

[5] Jane Jacobs, *The Death and Life of Great American Cities,* Vintage Books, A Division of Random House, Inc., 1961, Vintage Books Edition, 1992, pp. 165-166.

移出去，放在一個隔離規劃的林肯演藝中心（Lincoln Center of Performing Arts）。雖然最後在千鈞一髮之際，由於公眾的壓力被搶救下來，但是因爲樂團離開，當地就不再是紐約愛樂人的家了。另一個例子是波士頓，波士頓是美國第一個計畫設立純粹文化園區的城市，在1859年，一個名爲文化保育機構的委員會，取得一塊土地，專門供設立教育、科學與文藝機構之用。此一事件剛好碰上波士頓從美國文化城市之首的地位，開始漸漸滑落的時候。其原因可能不止一端，但是珍雅各確信，波士頓市中心缺少主要使用的良好混合，才是使它市中心衰敗的主要原因，尤其是缺少夜間的動態文化使用，有以致之。

以上這種例子很多，如果我們回過頭來看看我們自己。台北東區的繁華早已超越原來的市中心西區。台中市的市政府，搬到七期重劃區，土地開發商與企業當然也把他們開發的主要使用移到七期。原來的市中心，已經變成棄嬰，正好像是波士頓的翻版，因爲台中市原來也是台灣的文化城。但是，現在積極於市地重劃、開發不動產，已經失去了原來的文化風貌。實際上台灣城市的土地使用，根本就是混合使用，但不同於歐美混合使用的是，我們的土地使用因爲沒有規劃，形成一種雜亂無章、零星散布、毫無章法與效率的混合使用。尤其是在住、商之外，機車、攤販與不相容的使用（如機車行，情趣商店）間雜其中，在商業區沿主要道路兩旁蔓延，不但破壞商業機能，也妨礙居住的寧適與愜意性。這種使用所產生的交通、購物旅次，也是形成我們都市地區交通無法順暢的主要原因之一。

另外，都市土地研究所（Urban Land Institute, ULI）所討論的垂直混合使用，是指允許住宅、商店、辦公、服務、娛樂等多種使用集中於一個或一個群體的土地使用。我們土地使用分區管制的相關法規中，對於土地及建築物，都允許某種程度的垂直混合使用。如果能加以有秩序地規劃管理，相信一定會受到珍雅各的讚賞。如果珍雅各來台灣看看，她應該會認爲台灣城市的自由發展型態（不是刻意規劃的），也許正合她的理想，也說不定。

在談到美學理論與城市的混合使用時，珍雅各認爲美學理論非常重要，但是兩者之間的運用，卻一直是令人困擾的事。她以華盛頓特區（Washington, D, C.）爲例說明她的看法。她認爲美學理論有它長遠的歷史根源，也受到大家的接受與支持。但是華盛頓特區無條件地接受，並且指導它的建築發展，她則非常不以爲然。簡單地說，政府的資金被抽離城市，政府的建築物雖然集中在一起，卻與城市的建築物分開，這並不是華盛頓特區的規劃師郎方（L'Enfant）當初的想法。相反地，他想盡辦法結合兩者，使它們互相配合。他把政府的辦公大樓、市場、國家機構、學術機構與國家紀念堂，分布在城市最能顯示建築之美的地方。主要的目的在於讓人一看，就知道這是一個國家的首都。這種做法，在情感上和建築美學上，都是非常恰當的。

自從1893年芝加哥博覽會以降，建築界形成了一種意識型態，把城市看作是榮耀的紀念殿堂，與雜亂的大型廉價商場截然不同。在這種情形之下，沒有人會感覺到城市是一個有機體，是一個對國家、社會有價值，而且能產生友誼的泉源。果眞如此，那將是社會和美學上的損失。

其實，對美學的意義，有兩個剛好相反的看法。一個是品味，例如：強調它的榮譽面，剛好與城市的功能與經濟上的特殊需要相互矛盾。另外一種看法，則是以個別建築物爲焦點，但是被周遭日常生活的本質（matrix）緊密包圍，這樣才能與城市的經濟與其他功能協調一致。每一個城市的主要用途，不論它是宏偉的紀念殿堂，或是有特殊樣貌的建築物，都應該與日常城市生活的用途融合在一起。一個城市的本質需要這些使用，這些使用的影響，又幫助塑造城市的本質。上面所說郎方的理論是值得推崇的，因爲它並不是一個抽象的意象，而是因爲他的理念，是能夠和諧地運用在眞實城市的實質建設上的。

在城市的住宅區或是大部分是住宅的地區，和市中心一樣，也是主要性使用愈多樣化愈好，也許在這種地區所需要的主要使用是工作使用。由於土地使用分區（zoning），把居住與工作的地方分開的概念，似乎已經深植人心。如果我們觀察一下實際的生活情況，就會發現，如果在住宅區裡沒有工作使用摻雜其間，情況也不會很好。在住宅區裡有工作性使用是可遇而不可求的，可能比次要性使用更不容易產生。除了間接的鼓勵之外，公共政策也很難讓工作性使用，在沒有，或需要的地方出現。在城市中心，如果缺少足夠的多樣性主要使用，通常會是極爲嚴重的基本缺陷。但是在事實上，在大多數的住宅區，特別是大多數的灰色地帶，如果缺少主要性使用的多樣性，人們並沒有把它看作是一項缺陷。

毫無疑問地，那些有良好主要使用的混合，而且能夠成功地產生城市多樣性的街道或地區，應該被珍惜，而不應該輕視它們的混合，而把某些元素剔除。但是很不幸的是，傳統的規劃者似乎只看到那些人們喜歡，而又吸引人的地方。只顧一些單純的目的，進行具有破壞性的傳統都市計畫方法。因此，城市的基本主要使用混合反而減少了。

城市的街廓要小

小街廓的優點很簡單。珍雅各就她日常生活所見，認爲大街廓因爲街道與街道的距離太遠，而造成孤立、分離的鄰里街坊，在城市中會孤立無援。就鄰里來講，這些自我孤立街道的經濟效果也同樣受限。只有在這些孤立、分離街道的人們能夠聚集合流時，才能發揮經濟使用的效益。讓我們想想看，如果把超大的街廓切開，便在它們之間多了一條街。多了一條街，就能把街道的距離縮短，人們便可以多一些路徑的選擇，可以在其間購物、用餐、逛街、買一杯飲料；這樣就很可能引起活潑的經濟活動。

另一方面，在大街廓的情形下，既使有人出現，也不容易碰頭，更不容易形成使用的多樣性與群聚效果。不管主要的使用是工作也好，住宅也好，因爲使用的流轉性，而且建築物沒有同質性，所以最有藝術氣息的設計，也不容易融匯進去。在本質上，大街廓很容易阻礙城市孕育小型企業的潛在優勢，大街廓也會阻礙城市土地的混合使用。土地使用的混合，是要有不同的人，爲了不同的目的，出現在不同的時間，使用同樣的街道。

看看珍雅各拿來當作例子的格林威治村（Greenwich Village）的發展，我們或許能學到一些功課，到底它豐富的多樣性，和受歡迎的程度，是從哪裡來，又往哪裡去的？格林威治村的租金一直在上漲，它本身和它的多樣性，以及受人歡迎的程度，都往外擴張。一貫地依照小街廓和活潑的街道使用方式前進，使格林威治村不斷地蓬勃發展。相對地，二十五年來，它北邊條件都很優越的吉喜村（Chelsea）的情況卻每況愈下。其主要的阻力，即是長而且自我孤立的街廓，其衰敗的速度要比整建的速度來得更快。這種一消一長的現象，並不神祕，也不意外。而是在城市發展上，什麼樣的多樣性對經濟有利，或不利的具體反映。

理論上，小街廓會形成較多的街角，往往一些具有特點的商店，如書店、時裝店、餐廳等，都喜歡開在街角，或接近街角的地方。一個多年來的不解之迷，就是紐約的西邊，沿著第六大道，以及東邊沿著第三大道，都同樣拆除了高架鐵路。然而，爲什麼西邊無法激起任何改變，也無法增加受人歡迎的程度。而東邊則能激起巨大的改變，也能大大增加受人歡迎的程度。珍雅各認爲這是因爲在西邊的大街廓，妨礙良性的經濟發展，無法支持都市的多樣化。愈是接近市中心，愈是如此。

在東邊則是接近曼哈頓島中心的小街廓，它們能夠有效地聚集各種使用，並且能各自發展。

一個成功而且有吸引力的城市，街道不但不會消失，而且會愈來愈增加。但是有一種迷思，認爲城市的街廓太多是一種浪費，這種想法是來自正統的田園市與光輝城市的規劃理論。他們不願意拿土地作街道使用，因爲他們希望將土地整合作綠地廣場。有些過於誇張的超大街廓，具有所有大街廓的缺點。既使這些超大街廓，用步道、廣場點綴其間，在理論上，似乎可以使街道與街道之間保持相當距離，使人們可以通過，但是大街廓的缺點依然存在。

珍雅各之所以主張城市的街廓要小的概念，不只是譴責當代規劃的不當，更是要指出小街廓所具有的價值。因爲一個城市土地交叉使用的紋理是非常複雜的，小街廓不只是目的，也是達到目的的手段。假使產生多樣性的目的，被強大的分區使用規則所限制，不能讓多樣性彈性地成長，小街廓的設計也會無能爲力。有如主要使用的混合一樣，頻仍的街道有助於多樣性的產生，它們之間的關係是互相的。

在我們看了珍雅各對城市街廓要小的討論之後，回頭看看台灣城市街廓的大小，就會發現台灣城市街廓的長度，大約不會超過五十至一百公尺，可能正合珍雅各所希望的標準。依照珍雅各書中所說，費城的標準街廓長度是四百呎（約一百三十公尺），有的大街廓會達到七百呎（約合二百三十公尺），中途會有小巷分隔。再看多樣性問題，台灣城市的混合使用與多樣性，或許也會受到珍雅各的讚賞，只是可能過於混雜與髒亂罷了。

城市需要老舊建築物

產生城市多樣性的第三個條件是：城市需要老舊的建築物。依照珍雅各的看法，如果一個城市沒有老舊的建築物，它的街道與市區是不可能成長的。所謂老舊建築物，並不是指博物館，或者花了大錢整修得美輪美奐的建築物；而是普通的、廉價的老舊建築物，包括那些過時的舊房子。如果一個城市只有新建築物，價格也高、租金也高，只有那些高收益的大企業、銀行、連鎖餐廳、連鎖商店才能負擔得起。但是街坊酒吧、外國餐廳、古董店、樂器店與當鋪等，則會選擇較舊的建築物。往往具有傳統想法的人會使用新建築物，有新想法的人一定會使用舊建築物。

既使城市裡的企業負擔得起新建築物，也需要有老建築物點綴其間。否則整個城市的環境與吸引力，在功能上、經濟上、便利性上都會有限，也太呆板了。如果要在城市的任何地方增進多樣性，一定要有高收益的、中收益的、低收益的和沒有收益的企業混合在一起。城市裡老舊建築物的唯一缺點，就是有的建築物年代可能太老了。

其實，任何東西老了都會衰敗，但是在城市裡，老舊並不是失敗。剛好相反的是，因為城市規劃管理失敗，所以才會變得老舊。就營建業來講，一個成功的城市地區，老舊建築物，一年、一年地被新建築物所取代，會變成一個穩定獲利的金雞母。因此，經過一段歲月之後，一個城市就會有不同年代、不同類型的建築物混合在一起。當然，這是一個動態的過程。所以我們現在所面對的，是時間的經濟效果。但是我們所面對的時間經濟學，不是按一天裡的一小時、一小時計算的，而是以幾十年甚至幾個世代來計算的。

時間使上一個世代的高建築成本，在下一個世代變得低廉。時間會償付原來的資金成本，這種折舊會反映在建築物的收益上。時間會使某些企業的建築物過時，但是又可以供另外的企業使用。時間能使某個世代的空間有經濟效用，也能使空間在另一個世代成為奢侈品。某一個世代的普通建築物，可能是另一個世代的有用東西。老建築物是一個城市多樣性的必要元素，當現代的新建築物變老的時候，老建築物仍然是必要的。甚至有規劃師、設計師疾呼：「我們必須把街角的空間留給雜貨店！」一位研究購物中心的經濟學家預測，這些便利商店會使管銷費用較高的郊區型購物中心生意減少。

建築物的年齡、實用性、稱心合意性，是一件極端相對的事情。在一個充滿活力的城市裡，沒有什麼老建築物是無法使用的。在格林威治村，幾乎沒有任何尋找金雞母的中產階級家庭，會輕蔑老舊的住宅。在一個成功的地區，老建築物是上濾的（filter up）。其實，我們所眞正需要的，是在一個充滿活力的城市裡的老建築物。我們所面對的問題，是如何使一個地區充滿活力。當我們到歐洲國家去旅行觀光時，所看到的都是老的教堂、城堡、房屋。老建築物更有它們的歷史、文物價值，是吸引人的。我們再看看上海的外灘，那些沉寂了幾十年的老式的、歐式的洋樓，一旦中國改革開放之後，又生龍活虎一般躍上二十一世紀的舞台。如果你到了上海，而沒去逛過外灘，那眞是枉費此行了。

布魯塞爾（Brussel）市長布勒斯（Charles Buls），在他的*The Design of Cities*中說：

> 老城市和老街道有一種特殊的魅力。你不能說那是美麗，但是它們卻很吸引人。它們用它們並非藝術，而是以機運所得到的沒有秩序的美，來取悅人。❻

珍雅各認爲城市需要有老建築物混雜在其中，以培養及發展主要與次要的多樣性。在一個完全嶄新的地區，幾乎沒有任何培養多樣性的經濟機會。它的單調無趣，會使人只想離開。等到建築物眞的變老的時候，它們所有的用途，只是廉價而已。也許有些建築物可能被更新得像新的一樣，新建築物的經濟價值，只要肯花營建的錢就可以替換。但是老建築物的經濟價值，是無法隨意取代的，那是時間所創造、所賦予的。多樣性的先決經濟條件，只能從有活力的城市傳承而獲得，然後延續到未來。

前面提過，台灣的某些城市在進行都市更新，其基本的思維乃是把老舊的建築物全面剷除，用全新的建築物來取代。姑且不論立法夠不夠周延，以及市政當局舉措的恰當與否，以及對人民財產權的影響。其都市規劃的基本理念，似乎只是老屋重建，使市容亮麗而已。至於由建築商主導的台北文林苑更新案，美其名曰BOT，卻在老屋產權問題尚未解決之前就預先出售等情形，就更不堪聞問了。

珍雅各在《美國大城市的死亡與再生》裡引述一篇紐約時報的文章：

> 當清除貧民窟的行動進入一個地區時，它不僅剷除破敗的房子，也把居民連根拔起。它拆毀教堂，也摧毀當地的企業，它把律師遷移到市中心的新辦公室，並且把社區原來緊密的友誼與團體關係，破壞得難以修復。它把原來居住在破舊公寓裡的居民趕到生疏的地方。而且讓成千上萬的新面孔湧入這個鄰里。

珍雅各認爲，都市更新的規劃應該是爲了保存老建築物，同時保存其間的一些人口，但是現在

---

❻ Spiro Kostof, *The City Shaped-Urban Patterns and Meanings through History*, Little, Brown and Company, 1991, p. 84.

卻把他們打散到各個地方去。

城市須要集中

第四個城市多樣性的條件，是城市須要集中。不論人們的目的是什麼，包括當地與外來的居民在內，他們必須聚集到足夠的密度。幾百年來，或許每一個人，只要想到城市，就會注意到人口的集中與他們所支持的專業，集中與便利似乎有某種關聯。亞利桑那大學的丹頓（John H. Denton）教授與其同僚，在研究了美國的郊區與英國的新市鎮之後，發現那些新市鎮必須靠近大城市，它們的文化才能獲得保障。他們所強調的重點是，人口密度的高低與經濟效果的關係非常重要。當我們談到市中心時，人們就會瞭解，從集中到高密度，到便利，再到多樣性之間的關係。每一個人都會注意到，人口會集中在城市的中心地區，如果不是這樣，便不成其爲市中心，也就談不上多樣性了。

但是在住宅區，就很少人會想到便利與多樣性之間的關係。可是住宅用地在大多數的城市，都占相當大的比例。住宅區的人口，也占城市人口的大部分，他們使用街道、公園與當地的企業。如果居住在那裡的人口沒有集中，也就無所謂便利與多樣性了。正如我們在前面所說的，住宅區與其他土地使用一樣，需要主要使用，好讓在一天當中每時每刻，都有人在街上。其他的使用如工作、娛樂等活動，一定要集約使用土地，才能有助於集中。這並不只是土地成本的問題，也不表示須要每一個人都住進電梯公寓裡，否則便會扼殺了多樣性。

正統的規劃與住宅理論，認爲高密度的住宅可謂惡名昭彰，但是珍雅各卻不認爲如此。她認爲住宅的密度有助於城市未來的發展，他舉了舊金山、費城與紐約幾個城市的例子來說明這一點。就拿紐約的布魯克林區（Brooklyn）來說，最受歡迎與欣羨的地方是布魯克林高地（Brooklyn Heights），那是布魯克林區住宅密度最高的地區。相反的，許多失敗與衰落的布魯克林灰暗地區，它們的人口密度還不及布魯克林高地的一半。在曼哈頓，最時髦的市中心東邊，以及格林威治村最時髦的口袋地，其住宅的密度與布魯克林高地核心地帶相當。在曼哈頓最熱鬧的地區及其周邊，都有極高的活力與多樣性，比外圍地區的密度還要更高。

然而，我們也不能驟下結論，認爲所有城市高密度的住宅區都會很好。這樣就會對問題的答案過分地簡化了，因爲有太多高密度的地區，都遇到了不少的麻煩。例如：紐約的哈林區，都在曼哈頓。假使我們認爲人口的集中與產業多樣性之間的關係，只是簡單的數學關係，我們就很難瞭解人口密度高低的影響了。這種關係所造成的結果，當然也會受到其他因素很大的影響。就如我們在前面所說的，主要與次要的土地使用關係。不過，珍雅各仍然認爲如果沒有足夠的人口，其他因素的影響也不會太大。反過來看，如果有其他因素影響多樣性，不管居民多麼集中，密度有多高，都不足以產生多樣性。

另外一個有趣的問題是，爲什麼在傳統上，低密度的城市會受人讚賞，而高密度的城市會受人詬病？其實兩者都沒有充分的事實根據。原因是人們把高密度的住宅，與住宅的過度擁擠混爲一談了。高密度的住宅是指單位土地面積上的住宅數多；過度擁擠是說一棟住宅裡，就房間數而言，住了過多的人口。就人口普查的定義而言，過度擁擠是指一個房間裡住了一點五個以上的人，與單位土地上有多少住宅無關。

這種高密度與過度擁擠兩個概念之間的混淆，也受田園市的規劃者的影響。田園市的規劃者看到貧民窟裡，既有過多的住宅在單位土地上，又有過多的人口住在一棟住宅裡，因此把兩者混爲一談。除了這個混淆之外，一般的統計數字只告訴我們在單位土地上的人口數，從來也不告訴我們在單位土地上有多少住宅或多少住屋，也許事實上會有四、五個人擠在一間臥室裡。

從理論上講，人們可能會認爲只要人口緊密的集中，不論是有足夠的高密度住宅，或者是擁擠的低密度住宅，都會有助於產生多樣性。在這兩種情形之下，一個地方的人口數應該是一樣的。但是在實際生活上，所產生的結果是不同的。在人口與住宅都足夠的情形下，不但會產生多樣性，而且會對自己的鄰里產生認同感。在人口數和住宅數配合恰當的情形下，多樣性、吸引力和宜居性合起來，就能使更多的人在這裡居住。

在美國，一棟住宅或房屋裡有過多的人居住，就是貧窮的象徵而被人歧視。在低密度地區的擁擠，比在高密度地區的擁擠更糟。因爲在低密度地區，無法與別人過共同生活，也無法對政治上的不公不義加以反擊。如果可以任人選擇，幾乎沒有人願意住在過度擁擠的地方，但是人們往往選擇居住在高密度地區。在城市周邊的大片低密度灰色地帶，它們衰敗、擁擠，最後被放棄，是一個典型低密度大城市失敗的表徵。

珍雅各認爲城市的適當密度，要看它的功能與表現，而不是基於理想上多大的土地能容納多少人口。密度過低或過高都會阻礙城市的多樣性，而且會造成城市功能與表現的缺陷。城市功能與表現的缺陷，又是造成密度過高、過低的原因。那麼什麼是城市的適當密度呢？非常低的密度，可能只適合郊區。如果在城市之內，由於人口過於稀疏，不太可能產生城市動態的公共生活。

然而，在另一方面，如果密度高到一個程度，又足以帶來城市原本就有的問題。而且無法產生城市的活力、安全、便利與趣味性時，就表示那種密度是太高了。因此，當一種密度，剛好脫離郊區的本質與功能，而又產生大城市活潑的多樣性與公共生活時，珍雅各就把它稱之爲高低之間

（in-between）的密度。這種密度既不適用於郊區生活，也不適用於城市生活，一般來講，它們只適合於有麻煩的地方。

如果把這種高低之間的密度向上微調到某一點，眞正的城市生活就可能開始活絡，城市的建設也會開始。這個「某一點」會隨城市條件的不同而變化，這要看住宅區能從其他主要使用獲得多少幫助與獨特性。無論如何，在高低之間的密度，會有足夠的人口在大城市發揮一些力量，因爲它的功能性會影響更大的地理區域。就功能性而言，高低之間的密度就是土地上有足夠的主要多樣性使用，並且有助於產生次要的多樣性使用的水平。實際上，以功能性來衡量密度是否恰當，要比用數字來衡量更爲實用。

現在假定只有15%到25%的土地蓋房子，其餘75%到85%的土地保持開放。較多的土地空間，表示建築物之間的空間較多。假使空地加倍，從40%變成80%，可以建築的土地減少了三分之二，這時原來有60%的土地可以蓋房子，現在就只剩20%了。當這麼多的土地空閒時，土地的使用是沒有效率的，密度必定是非常低的。在這種情形之下，既要高密度，又要多樣性是不可能的，蓋非常高的電梯大樓公寓，似乎是無可避免的。

低建蔽率（ground coverage）與建築物的多樣性，以及適當的城市居住密度，是無法協調一致的。低建蔽率與城市的多樣性之間，存在著與生俱來的矛盾。然而，假定我們提高建蔽率，那麼究竟要提高到多高，才能維持鄰里的密度，又不至於犧牲鄰里的特性而被標準化？這就要看從過去到現在，鄰里有些什麼樣的變化。現在的變化會延續過去的變化，又會延伸到未來。過去已經標準化的地區，就很難有所變化而增加密度了。如果認爲在任何時候都可以加上不同類型的建築物，只是一廂情願的想法。建築物也有流行與時髦的要求，流行與時髦的背後又有經濟與技術的因素。想要在密度太低的地區提高密度，可以加上新建築物使其密度與樣式增加，但是這是一個漫長的時間過程，有的時候需要十幾到幾十年的時間。

如果把城市的街道考慮進去

如果我們把城市的街道一併考慮進去，高建蔽率（如：70%）雖然能增加密度，但是如果沒有街道交織在其中，就會使人無法忍受，因爲大街廓伴隨著高建蔽率，會使人感覺窒息。有了頻仍的街道交織在其中，就會使建築物與建築物之間多一些開放空間，可以彌補高建蔽率所占去的土地空間。因此，假使要產生城市多樣性，頻仍的街道是絕對必要的。很顯然地，假使街道很多，街道就會增加城市的開放空間。假使再加上在適當地點的公園，並且在各種樣式的住宅之間，間雜著各種非住宅使用的土地，就會從呆板桎梏的高密度與高建蔽率中創造出另一種完全不同的效果。這種結合也會創造出許多與高密度完全不同的效果，而且從大量的住宅開放空間中使城市解放出來。每一種做法都以其獨特的方式，增添一個地區的多樣性與活力。

珍雅各認爲她所倡導的，城市需要高居住密度與高淨建蔽率並存，在傳統上是不合人性的。但是自從霍華德看到倫敦的貧民窟，提出揚棄大都市另建新市鎮之後，各方面都有巨大的變化。除了城市計畫與住宅改革之外，在醫藥、衛生與傳染病學、營養學和勞工福利立法等，與城市高居住密度、低水平生活脫離不了關係的情形，都有了長足的改進。同時，在都會地區的人口，一直在不斷地增長。這種趨勢還會繼續下去。這種人口的聚集，代表我們社會史無前例的有效生產與消費能力。這種標準都會區（Standard Metropolitan Area），雖然遭到一些城市規劃者的反對，卻是我們無價的經濟資產。

我們可以利用都會地區成長的優勢，補足現在人口不足的地方，建立前面所說高低之間的密度，使集中的人口能支持城市本身具有特色與活力的生活。不過這樣也不是沒有困難，我們的困難是如何使都會地區的人口，避免因鄰里的冷漠無助所帶來的破壞性。要解決這種問題，不能倚賴在都會地區，計畫新的、自給自足的小市鎮。我們不可能一方面既要現代的都會經濟，另一方面又要過十九世紀與世無爭的小市鎮生活。

因爲我們所面對的是大城市與都會地區的人口，大的會更大。我們也面對智慧成長（smart growth）的眞正城市生活與城市經濟力量的成長。不可否認的，我們都是都市人，也都生活在城市經濟裡；我們都會地區的鄉村也都在逐年消失中。然而，世界上的事，往往是不理性的居多，當然城市的發展往往也是不理性的。高密度與集中的城市生活，也是不爲現代規劃者所接受的，而且甚至是不必要的惡。從這個觀點看，集中的人口應該盡可能地疏散，大家過一種鋪滿草皮的恬靜小村、小鎮生活。

在另一方面，人口聚集成有規模的城市，也有它正面理想的意義。因爲這種集中是無限活力的來源，也充滿非常豐富的多樣性與變化多端的可能發展。其中許多差異是既獨特又難以預料的，它們都是很有價值的，是應該加以珍惜的資產。增加城市的集中，可以活絡城市的街道生活，更可以在經濟上、視覺上，盡可能地鼓勵多樣的變化。

我們的思維體系，無論多麼希望能夠客觀，總是無法避免情感與價值觀的羈絆。現代的城市規劃與住宅改革，在情感上都不情願接受城市的集中是理想做法的概念。於是，認爲城市集中是負面的情緒，愈發會使城市規劃在思維上變得呆滯而沒有生氣。

雖然一般人在情緒上都認爲，在城市的設計、規劃、經濟與人口方面，集中是不理想的、不好的。但是珍雅各卻認爲城市集中是一項資產。她認爲規劃者的任務是要增進城市居民的城市生活。在集中的狀況之下，才會具有高密度與多樣性，便能給市民發展他們城市生活的良好機會。

城市多樣性的迷思

當我們提到混合使用時，大家會立刻想到它會使市容看起來醜陋，會造成交通壅塞，也會造成破壞性的土地使用。因爲這些問題與想法，使人反對城市的多樣性，也助長了城市的**土地使用分區**（**zoning**）。因而把城市蓋成現在這種貧乏、僵化、空洞的樣子，也阻礙了提供，並且鼓勵多樣性成長的條件。我們講混合使用與城市多樣性，好像是把城市裡的各種土地使用，錯綜複雜地混合在一起。其實相反地，它們絕對不是毫無章法的，它們會表現出一種高度發展的複雜秩序。既然如此，究竟多樣性會不會有傳統規劃文獻裡所說的：醜陋、壅塞，與使用的衝突等缺點呢？

首先，讓我們來看醜陋的問題。所謂多樣性看起來醜陋，珍雅各認爲任何事情做得不好都會醜陋。除此之外，醜陋也意味著由來已久的髒亂，而同質性的使用看起來比較順眼；或者無論如何，比較符合令人愉悅或講求秩序的美學概念。如果直率地把一致性呈現出來，會讓人看起來單調乏味。但是表面上，無論如何單調乏味，同質性總會給人一種有秩序的感覺。然而，從美學上看，卻給人一種無所適從，沒有方向的失落感。就好像在美國開車旅行，無論到哪一個城鎮，一下高速公路，所看到的都是同樣的麥當勞、漢堡王、必勝客，以及各種品牌的加油站。這種同質性，讓你不知道到了什麼地方。又如在自然生態學上，生物的生長必須具有多樣性，才能保持生態系的平衡。因此，在一條街上或一個鄰里，同質性的土地使用愈多，希望有異質性變化的誘因就愈大。

城市裡的同質性使用，會造成一個不可避免的美學困境。同質性就應該看起來一模一樣嗎？或者只是爲了吸引目光，就應該嘗試著讓它們看起來不一模一樣，而且只是毫無意義的混亂而已？這種城市的樣貌，就是我們所熟悉的傳統同質土地使用分區所造成的問題。到底應該做同質的分區，還是避免分區成一模一樣？這條分界線又該劃在哪裡呢？如果一個城市地區的土地使用在功能上趨於同質化，也會造成美學上的困境。因爲在城市裡，建築物占大部分的土地，情形會比郊區更糟，也不會有適當的答案。

紐約的第五大道，在四十街和五十九街之間，充滿了各種非常不同的大小商店、銀行和辦公大樓、教堂、機構。從它們的建築樣式，就可以看出使用的不同、年代的差異、以及技術與歷史品味的不同。可是看起來，第五大道一點都不雜亂。建築物的對比與差異，主要是來自於它們內涵的不同。它們的不同與對比是那麼的自然，配搭得那麼的合情合理，那麼出色，一點都不會讓人覺得醜陋。總而言之，如何讓城市的多樣性，能夠尊重使用上選擇的自由；在樣式上既有秩序，又能迎合人們視覺上的要求，的確是城市美學上的中心難題。

新加坡是一個很好的土地使用多樣性例子。我幾次去新加坡開會，發現他們對不同民族的建築物、風俗文化都會悉心保留和保護。我注意到新加坡對中國城（China Town）建築物的保護，除非老舊到搖搖欲墜，他們都會加以整修。新加坡的口號和做法是：讓東方和西方、傳統和現代、高聳和低矮的，都在新加坡相會。

其次，讓我們看看是否多樣性會造成交通壅塞？在珍雅各看來，交通壅塞是車輛造成的，而不是人造成的。在人口分布稀疏而非密集，或者土地使用不常變化，也沒有特殊活動的地方，就不會造成交通壅塞。像醫療診所、購物中心或影劇院，就會帶來交通壅塞。另外，必須使用小汽車的場合，以及缺少多樣性，或使用不常變化的地區，也會造成交通壅塞。道路與停車空間過於分散，就會需要使用車輛，使用車輛就會造成交通壅塞。在高密度而且多樣使用的城市地區，人們可以步行，步行在郊區就不實際了。多樣性變化愈多、愈彼此接近，步行的機會就愈多。人們從外地開車來，在到達目的地附近時，也會暫時開始下車步行。

第三，多樣性眞的會招致破壞性的土地使用嗎？是否在一個地區允許各種使用，就有破壞性呢？要討論這個問題，我們需要考慮幾種不同的使用方式。有一些使用的確是有害的，另一些使用在傳統觀念上，被認爲是有害的，但是實際上並非如此。破壞性使用之一，就是廢棄物處理場。它對一個地區的便利、吸引力和對人口的集中，毫無幫助。廢棄或閒置的建築物，也屬於這一類。但是這並不表示廢棄物處理場這一類的使用，是伴隨著城市多樣性而來的。成功的城市多樣性，廢棄物處理場是不會包括在內的。

第二類使用，在傳統上被規劃者認爲是有害的，尤其是當它們與住宅混合時。其實，實際上並非如此。這類使用包括：酒吧、戲院、診所、商店與製造業。主張這類使用應該嚴格管制的說法，是由於它們在郊區所造成的單調效果，而不是在具有活力的城市地區。因爲在熱鬧的城市地區，已經有足夠的多樣性，所以不但不會有害，而且是非常必要的。

雖然製造業會排放煙塵，對居民造成某種程度的傷害；但是土地使用分區，並不能隔離煙塵，因爲煙塵是不會分辨分區疆界的。加強汙染管制的立法與執法，才是治本之道。也許在我們想到哪一種使用可能有害時，應該先問一問，「爲什麼它有害？」、「傷害是怎麼造成的？傷害到底是什麼？」

除了以上各種使用之外，還有一種使用，除非它們的區位被管制，的確是有害的。它們是停車場、重形貨運車站、加油站、大型的戶外廣告看板。還有一些行業，它們之所以有害，一方面是因爲它們的本質，一方面也是因爲它們不應該在某些街道上出現。例如：在台灣城市的街道上，你會看到機車修理行夾雜在商店之間，弄得滿地油汙，並且排放煙塵。你也會看到所謂的情趣或性用品商店，間雜在其他店面之間，以及停放得鋪天蓋地的機車，不會讓你順利通行。像這些有害的使用，還是須要用使用分區（zoning）的方法加以管制的。

城市多樣性的自我破壞

我們在前面的篇幅中，已經討論了城市中的各種公私設施，如：公園、博物館、學校、醫院、辦公廳，和一些住宅，造成城市的多樣性。然而，也有另外的一些力量，造成城市多樣性的自我破壞。這些力量包括：人口的不穩定，妨礙城市的成長；以及公私資金時多時少，影響城市的開發和改造。這些力量和更多的其他因素，都是互相關聯的。去瞭解它們，是希望把它們變成具有建設性的力量。

第一個最大的自我破壞力量，正是它成功的結果。特別是城市中心的成長、停滯、與衰敗。市街地區失去活力，是最大的隱憂。在開始的時候，某個地方的成功，無可避免地會吸引人來競爭。最能獲利的行業，會把不太獲利的行業擠出去。因爲愈來愈多的行業要進入這個地區，它們便會互相競爭。零售業是影響市街最大的行業，工作和生活則會影響幾條街，甚至整個地區。經過這種競爭的過程，只有幾種或很少數的主要行業能夠在此存活。這樣一來，原本互相支應的複雜經濟、社會機制便被破壞了，這個地區的功能也就會愈來愈顯單調，甚至主要的行業也逐漸萎縮了。最賺錢的行業正在埋葬自己當年的吸引力，到頭來，城市總是由那幾種同樣的行業所造成。這種情形，不只發生在美國，英國也是一樣。

珍雅各認爲，如果我們把這個問題當作城市本身的功能失調來思考，可能更有收穫。第一、我們必須瞭解，城市多樣性的自我破壞，是由於成功而不是由於失敗。第二、我們必須瞭解，城市多樣性的自我破壞，是由於使它成功的經濟力量，不斷地提供機會與吸引力。在多樣性成長的過程中，敵對的、不獲利的空間使用，便一個、一個地被排擠出去，所剩下的使用方式就變得愈來愈單一化了。

針對城市多樣性的自我破壞問題，珍雅各提出了三個辦法：多樣性分區、公共建築物要維持原貌，和競爭的轉移（competitive diversion）。珍雅各所說的多樣性分區，和一般要求土地使用一致性的分區不同。不過，這種分區仍然是具有強制性的。例如：禁止拆毀具有歷史價值的建築物，這種分區就自成一格了。更進一步的分區，是格林威治村在1959年所創設的，就是限制建築物的高度。換言之，老建築物不能被新的高建築物所取代。這樣，就把多樣性的土地使用劃在同一個分區裡了。這種有意如此分區的目的，並不是要凍結它們目前的使用方式，而是要確保當有改變或新的替代品時，不會都是千篇一律的使用方式。如果圍繞著一個公園的是高辦公大樓或公寓，它的南邊最好是低矮的建築物。這樣做有兩個目的，一個是讓公園在冬天多些日照，同時也能使周邊的使用多樣化。

第二個防止土地使用單一化的工具，珍雅各認爲是公共建築物要維持原貌。也就是說，無論是公共建築物，或準公共建築物，都能有效地增添多樣性。其次，在使用的角色上，無論周邊的土地能多麼獲利，都要堅定地維持它們的原貌，不去因爲追逐短期利益而做任何改變。這種做法，長遠看來，卻是犧牲小我，完成大我的做法。紐約市立圖書館（New York Public Library），座落在黃金地段，如果改建，一定能讓它本身和周邊土地獲利無窮。但是，由於紐約市政府的堅持，它仍然保持了它原來的面貌。無論從表面或從功能上看，它都是一棟特殊的地標式建築物。另外一個準公共建築物的例子，就是原本私有的卡內基音樂廳。音樂廳的所有權人，想要把它出售改建為更能獲利的使用。紐約市民就施壓給市政府，貸款給原主。讓卡內基音樂廳也被保留下來，使當地有主要的多樣性使用。

第三個防止土地使用單一化的工具，就是競爭的轉移（competitive diversion）。珍雅各相信，雖然城市有很多令人詬病的地方，但是人們仍然喜歡成功而且具有生氣的地方。因為人們要在城市居住、工作，當然也因為金錢，於是城市多樣性的自我破壞因此產生。假使一個成功的城市，能夠禁得起自我破壞，而且有活力、有經濟價值；這樣的城市，當然愈多愈好。這樣，我們必須增加供給具備前面四項基本條件的城市。當然，這些地方也必然會受到經濟利益的影響，而破壞它們的多樣性。這時就要經由競爭的轉移，在其他落後不大的地區從事開發。最終，由於多樣性成功導致的自我破壞，正是對這樣的城市需求的原因。

邊界真空的魔咒

珍雅各注意到，城市裡大量的土地單一使用，都有一個共同的特質，就是它們都會形成邊界，而臨近邊界的鄰里街坊往往會相當凌亂。城市的邊界通常都不大受重視，然而，邊界會在實質上和功能上，對城市周邊產生相當的影響。鐵路的軌道是一個典型的例子，在軌道兩邊，可能一邊發展得好，一邊發展得不好。不管是好或是不好，它對兩邊的影響，都會往內延伸。令人好奇的是，往往也有人在沒落的一邊從事開發。鐵道兩邊的衰敗，可能是因為噪音、煙塵等因素。另外同樣的衰敗情形，也發生在城市的水岸邊。有的時候，水岸邊的情形比鐵道邊更糟。但是，水岸邊的環境並不像鐵道邊那麼糟糕。更令人好奇的是，大城市裡的校園、市政府周邊、大醫院旁邊，甚至大公園，都會引來衰敗或是停滯成長。

但是，如果傳統的土地使用規劃理論正確，這些地方應該在經濟和社會方面，非常出色而且有活力才對。但是，邊界往往形成使用的死角。這樣，邊界就成爲眞空地帶。換言之，如果城市某個地方使用較少，就會愈來愈沒有人來使用，也就會漸漸開始沒落。因爲愈多的人以不同的目的來使用，才會使街道愈安全。邊界眞空（border vacuums）的現象，是一件讓眞心珍惜多樣性城市生活，不喜歡灰暗、散漫的城市設計師感到困惑的事。他們認爲邊界的作用，是用來清楚地強調一個城市的形體，有如中世紀城堡的城牆一般。河流或舊金山灣、曼哈頓的海灣，都有這種作用。

珍雅各認爲，如果我們把土地分爲兩類，或許可以幫助我們瞭解這種矛盾現象。第一類可以叫做一般土地（general land），是做一般步行、活動使用的土地。包括：街道、小型公園，或建築物的大廳。第二類土地可以叫做特殊土地（special land）。特殊土地不是供人做一般步行、活動的土地。它是否供人行走、活動，甚至蓋房子，並不是重點；重點是人們可以在邊上行走，但是不可以通過。它是地理上的阻礙。從這個角度看，城市的特殊土地是一般使用的障礙。

但是，從另一個角度看，特殊土地對一般土地的使用，也有相當大的貢獻。特殊土地可以是供人居住和工作的房舍，或其他各種用途。兩種土地都對人有貢獻，但是兩者之間的關係，有吸引、也有排斥；有幫助、也有阻礙。這種原則，早已爲市中心商人所熟知。不管在市中心任何地方有個死角，逛街的人就會減少，商業活動也會跟著減少。這些死角，可能一無是處，可能是停車場，也可能是三點半以後打烊的銀行。無論是什麼，它總是一般土地使用的障礙。

不過，一般土地使用大致都可以吸收特殊土地的障礙。瞭解邊界的缺點，可以幫助我們減少製造不必要的邊界。但是，也不必把邊界當作城市生活的敵人。相反的，很多邊界是城市所需要的，而且是很重要的。一個大城市需要大學、大型醫療中心、具有都會規模的大型公園。一個大城市需要水岸，做休閒遊憩使用，但是這並不表示它不需要鐵路、公路。

林齊（Kevin Lynch）[7]在*The Image of the City*裡說：「邊界絕對不是障礙，假使人的視覺或行動可以穿透，表示兩邊的結構適於把雙方連接在一起；這樣，邊界就變成接縫而不是障礙了。」例如：如果一個大學能把它校園的邊緣開放而不作圍牆，就可以供公眾作景觀使用。水岸也是一樣，它可以成為一個親水公園。也有些美國的城市，一條寬闊的大道，或快速道路，就有可能把住宅區分隔成兩個世界。一邊是高級住宅，另一邊是凌亂不整的低級社區。這樣看來，仍然有些邊界不可能成爲接縫。珍雅各認爲要克服邊界的真空，唯一的辦法，就是吸引更多的人口，聚居在邊界地區。同樣地，土地使用與建築物，要多樣而且新舊混合，街廓要小、交通要流暢。

貧民與貧民窟的惡性循環

珍雅各認爲，貧民聚集造成了貧民窟，貧民窟又製造了貧民，成爲一種永無止境的惡性循環。這種惡性循環，妨礙了整個城市的發展。要遏止貧民窟的蔓延，需要大筆的公款。不僅是改善一些

[7] 林齊（Kevin Lynch, 1918-1984），美國都市規劃專家，他以對都市環境做感官認知聞名。他最有影響力的著作爲《都市意象》（*The Image of the City*, 1960）。認爲人們對都市周邊環境的認知，會在腦海裡形成一個圖像或意象。都市意象的五個元素包括：節點（node）、通道（paths）、地區（district）、邊緣（edges）和地標（landmark）。

設施，更需要知道如何做善後的工作。我們現在的都市更新法規，只著眼於如何清除貧民窟，然後進行一些能夠生財和增加稅收的開發案。這種做法只是把貧民窟，從一個地方趕到另一個地方。最糟糕的是，它破壞了鄰里與社區的結構與和諧。可以說傳統的貧民窟整治，所做的只是一些表面工夫。

要戰勝貧民窟，我們必須把貧民窟的居民當「人」看待。他們也跟我們一樣，是能瞭解自身狀況，並且爭取自身權利的人。我們在整治貧民窟的時候，必須瞭解並且尊重存在於貧民窟，以及整個城市裡的再生能量。這種思考，遠超過如何補貼與救濟他們，想讓他們如何過較好的生活，更遠遠超過政府現在的其他作爲。

當然，惡性循環的因果關係很難釐清，因爲它們互相糾結纏繞。但是，有一個關鍵性的環節，如果能夠打開，貧民窟問題也就豁然開朗了。這個關鍵性的環節，就是有太多的人，太快地離開，或者夢想著離開。假使想打開這種環節的城市太少，我們的希望便可能落空。更重要的是，政府已經用清理的手段，如一些住宅計畫，來清除貧民窟，而並沒有眞正去培養貧民窟的自我再生能力。賓州大學的甘斯（Herbert Gans）教授認爲：「除非一個鄰里的社會環境本質，呈現出會產生問題和病態，它便不是一個貧民窟。比較正確的說，這種地方充其量只不過是一個穩定，卻低租金、低價值的地區。」

珍雅各用永久的貧民窟（perpetual slums），來指那些看不出來有任何社會經濟改善跡象，或是稍有改善之後，不久又回到原點的地區。然而，她認爲如果能把產生城市多樣性的條件，引進貧民窟的鄰里，而且又有跡象顯示，去除貧民窟受到鼓勵而非阻撓的話，貧民窟就不會是永久的貧民窟了。永久貧民窟的形成，就是一開始它就無法吸引足夠的人口。一個初期的徵兆，就是停滯與單調。單調的鄰里，無可避免地，就會被有活力、有野心和有錢的年輕市民所揚棄。在許多大城市裡，優良、安全、衛生的住宅空在那裡，它們先前的居民，移往郊區的新社區。另一方面，它也無法吸引所希望的人口移居進來。

貧民窟一旦形成，人口外移就會繼續。這時，會發生兩種情形。較有成就或中產階級的人，會不斷外移。但是，在總體人口的經濟條件都較有改善時，也會有大量移出。兩者都有破壞性，後者又大於前者。繼續不斷的人口外移，不是造成空屋增加，而是妨礙一個社區的成長，使它永遠停留在嬰兒期。由此看來，一個永久的貧民窟，是倒退的，而不是向前發展的。同時，因為新舊人口難合，又會帶來許多其他麻煩，真是百廢待舉。永久貧民窟的倒退，在有計畫和沒有計畫的貧民窟之間，並沒有差別。所不同的是，在有計畫的貧民窟裡，人口過多並不是唯一的問題，因為單位住屋的人口數是有規定的。

去除貧民窟的基礎，是要使貧民窟有活力，能夠享受城市的公共生活，和人行道的安全。最糟糕的是社區的單調無趣，那只會製造貧民窟，而不能去除貧民窟。一個弔詭的情形是，為什麼在人們的經濟狀況好轉時，還會有人選擇留在貧民窟裡？這也許是因為非常個人的因素，這些因素是從事城市規劃和設計的人，所管不到，也不應該管的。

要去除貧民窟，一定要有足夠的人口，願意留在貧民窟裡，而且是很務實地願意留下來。不務實是指沒有錢做改良、做改變，或者可以做一些全部或局部的都市更新工作，可以吸引中產階級人口回到城市裡來。但是不是摧毀，摧毀是去除貧民窟最大的阻礙。而唯一反對用摧毀來去除貧民窟的人，就是那些在當地做生意，或住在那裡的人。如果他們試圖向不知就裡的專家解釋，那裡是一個好地方，而且會愈來愈好。不但沒有人理會他們，而且會被貶抑成目光短淺，阻礙進步的人。

貧民窟的去除，主要是要倚賴都會區的經濟條件。假使經濟狀況好轉，就會不斷地把窮人變成中產階級，把文盲變成技術人才，把無知無識的人變成有能力的公民。珍雅各認爲，這種都市地區的能量與果效，如此的鮮明有力，與我們不復記憶的農民生活截然不同。因此，她覺得奇怪，爲什麼我們的規劃沒有把它們納入實際工作之中？爲什麼城市規劃不尊重市民自然而然的多樣性，也不提供這樣的環境？爲什麼城市設計者，不懂得多樣性的力量，也不被它所產生的美感所吸引？

珍雅各認爲，這種在知識上的空白，可能要歸咎於田園市太過理想的念頭。跟一般的城市計畫和設計一樣，有許多前提沒有交代清楚。霍華德所看到的田園市，對我們來說，幾乎是封建時代的想法。他認爲，工人就會一直是工人，農民就會一直是農民；在他的理想國裡，商人是幾乎不存在的。規劃師可以任由他的想像去發揮，而不至於受到任何質疑。

珍雅各認爲，從十九世紀的新工業與都會時代開始，權力、人口和金錢，都是流動性非常大的。這種情形打亂了霍華德和他的追隨者的思慮，霍華德希望凍結權力、人口、金錢的增加，讓它們存在於可控制的靜態模式之內。但是，這些狀況都已經一去不再復返了。換言之，霍華德不願意接受工業化、都市化所帶來的能量與動力，一個靜態的社會模式是田園市建立的前提。但是，沒有工業化與都市化的動力，貧民窟也無法自行去除。

是小汽車困擾城市還是城市箝制小汽車？

小汽車困擾城市還是城市箝制小汽車？這是珍雅各觀察城市交通問題時所提出來的問題。今天，每一個喜歡住在城市裡的人，都深受小汽車困擾。道路、停車場、加油站、得來速和露天電影院，都是破壞城市的強大力量。爲了容納它們，城市的街道被弄得支離破碎，對任何行人而言，都得不到連續不斷的一致性。原本美好的市區和鄰里，也被開膛破肚。地標失去了原來應有的意義。一個城市跟另一個城市幾乎沒有什麼不同，每個城市的特性變得模糊不清。最糟糕的是，像購物中心、住宅區、公共集會場所，或辦公地區，都各自獨立，在功能上無法互相支援。於是我們把這種狀況，都怪罪到小汽車頭上。

其實，如果讓我們退一步想，假定小汽車根本沒有被發明，我們很自然地就會搭乘有效、方便、快速、舒適的大眾運輸工具。毫無疑問地，我們也會省下很多錢，作別的用途。我們也會依照想像的計畫，去重建、擴張，並且重新改造城市。但是，如今我們有小汽車了，我們就會去怪罪小汽車。但是，小汽車終究是被發明出來了。人們生活或工作在行動不便的城市裡，小汽車已經成為不可或缺的交通工具。

於是，問題來了，到底有多少城市的問題，是小汽車造成的？又有多少問題是因為城市的其他需要而造成的？當城市規劃專家面對這些問題時，也會腦海一片空白，因為他們也不知道其他的需要是什麼。好的交通和通訊，並不是最難達成的工作；況且它們也是基本必須的設施。城市的機能是多樣性的，但是也不要認為多樣性是理所當然的，是可以交互運用的。雖然城市的經濟基礎是貿易，但是也不能忽略其他行業。不論是製造業、貿易、服務、技術與人事，還有財貨的流通，都需要流暢而有效率的交通和通訊。

城市機能的多樣性，要靠人口的集中，和各種使用路徑的複雜混合與交織。如何容納城市的交通，而不至於破壞細膩交織的土地使用網絡？或者從另一方面看，如何運用細膩交織的土地使用網絡，而不至於破壞相關的交通系統？都是我們所須要思考的問題。

今天，大家有一種迷思，認為城市的街道並不適合有如洪水猛獸般的小汽車。我們習慣把街道叫馬路，那是給馬車使用的。但是，再也沒有比這種說法更離譜的。事實上，十八、十九世紀的城市街道，是給人徒步行走的，也是適合臨街的各種使用的。可是當街道適合馬車使用之後，又不適合行人使用了。珍雅各認爲，這就是**霍華德**時代的城市交通景象，柯比意所設計的光輝城市，原本是摩天大樓聳立在公園裡。珍雅各以現代的眼光看，猶如城市裡的大樓被周邊的停車場所圍繞，停車空間又是永遠不夠的。

現在的城市與小汽車的關係，有如歷史對進步開了個玩笑。小汽車發展成爲日常交通工具的過程，剛好和反城市的郊區化理想，在建築、社會、法律與財務等方面的發展不謀而合，但是小汽車並不是天生的城市破壞者。如果我們不再懷念十九世紀那種馬車優游在街道上的景象，我們就會看到小汽車的出現，正是促進城市集中發展的最佳工具。小汽車的引擎不但比馬車安靜與清潔，更重要的是引擎可以做比馬匹更吃重、更多的工作。在二十世紀之初，鐵路已經顯示出它協調集中與移動的能力。汽車更能到達火車難以到達的地方，也能紓解城市車輛的壅塞。

我們的錯誤是用五、六輛汽車替代街上的一匹馬，而不是用一輛汽車去取代五、六匹馬。在車輛壅塞的時候，情況當然比馬嚴重。一種流行的辦法是設計人車分離的空間，但是這種設計，只有在一個城市裡的車輛數減少到一定程度時才會有效。否則，在行人徒步區周邊的停車場、車庫、連接的道路，就會壅塞到打死結的地步。其他的方法，還包括：市中心到郊區的快捷巴士、人車立體分道。不過，要這些方法具體可行的話，最根本的辦法，還是要城市裡汽車數量的絕對值必須減少，而且要更倚賴大眾運輸。

在行人徒步區計畫背後，還有另外一個困難。靠人行道營生的商店，需要服務顧客、供貨、運送商品，顯然需要更多人行道的使用。如果人車分離的話，就必須有某些替代方案。第一、就是行人徒步區必須是沒有商店的街道，這顯然是很荒謬的事。另外就是要設計一種專門服務小汽車的計畫，讓它與行人徒步區分開。除了在最繁忙的市中心之外，這種人車完全分離的做法，看不出來有什麼意義。在一般情形下，行人是會靠路邊走的，因爲路邊才是最吸引人的地方。因爲他們可以看櫥窗、看建築物、看別的行人。

在思考行人問題的時候，別的問題也是一樣的，最關鍵的問題，還是如何降低路面車輛的絕對數，而且讓留下來的車輛，行駛得更有效率。太倚賴私人小汽車，和城市集中使用，兩者是不相容的，其中之一必須割捨。在現實生活裡，不是小汽車侵蝕了城市，就是城市箝制了小汽車。要瞭解誰是誰非，我們必須先瞭解這兩者的性質與意涵。地面的交通，是各種交通工具互相對空間和便利性的競爭，也包含與其他使用的競爭。這種侵蝕是逐步漸進的。最先是一小塊、一小塊的；接著就大口、大口地吃。因爲壅塞，道路被拓寬，被截彎取直，被改成單行道。接著就改變交通號誌、塗掉斑馬線（台中市的台灣大道上），讓汽車行駛得更快、更順暢。橋梁被高架，或蓋雙層道路。快速道路切入，形成路網。在更多的土地上蓋停車場，以容納更多的車輛。從局部個案看，都沒有什麼了不起，可是加總起來，就非同小可了。結果是，給車輛的空間愈多，就會吸引更多的車輛。更多的車輛，又侵蝕更多的土地空間，形成一種惡性循環。

在我們看過小汽車侵蝕城市問題之後，也來看看城市如何箝制小汽車的問題。城市箝制小汽車與小汽車侵蝕城市不同，它並不是有人故意設計的，但是它的確是會發生的，可是，只是短暫的。例如：某百貨公司開張大減價，會造成附近街道的壅塞；又例如：在小巨蛋或大巨蛋的球賽或演唱會之前，或散場之後，附近的街道一定會壅塞，當然這種現象只是短時期的。

城市箝制小汽車，就是要造成小汽車的不方便，這樣便會逐漸使在城市裡使用小汽車的人減少。小汽車侵蝕城市，就是讓小汽車處處方便，以致於使小汽車逐漸增加。也許城市箝制小汽車，是能使小汽車數量減少的唯一方法，也是驅使大眾運輸系統盡快建立的力量。但是，這種過程是漸進的，而不是一蹴可幾的。一個比較可行的箝制小汽車的策略，可能是建立一個充滿活力與趣味的城市。果能如此，誰還會去在乎小汽車產生什麼影響呢？這樣，小汽車也就自然被箝制了。

城市的問題究竟出在哪裡？

關於城市的問題究竟出在哪裡這個問題，珍雅各認為不在於我們如何思考這個問題，而在於那個問題既有的本質是什麼？在二十世紀許多革命性的改變中，並不是新式的電腦、太空的探索、等等。最深刻的可能是我們發現與分析問題的思維方式，也就是科學方法的發展。要瞭解這種思考方法與城市有什麼關係，我們有必要先瞭解一些科學思想的歷史。

要瞭解一些科學思想的歷史，要從華倫韋弗（Warren Weaver）[8]的一篇文章談起。也可以說，他的文章就是都市計畫的思想史。他列舉出科學思想發展的三個階段：(1)處理簡單問題的能力；(2)處理複雜而且沒有組織的問題的能力；(3)處理複雜但是有組織的問題的能力。簡單地說，就是在他們的行為中，包含兩個直接相關變數（variable）的問題。

大致而言，在十七、十八到十九世紀這段時間裡，物理學才學會如何分析含有兩個變數的問題。在那三百年間，科學家發展出分析一個變數——如某種氣體的壓力——與另一個變數——該氣體的體積——之間變動關係的方法。這種問題的特徵在於，第一個變數的行為，可以倚賴第二個變數來描述。

這種含有兩個變數的問題，結構非常簡單。簡單是那個時期科學發展的必要條件。而且，結果許多物理科學理論與實驗的巨大進步，是由這種簡單的性質所做到的。這種處理兩個變數的科學，到1900年代，奠定了聲、光、熱和電的理論。這些理論又使我們發明了電話、收音機、汽車、飛機、電報和電影、渦輪和柴油引擎，以及現代的水力發電等。❾

一直到1900年以後，第二種分析問題的方法，才被物理學家發展出來。珍雅各繼續引述華倫韋弗的說法：

> 有一些富於想像力的頭腦，不僅從兩個、三個、四個變數來分析問題，更走到另一個極端，好比二十億個變數。也就是說，物理學家加上數學家，發展出強而有力的機率理論和統計技術，可以處理毫無組織的複雜問題。例如：處理大量電話的交換機、人壽保險公司的財務、物質裡的原子運動，以及宇宙中星球的運行等。可以說整個的現代物理學，通訊和資訊科學，也都是建立在機率概念上的。的確，知識的獲得，是從證據推理而來，也是根據同樣的道理。❿

然而，並不是所有的問題都可以用這種分析方法來探討的。韋弗指出，生命科學，如生物學和醫學就不行。這些科學要靠蒐集、描述、分類和觀察一些明顯相關的效應。在1932年，當生命科學

---

❽ 華倫韋弗（Warren Weaver, 1894-1978），美國數學家，科學家，是推動美國科學的重要學者。

❾ Jane Jacobs, pp. 429-30.

❿ Ibid., p430.

剛剛跨進發展有效處理有組織的複雜問題的分析方法時，人們就在思考是否有機會把這種新技術，應用在行爲和社會科學的廣大領域上。但是，這種進展只有因爲生命科學是有組織的複雜問題時，才有可能。

那麼，現在讓我們看看，這種分析方法和城市規劃有什麼關係？

珍雅各認爲城市有如生命科學，恰巧是有組織的複雜問題。它們呈現出數個，甚至數十個變數同時在變動，而且是互相巧妙關聯的有機體。再想像一個城市鄰里公園的例子，任何一個單一的因素，都會像泥鰍一樣滑溜。這種情形可以指涉任何事情，端視它如何受到其他因素的影響，以及它如何反應。公園如何被使用，有一部分要看公園本身的設計，要看使用的人如何使用它，也要看公園外圍的城市狀況。這些使用，不僅單獨對公園有所影響，也結合起來產生綜合的影響。無論如何，城市公園有規劃，有組織，可以說是一個有組織的複雜問題。傳統的城市規劃，一直把城市當作簡單而且沒有組織的複雜問題來分析。這些誤用阻擋了我們，我們必須把它們拋棄。

田園市的規劃理論始於十九世紀末。珍雅各認爲，霍華德處理城鎮規劃的手法，就像十九世紀的物理學家，只能分析含有兩個變數的簡單問題。這兩個主要變數，一個是住宅（或人口），一個是工作。這兩個變數，被認爲是簡單而且互相直接關聯的，也是在相對封閉的系統裡。在這種簡單的兩個變數關係基礎上，創造了一個完全自給自足的城鎮理論，來做城市人口的重分配，達到區域規劃的目的。這種簡單的兩個變數關係，無論如何都不可能應用在大城市的規劃上。既使應用在大城市的衛星城鎮上，因爲各種使用的複雜性，也不可能。雖然如此，規劃理論仍然一直把這種兩個變數系統的想法和分析方法應用在大城市上。直到今天，從事城市規劃的人，在他們試圖改造大城市的鄰里單元時，仍然相信他們如獲至寶。但是事實上，並不像他們所想像的，只是簡單的兩個變數的問題，如人口和工作；而是有組織的複雜問題。

歐洲在1920年代末期，和1930年代在美國，城市規劃理論開始吸收新的機率理論，把城市當作沒有組織的複雜問題來分析。用統計分析去理解，用機率數學去預測，用平均群組的轉換去管理。柯比意的光輝城市概念。也就是含有兩個變數、垂直而且集中的田園市。簡言之，新的機率理論與統計方法，使我們處理城市問題時，能夠更準確、更超然、更有眼界。應用統計技術，我們更可以分析所得族群、家庭大小、人口的移動、住宅的轉換，並且準確地估計其落差。此一論點的邏輯結論就是，城市問題是一個沒有組織的複雜問題。例如：一項住宅法案，應該以中等所得家庭爲標準。所得太高的人，無法獲准住進公共住宅；市場裡的優質住宅，他們又負擔不起。此外，這些技術也可以用來分析城市交通、工業、公園，甚至於文化設施。把這些沒有組織的複雜問題，變成簡單的問題。

要瞭解城市，珍雅各強調要思考三件重要的事：(1)要思考事情發生的過程；(2)要用歸納法的思維方法來推理，從眾多特殊事件歸納出一般法則；(3)尋找非一般性（un-average）線索，涉及非常小量的事例。但是它會演繹顯示出較大的一般性變數如何運作。

首先，讓我們看看爲什麼要思考事情發生的過程？在城市裡，無論是建築物、街道、公園、住宅社區、地標，或者任何其他東西，都會對城市產生不同的影響。我們且舉住宅爲例，如果我們只是空想住宅，我們將一事無成。因爲住宅會有建造、多樣化、衰退，成爲貧民窟等等的演變，所以我們必須注意這些演變的過程，才能採取所需要的住宅政策和措施。

爲什麼要用歸納法思維來推理呢？因爲用歸納法推理對於確認、瞭解，和有建設性地利用城市的各種力量，以及過程中所發生的事情非常重要。而規劃者要根據所歸納出來的一般法則——而不是個別案例——作整體的決策，而一般法則是由歸納法所得到的。

爲什麼要在少量的事例中尋找非一般性線索？當然，全面性的統計研究，有時有助於衡量規模、範圍、平均數、中位數等。藉由經常的蒐集，統計也能告訴我們這些數據的變化。然而，它們並不能告訴我們，在有組織的複雜系統中，它們如何運作。所以要知道事情如何運作，便必須從尋找線索著手。例如：要瞭解像紐約這樣的大城市裡的問題，統計所能告訴我們的，可能還不如報紙上的一、二則廣告詞。

現在，我們必須更深入一點探討正統改革者和規劃者，所陷入有關城市的錯誤觀念的泥沼。這種錯誤的觀念，是對城市和自然界之間關係的認識不夠。人類當然是自然界的一部分，就好像灰熊、蜜蜂、鯨魚，或穀類一樣，都是自然界的一部分。問題是，現代人既不愛自然，也不尊重自然。因此，每天有千百公頃的農村土地被推土機所呑噬，鋪上水泥或柏油敷面。我們傳承的無可取代的頂級農地（地球上稀有的自然珍寶），由於公路、工業園區，或停車場，而被犧牲掉了。當我們毫不留情地砍伐森林裡的樹木，汙染溪流，讓空氣中充滿汽油味的廢氣時，我們須要全國一起努力，讓自然來緩和這種情形，並且把城市裡這種不自然的東西驅離。

我們今天這樣造成的郊區化和半郊區化的亂象，明天將被居民所鄙視。這種稀疏散亂的蔓延，缺乏任何合理存在的活力和理由。過不了一個世代，它們將開始衰敗，變成城市的灰色地帶。的確，今天城市裡大片、大片的灰色地帶，正是昨天最靠近自然的聚落。再過30年，我們將會有更多凋敝、衰敗的問題。相形之下，現在的問題反而顯得微不足道了。這些問題的發生並不意外，也不是無心之過，而正是我們這個社會的各種作爲，使它無可避免地發生。也就是不尊重自然，甚至榨取自然，蹂躪自然的必然結果。中國人的致命傷，就是「有土斯有財」。

珍雅各認爲，大城市和鄉村是可以和諧並存的。大城市需要鄰近的鄉村，而鄉村也需要大城市，因爲大城市有各式各樣的機會和生機。也因此，人們可以欣賞大自然，而不是詛咒它。做人本身就有許多困難，也因此各種居住的方式都有困難。大城市有大問題，因爲它有更多的人口。但是一個有生命力的城市，並不是無可救藥的。這不是環境下的宿命，更不是自然的惡毒對頭。一個充滿活力的城市，會有無可限量的天賦能力，去瞭解、溝通、籌畫和發明解決問題的方法。

6

城市文化，那些藏在巷弄與街角的故事

文化讓我們知道我們是誰，包括我們整體的信仰、態度與習慣。通俗一點說，是如何過日子、飲食、表現感情、在都市地區的行為。

讓我們先認識什麼是文化

要給文化下一個大多數人可以認同的定義，是一件很不容易的事。這裡也只能引用其他學者的文獻，做一個初步的嘗試。**藍德**（Charles Landry）❶說：文化是讓我們知道我們是誰，包括我們整體的信仰、態度與習慣。通俗一點說，是：如何過日子、飲食、表現感情、在都市地區的行爲，例如：passegiata，就是指在義大利或西班牙，有在黃昏時分在街上散步的風俗。每一種文化都有它存在的條件，例如：在公共場合，一些男女之間親密的舉動或行爲，可以到什麼程度，都有大家心目中認可的一定程度。從以前的保守到現在的開放，也可以看作是文化的演變。這些事情可能會影響我們城市的空間布局，或者如何標示我們的路標，指引方向或某些地方。有些事情雖然都已經國際化了，但是仍然免不了會有一些地方性的差異。文化會

---

❶ 藍德（Charles Landry），1948年出生於英國，並成長受教育於德國與義大利。著有都市理論專書《創意城市》他所提倡的創意城市，影響全球多數城市重新思考定義都市規劃、建設與管理的方式。他於1978年所創辦的智庫COMEDIA也開創了文化創意與城市轉型之間的連接。他曾多次受台北市政府（2009和2016）、新北市政府（2008）邀請來台提供城市規劃發展的意見。

創造一些人們覺得有意義的工藝品，也會在城市裡主要的廣場或政府建築物之前，樹立過去領袖或英雄的雕像或紀念碑。但是，當統治者史觀改變的時候，這些工藝品的意義也會跟著改變。

文化需要經濟、政治、宗教與社會制度，來提供並且強化我們通常預料得到的行爲模式。想想從中世紀以來，我們所看到歐洲各大城市的市政廳、大教堂，都在市中心占據主要的位置。這些都代表經濟、政治、宗教與社會制度四種力量，也表現出文化的型態和它們與文化之間的關係。它們也都成爲社會結構的一部分，讓我們知道在人群中要有什麼樣的行爲舉止。兩人對看時如何注視對方，如何保持人與人之間的私人空間，或者是否公車一來就蜂擁而上或排隊上車。

我們的文化，讓我們知道如何塑造一個地方的特色。例如：如何設計街道家具，主要的建築物放在哪裡？更讓我們感覺到我們和這個地方的關係。當我們談到一個地方的文化時，不論那是一個鄉村、一個城市、一個區域或是一個國家，都是經過時間考驗的。文化是經過時尚潮流的沖刷與辯論，所存留下來有價值的東西。文化是對各種不同情況、地區、歷史與景觀的反映。一個海港的民情，可能是比較開放的，因爲它有各國的各種人口來來往往。一個擁有豐富資源的地方，它的居民可能是比較慷慨的。

一個地方的特別狀況和出現的問題，會啓發機會和文化，找出它自己的解決方法。例如：在缺水的時候如何節省用水，如何從環境中找出維持生命與健康的食物，如何製造機具與利用原料，如何回收再利用廢棄物，如何在氣候轉變的時候保護自己，如何醫治疾病，如何安慰遭受苦難的人，以及如何經辦婚、喪、喜、慶事宜。這些都表現出一個地方的特殊文化，這種文化可以說是一個地方的社會經濟資產。

所有這些事情，會讓一個地方的人，對他們自己的世界和外在的世界，表達他們的看法。例如：對某些事情表現某種感情，認識某些事情的重要性；道德與倫理的認知，什麼是對的、什麼是錯的；對什麼是好與壞、美或醜的價值判斷，以及如何解決問題的態度，處理自己事務的方法等。在硬體方面，建築物在抗風、抗雨、抗震方面的耐力，和表現財富與時尚同樣重要；它們的品質、設計、樣式與是否壯觀，反映了權力與財富。有些地方如：博物館、圖書館、歌劇院或畫廊，給人一種受尊崇的感覺。而在現代民主社會的建築物，則比較通透。這種感覺反映在建築材料上，不是用大理石就是用玻璃。

工業地景也同樣受文化的影響。工業時代最好的工廠，也是剝削勞工最厲害的工廠。文化的觸角滲透到我們生活的每一個縫隙：我們會選擇到某些商店或市場去購物，我們會選擇某些公園或林蔭大道去使用我們的休閒時間，我們會選擇搭公車或開車做交通工具。還有，更重要的是，我們如何迎接新生兒，以及如何送葬我們死亡的親朋好友等等。

當我們從文化的觀點看一個地方的時候，我們可以立刻看出那個地方有沒有「愛」，有沒有「同情」，有沒有值得誇耀的事情。或者是不是一個不值得留戀、沒有趣味的地方。從文化的觀點，我們也可以看出一個地方的人所在乎的是什麼，他們怎樣表現出來。這些事情，只要我們注意觀察，仔細地看，就會看出事情爲什麼是那樣。我們審視過去，就可能知道未來會是什麼樣子。

對文化的認知，是要讓我們對一個地方的文化，有能力閱讀、瞭解、評估、比較，並且找出它的意義。也讓我們能夠找出什麼東西對居住在當地的人有意義，以及它們的重要性。我們瞭解一個城市的興衰，我們瞭解我們所看到的、所感覺到、所聞到、所聽到的。我們也認知都市的地景，以及它爲什麼是那個樣子。我們瞭解一個城市的歷史和它如何營生，以及它如何利用它的資源去創造未來。我們可以感覺到一個城市經濟的起伏，以及它可能造成的社會影響。我們以美學的素養，去瞭解一個城市建築物的形式和色彩所代表的意義。

特別是在目前社會劇烈變遷的時代，探討文化問題更是一件非常重要的事情。因爲在這個時候，我們更需要對文化加以吸收、消化、調整與適應。當我們對文化有所認識之後，它會給我們力量往前行進。文化會成爲一個骨幹，發展出一種韌性（resilience），使我們更容易適應環境的改變。

什麼是城市文化資源？

城市文化資源包括歷史的、工業的和藝術傳承的資產。它們有建築、都市地景或地標，例如：舊金山的金門大橋、巴黎的艾菲爾鐵塔、中國的萬里長城。它們可以稱之爲科學、人文的或藝術的傳承。同樣地，英國的劍橋、美國的麻省理工學院與哈佛，都代表一個地方與生俱來的傳統生活、道德、學術或歷史。它們也能衍生出新的資源，例如：語言、食物與廚藝、休閒活動、衣著與某些次文化。或者產生生活傳統，代表一個地方的特質。文化資源是造就城市的原料和價值基礎，它們替代了傳統的資產。認識文化可以幫助我們的都市規劃和發展，文化資源可以反映一個地方的特性，讓人注意到一個地方有什麼獨特的性質。

文化資源是城市的原料和價值基礎，它可以替代煤、鋼鐵或黃金。創意是開發這些資源，並且幫助它們成長的途徑，因爲文化的可能性是無窮無盡的。問題的關鍵並不在於如何發現它們，而是在於人們的想像力如何被侷限。從事都市規劃的任務，是要以負責任的態度，發現文化在都市規劃裡的重要性，認清它們，並且管理它們。因此，文化應該是都市規劃的重要專業元素，而且是都市規劃的原動力。文化不是在住宅、交通和土地使用等問題計畫完畢之後，才考慮加上的邊際項目。

相反地，規劃和經濟發展，以及社會問題，應該由文化的願景來決定。

在認清了文化具有資源的性質之後，就要從一種完全不同的角度來看城市的資產。城市的每一個罅隙，都可能隱藏著一個可供再利用的故事或潛力，成爲一種新式的都市資產。從更廣義的城市經濟、社會和政治角度看，我們可以從文化資產發展出經濟利益。例如：一項老式的木工或鑄工技術，有可能用在製造新式的家庭或工具上。一棟老舊的建築物，也有可能加以整修，用來做爲集會或展演場所，例如：台北的華山1914文創園區，就是台北酒廠舊址。我們甚至可以從顏色、聲音、氣味，到看起來是什麼樣子，來看一個城市的文化。我們可以從這個面向獲得一些城市文化資產的概念，城市有如一個具有延展性的工藝品，裡頭有人造的硬體、人的軟性生活和活動。有文化的城市讓人覺得是有性格、有感情，而且情緒有起、有伏的有機體，而不是一台生硬呆板的機器。

城市文化的演變

現代經濟和技術的改變，加上全球化和人口大規模的遷移，都影響和文化有關的制度和活動，使它們不斷地演變。產品的均質化和標準化，特別是在娛樂界，正威脅著地方的認同感，使城市看起來和感覺起來，都愈來愈相像。在此同時，文化的雜異化，又產生創意和衝突。對某些人來講，文化代表著保護的「盾牌」，防禦任何不受歡迎的改變。對另外一些人而言，又成爲面對未來的「**骨幹**」。[2]

文化的傳承和當代的表現，也使它成爲全球都市更新的焦點。在經濟發展的同時，它賦予過

❷ Charles Landry, *The Creative City*：*A Toolkit for Urban Innovators*，Second Edition, Earthscan, 2008, p. 39.

去的建築物、工藝品、傳統、價值和技術新的靈感。文化讓我們知道我們的存在，進而幫助我們適應所發生的改變。它使我們感覺，好像我們來自某個地方，帶來一些故事要講。它也讓我們有信心與保障去面對未來。文化的傳承遠遠超過那些建築物，它是文化資源的整體，顯示出一個地方的獨特和與眾不同。文化是創意與發明的中心。其實，文化就是一個活生生的，每天都有新意的生活方式。

在過去，我們常常把文化拿來與社會的目的和目標相提並論，今天則有所不同。在一個民主社會裡，對於判斷在文化上什麼是好，什麼是不好；和什麼是對，什麼是不對，都沒有一定的定論。因為，大家會認為做選擇會受傳統上階級與聲望的束縛。直到最近，文化與現代主流思想才有比較自然的結合，也才有它的角色定位。例如：在中世紀的歐洲，大家認為文化是為宗教服務的。在文藝復興時期，他們主要注意的是使城市重現王公貴族或中產階級的權勢。到了啓蒙時期，重點又移轉到知識的發展，和公民社會的進步。到了十九世紀，才出現博物館、畫廊、圖書館和歌劇院等文化機構。在十九世紀中葉，文化種下了民主化的種子，目的在於提升大眾的知識，以適應工業化與國家化的趨勢。❸文化所面對的主要挑戰，是在一個現代市場經濟裡，如何評量它的價值，並且賦予它一個價格。

什麼是文化產業?

當文化資源不再是一項只有少數人瞭解的事情時，我們就可以很清楚地看到，每一個城市都會有它獨特的利基（niche）。文化可以從無到有地，使一個城市從醜變美，從冷變熱，或者讓一個地方走向邊緣化。只要夠努力，每一個城市都能發揮它的特點，成為世界的中心。例如：美國的紐奧良以法國風情聞名；義大利以義大利麵聞名，從洋菇到麵食，又到文學，都聞名於世。

非常明顯的是，文化資源是蘊藏在人們的才能與天賦裡的。它們不只是像建築物一樣，是個「實體的東西」，而應該是意象、行爲，和當地的工藝品、製造品和巧匠手工。都市文化資源是歷史、產業、藝術的傳承，包括：建築、都市景觀或地標；當地土生土長，原汁原味的生活方式、節慶、禮儀、故事和生活習慣。城市資源如：食物和廚藝、休閒活動、衣著和到處都有的次文化，都是不容忽視的。台灣近年來，各地方都在發展地方特色的美食。尤其是各城市夜市的小吃，更是吸引觀光客的好去處。當然，文化資源也包括表演與視覺藝術的品質，以及近代所謂的文化產業（cultural industries）。

文化產業可以說是培養創意的溫床，它對城市經濟相當重要。文化產業在許多大城市，例如：倫敦、紐約，或米蘭、柏林，大約都占3-5%的就業人口。[4]觀光業也談文化，但是大多數的觀光業，都是從較狹隘的概念來看文化，例如：博物館、畫廊、劇院，以及在百貨公司購物。我們也可以從文化的建立，看到文化的光明面，以及文化部門如何吸引國際性企業來投資。在社會與教育方面，我們也可以看到文化如何促進社會的發展，以及如何適應社會的變遷。文化也能強化社會的融合，增強個人的信心，以及改善生活技能，改善人類的精神和身體的福祉。加強人們做爲民主社會公民的能力，以及發展新的就業管道。

---

❸ Charles Landry, p. 39.

❹ Charles Landry, p. 9.

但是，我們所注意的是那些對產生創意有影響力的文化。文化是一個抽象的資源，無論從哪個角度，我們都可以看到傳統或當代的文化，是否能創造一個地方的形象和價值，也就是風格或特色的價值。特別是當現代的城市，看起來愈來愈彼此相像的時候，一個城市具有自己的風格與特色就更爲重要了。另外，市民對城市榮耀的驕傲，也可以給市民足夠的信心、鼓舞，並且有足夠的勇氣去面對更艱劇的任務。

如果我們想把一個城市變成文化城市，我們首先要問什麼是城市文化。或者說什麼事物能表現城市文化？祖金（Sharon Zukin）[5]認爲：城市往往會被看作是官僚體系和權力鬥爭的機器，或是充滿金錢遊戲的社會。住在城市裡的人，會把文化當作是這些毒素的解藥。都市藝術博物館、音樂廳、時髦的畫廊與咖啡廳、餐廳，藉著精湛的展演和烹飪，把異文化的傳統引進我們的日常生活。讓我們的日常生活，進入一個更超越的境界。但是，文化也是控制城市的一項巨大力量。藉著形象與記憶，文化告訴我們，我們屬於什麼地方。藉著建築物的形式、歷史遺跡的保存或傳承，文化也帶領著都市的開發與再開發策略。由於現代製造業的式微，文化產業愈來愈有成爲城市企業主流的趨勢。文化消費（藝術、時裝、音樂、觀光）的成長和企業，以可見的形象和空間，形成一個城市的形象經濟（symbolic economy）。[6]

近年來，因爲社會情況的差異，和對都市發展失序的戒心，文化也變成產生衝突的領域。特別是愈來愈多的新移民和少數族群，爲了個人的利益，給公眾部門莫大的壓力，從學校到政黨都會感受得到。至於更高的文化機構，如藝術博物館和交響樂，也被迫提供公眾更多的服務。這些壓力，廣義的說，也關乎到種族和美學的意義。爲了要創造多元文化主義（multiculturalism）的意識型態和制定相關的政策，他們迫使公部門做了許多改變。

在不同的層面，想要提升城市地位的人，爲了吸引觀光客和投資，會想盡辦法修飾城市的形象，使它成爲文化創新的中心。這些包括：餐廳、先進的藝術表演，以及建築設計。這些文化上的策略，則便宜了不動產開發業者、政客和充滿擴張意識的文化機構。至於地方百姓的想法，並不在他們的考慮之中。能夠掌握城市裡的各種文化，就能掌握各種都市病態，包括動亂和犯罪，以及經濟衰落。當都市人口愈來愈雜異化，流動性愈大，傳統的社會政治制度崩壞的時候，用文化力量創造一種城市形象，益發顯得重要。

建造一個城市，要看人們如何把土地、勞力與資本等傳統經濟因素組合起來。但是，也要看它們如何運用形象語言。城市的外貌和給人的感覺，反映什麼東西和什麼人應該出現？什麼東西和什麼人不應該出現？這些都取決於有秩序和沒有秩序的概念，以及美學力量的運用。最根本的意義是說，每一個城市都有形象經濟。現代城市的生存，還要靠第二種比較抽象的形象經濟元素，就是被在地企業家（place entrepreneurs）、官員和資本家所創造出來的形象經濟。所得到的結果就是：不動產開發、新企業和就業機會。和企業家的所做所爲有關的，還有第三種元素。就是城市領導、企業菁英，透過綜合慈善精神、市民榮譽感，和建立自我認同的高貴感，建立富麗堂皇的藝術博物館、公園，以及成群的景觀建築，使你的城市成爲世界級的城市。

---

❺ 祖金（Sharon Zukin）是紐約城市大學布魯克林學院研究所的社會學教授。她認爲文化塑造都市政治與再生的衝突。她認爲城市文化是一直都在變化的，這些包括街道、公園、商店、博物館與餐廳。她把這些發展連結成一個新「形象經濟」，包括：旅遊、媒體與娛樂，以及不動產開發和藝術。她不認爲城市只有單一的文化與次文化。

❻ Sharon Zukin, *The Cultures of Cities*, Blackwell Publishers, Inc., 1995, Reprinted 1996, 1997, 1998, 1999, pp.1-2.

形象經濟在1970和1980年代之後的新發展，就是形象與實質產品的結合，而且做全國，甚至全球的行銷。使形象經濟代表一個城市，爲一個城市發聲。在1970和1980年代，形象經濟達到一個引人矚目的地步，其時正值工業衰落、財務投機的時代。美國市場上充斥著墨西哥製造的牛仔褲、日本製造的汽車、東亞國家製造的電腦。許多大公司不是倒閉，就是被整併高手購併或重組。

在形象經濟中，企業家勝出的辦法，就是投資生產和銷售那些在其他地方無法複製的東西，產品的設計充分表現出設計者的天分和巧思。在好萊塢（Hollywood）的製片廠和媒體界，都可以看到這些情形。在1990年代，從電腦科技的開創，到行銷策略的創新，資訊高速公路（information superhighway）已經把企業、消費者、科技和娛樂產業結合在一起。娛樂產業（entertainment industries）已經成爲創新科技的主要動力，就有如過去的國防產業一樣。

財務、媒體，和娛樂產業形象經濟的成長，不一定會改變企業家的經營方式。但是，他們已經推動了城鎮的成長，創造了一個龐大的新工作力量，而且改變了消費者和員工的思維方式。在1990年代初期，美國娛樂和休閒遊憩類就業人數的成長，稍微高於保健類，卻高於汽車工業六倍之多。跟這些就業有關的設施，如旅館、餐廳、新營建和未開發的土地，都會比現在更多。它們重新塑造了地理和生態，它們是創新和轉型的力量。

舉例來說，迪士尼公司（Disney Company）製作影片，經營電視頻道，並且透過分支公司銷售周邊商業產品，例如：玩具、書籍和影碟等。迪士尼也是一個不動產開發業者，在奧蘭多、法國和日本，都有經營，也將在維吉妮亞州開發一個主題樂園（theme park），以及在紐約時代廣場開一家旅館。此外，迪士尼有如變色龍一般，改變它的經營模式，踏入當代新興的服務經濟（service economy）。迪士尼總部的企畫人員，簡直就是一批富有想像力的傢伙。迪士尼認爲形象經濟不只是它所提供的服務，它也野心勃勃地，想要治財務、勞力、藝術、表演和設計於一爐。

文化產業的崛起，也激起了對「標新立異」一詞的新詮釋。那是指百花齊放，也是民主化的萌芽。各種樣式的產品在街頭出現，在媒體上傳播流行。特別是時裝、都市音樂、雜誌和MTV，他們與社會主流分道揚鑣，顯出自我「酷酷」的形象。廣告看板上的香水、牛仔褲出現在街頭，形成對現狀的一種挑釁。打前戰的時裝商店，展示出Armani到A/X，從Ralph Lauren到Polo，在在尖銳地刺激著崇尚時髦的年輕人。形象經濟也開發不動產，因爲視覺的展示在任何地方都相當重要，都市裡漂亮的水果攤，或出售美食的商店，都會讓人記得這些令人愉悅的地方。在紐約的布萊恩特公園（Bryant Park）裡，每年春、夏兩季都有紐約服裝設計展。展場裡充滿時裝媒體、狗仔隊、購買商家、超級名模，從事商業與文化的交流與交易，把布萊恩特公園變成一個充滿生機的重要地方。來參觀的文化消費者，都被形象產品和這個空間所吸引。

從1950年代開始的大量城市郊區化，使人沒有理由期望中產階級人口會留在城市裡。但是，城市裡的生活，讓人覺得有如生活在沙漠中一塊令人愉悅的綠洲。你可以看到人們在餐廳、商店前面駐足、踱步，或者吃東西、喝飲料，互相交談著，有如把每一個人都提升到中產階級了。發展一個城市的形象經濟，需要勞工的流動、住宅市場裡的各種人才、吸引投資、商議政治主張，以及弱勢族群的提升。美國的各城市從紐約到洛杉磯和邁阿密，它們的發展都是先確定一個主題，然後圍繞著這個特殊主題，發展地區性的小型商圈，例如：紐約的時代廣場、蘇活區、中國城等。各區之間族群特色的形成，都是以形象經濟，以及文化的消費爲主軸的。

總而言之，文化是在許多社會場合，如街道、商店，公園裡的日常生活中產生的。具有經濟與政治權力的人，就能控制建築物的材料、形式、色彩，來塑造城市的公共空間。但是，如果只單純地從視覺的角度看城市文化，就很不公平地忽略了有助於形成**形象經濟**的背後政治、經濟因素了。其實，城市的**形象經濟**是植基於兩個長期因素的改變。一個是城市經濟的式微與郊區或**非都市地區**的成長。另一個是短期因素所造成的財務投機。對於城市，我們不能不瞭解以下三點：

(1) 城市如何利用文化做爲經濟基礎？
(2) 如何將公共空間的文化外溢效果資本化和私有化？
(3) 文化的力量與美學的關係又如何？

建造文化城市要靠城市文化

建造文化城市要對文化有興趣，而且也要有文化的內涵。兩者之間的關係，是文化的演變如何塑造城市發展，以及創新與文化發展的內在關係。我們所注意的是文化產業的價值，它可能是現代都市經濟中，發展最快的一環，而且是無所不在的。在歐洲的城市和愈來愈多的其他地方，傳統的資源與製造業正在式微，文化產業卻成爲城市發展的救星。當我們嘗試去瞭解文化產業的動力，以及如何運用文化資源加強一個城市的潛力時，我們會愈發瞭解它們廣泛的重要性和影響力。

我們也會經常注意到文化的傳承與傳統。爲什麼在繁忙與多變的環境中，我們會從過去的建築物、工藝品、巧思、社會儀節中找到慰藉？是不是因爲在一個全球化的世界裡，我們一直在尋找安慰與在地的根？文化的傳承使我們與我們的歷史，和我們的集體記憶連接，它奠定我們存在的基礎，給我們自省的泉源，幫助我們去面對未來。

文化的傳承是我們過去創新的總和，創新的結果使社會有力量前進。我們文化的每一方面——語言、法律、各種理念、價值觀、知識、風俗習慣——當它們傳遞到下一個世代時，都須要重新加以評估。文化是所有豐盛資源的展示，它會顯示出一個地方的獨特性。過去的資源可以幫助我們，激勵我們，而且給我們信心去面對未來。甚至，文化的傳承每天都在更新，不論是一間重新裝潢的房屋，或是把老的技術用在當代，都可以顯示出今天的古典就是昨天的創新。創新不止是不斷地發明新東西、新事物，也是知道如何恰當地對待老舊的事物與觀念。[7]

到了1990年代以後，文化產業成爲城市的創新產業和創新經濟。在這個時期之前，當大家談到對城市發展的貢獻時，所想到的不外乎科學、技術和工程。同樣地，數位傳媒的興起和對設計的重視，成爲一個橋梁，把技術和藝術創新的思維連接起來。兩者合併形成「科學—藝術運動（Sci-Art movement）」，顯示出藝術創新的重要。把這些思維融入政府的行政體制或社會，才能建立有創意的城市。

以文化做爲城市的經濟基礎

當我們談到文化產業時，也許會想到它是否能生產什麼基本的財貨。事實上，文化提供所有服務業基本的資訊，包括符號、樣式與意義。文化一詞，在我們現在的用法上，它是指抽象的任何經濟行爲，它不生產實質的東西，像鋼鐵、汽車，或電腦，但是它賦予它們形象、樣式和意義。人們購買任何產品，是因爲產品所呈現吸引人的形象和意義，這就是文化產業。從某一個觀點看，文化在一個城市吸引新企業的能力上，要比其他因素更占優勢，因爲文化能在城市的生產系統中維持一

[7] Charles Landry, *The Creative City: A Toolkit for Urban Innovations*, Second Edition, Earthcan, 2008, pp. 6-7.

個品牌的特性和一貫性。

在二戰後的經濟體系裡，誰能夠建造最大的現代藝術博物館，就表示誰具有旺盛的財力。文化工作的經濟角色非常重要，文化產業在經濟上滋養創新的想法和產品。例如Sony製作行銷全世界的電視節目、雷射光碟。當一個企業座落在一個兼具創新中心、行銷中心的城市裡，不論那個城市是洛杉磯、倫敦或東京，它都會爲整個都市經濟發揮動能，充滿能量。在人際社會關係上，文化可以促進頭腦複雜的企業菁英之間，不論性別，面對面的意見交流。

藝術博物館、精品店、餐廳，以及其他具有特性的消費場所，都是交換能使企業興旺想法的地方。都市消費空間能讓社會菁英交換想法，他們爲城市開啓了一扇窗，讓他們的言行透過媒體，使一般人更瞭解菁英的文化消費行爲，菁英的偏好也改變了一般人對城市的看法。這些在時尙雜誌和媒體專欄上高能見度的明星，以及文化產業設計師們，強化了文化品質的魅力，讓一般人認識到社會菁英的消費文化，也改變了一般人對城市的認識，這也正是經濟成長的動力。不只是紐約、洛杉磯、倫敦，或芝加哥等大城市，既使是中、小型的城市領導人，也都相信對藝術的投資，能夠帶動都市經濟其他方面的成長。他們相信觀光經濟，能夠塑造一個地方的正面形象，把城市行銷出去。拉斯維加斯（Las Vegas）、洛杉磯（Los Angeles）、邁阿密（Miami），都是顯示出行銷與消費「快樂」，是使經濟成長策略成功的例子。

還有一個非營利的文化機構，就是藝術博物館或一般的博物館。從1980年代開始，博物館受到自身經營的壓力。政府預算的縮減，和企業捐助的減少，使它們要靠出售門票，經營禮品店，來維持它們大部分的開支。他們也嘗試新穎的展出方式來吸引觀眾。例如：紐約的都會藝術博物館（Metropolitan Museum of Art）和現代藝術博物館（Museum of Modern Art），都提升它們的餐廳水平，並且在週末舉辦爵士音樂晚會。博物館不但要爲展覽設想，也要爲它們所選擇的地點與城市的政治經濟力量討價還價。大型的博物館往往需要跟市政府爭取更多的公共資源，更多的土地、更多的資金和更多舉辦營利活動的彈性。也正是因爲它們行銷文化與觀光產品，使偉大的藝術作品大眾化，成爲大眾文化。使藝術作品和博物館成爲一個城市形象經濟的座標（icons）。

以文化塑造城市地景

以美國來講，從十九世紀末到二十世紀早期的資源保育運動，甚至一直到現代對環境問題的重視，以至於倡導保護自然資源，免於人類的侵蝕、破壞及浪費，都是由於對地景文化的認識。然而，如果我們從區域計畫的角度看，我們希望把整個地球的土地，做最高、最完美、最恰當的使用。不是只保存它們留在最原始的狀態，而是要從文化的角度思考如何擴充地景的意義，從人們平常所認知的景點，延伸到地面開闊空間的每一個部分。美國公路的美化和都會區公園遊憩設施的建設，都是這種想法的具體作爲。因爲公園遊憩設施不一定是景點，卻是可以供給人們休閒的開闊空間和綠地。

我們過去的規劃師們有一種傾向，就是喜歡把最引人矚目的地景，挑出來單獨呈現。這似乎是無可避免的「羅曼蒂克運動」（romantic movement）傳統，因爲「地景」本來指的就是一幅美麗的風景畫或山水畫（picturesque landscape）。不論在哪一個國家，都市地區的水道或運河，都是最美的都市環境之一。中國江南都市的園林，纖纖細細的造景，都具有這種特色。我曾經遊覽過杭州一段的大運河，兩岸楊柳輕拂，遊人漫步其間就形成最美的地景。雖然古老的大運河，並不能負擔今天工業時代的運輸，它總可以提供休閒遊憩的功能，或許它能成爲區域公園系統的骨幹。假使當前的環境文化還沒有深深植入我們的意識認知，我們對美學的欣賞，就不應該只停留在讚嘆美國亞利桑那大峽谷（Grand Canyon）如何壯觀；卻忽視那些並不怎麼羅曼蒂克的地方，我們應該同樣地留意地球表面的每個角落，欣賞那些看似平凡，但是實際上絕不平凡的地景資源。

現代人發現大自然還有許多引人入勝的地方，有人嚮往海岸或水岸的野趣，也有人喜愛高山和迷幻的森林，這些情懷應該與保護風景名勝同樣重要，每一種環境都對人類有特殊的意義。就拿它們的經濟意義來說，它們可以供人類居住棲息，經過人工開發整理的草原，人工修飾的地標，彎延曲折的溪流跟湖泊沼澤，都不會輸給大峽谷。原始環境的價值，跟人類聚居的地方是完全不一樣的。在森林裡，如果人們還有一些保護地景的概念的話，他大概會只蓋些小木屋或棧道；絕對不會去蓋個名爲民宿的旅館，如日月潭、清淨農場，並且開闢高速公路，或是建造表現現代文明的東西。假使我們充滿發展產業與財富的現代文化，而不懂得利用這些豐富的原始資源，那眞是太可憐了。[8]

正當十八世紀的時候，西歐國家開始強化了尋找新天新地的想法和做法。他們似乎失去了他們對過去保護原始環境的情懷，開始在新大陸掠奪大自然的資源，而且期待立即的回報。他們在十九世紀，大肆誇耀「征服大自然」（Conquest of Nature），「人定勝天」的人類驕傲。這些行爲抹煞了眾多希望享受大自然的恬靜，和回憶原始環境的情懷。這種精神上的需要，隨著文明的發展與物質生活水平的提升，和現代生活的繁瑣，愈來愈顯得重要。民主的原則並不是要讓每一個人平等地選擇他所想要的環境。雖然人們不僅可以有選擇他所喜歡的環境的權利，他也必須去適應他所生存的環境。

總結來說，人類不可能在自然資源遭受掠奪，環境面目全非的環境中，過高水平的生活。假使在經濟體系裡，必須要求能源投入——產出的平衡；人類文化就更應該要求對環境使用高度的謹慎，更多的新天新地，以及維持地景與人類享用環境資源之間更脆弱的平衡。把一片森林變成都會區，比把都會區變成原始狀態或森林更爲野蠻，每一片地景都有它對人類文明的特殊意義。正因爲天文、地質、生物、地景、詩歌，把人類帶到一個新的境界；也正因爲我們的文化發展到更高的階段，我們更不應該滿足於讓我們的環境只滿足都市的自我。我們尊重自然無止境的變化，也爲了健康與福祉，必須要盡最大的努力去保護它，也要智慧地去使用它。[9]

區域計畫的使命，是要維持豐富的人類文化，以及整體的人類生活；要提供人類每一種生活型態的需要，也要顧及到大自然與城市之間發展的平衡，這也正是我們的責任。要認識機械化、標準化、全球化的價值，也必須警覺到各種行爲、活動的需要，而提供公平的遊戲平台，這正是文化生活的主要價值。[10]

城市創意要靠文化資源

對文化的認知是一項資產，也是使城市更具想像力和創意的推動力量。創意城市的基礎認爲，文化是一種價值，一種洞見，一種生活方式，也是滋養創意的沃土，使創意出生與成長，也由此產

❽ Lewis Mumford, p.333.

❾ Lewis Mumford, pp. 335-336.

❿ Ibid., p. 336.

生發展的動能。文化資源是基本的原料，文化的規劃是以文化資源爲基礎，發展出計畫並且加以管理與實施的程序，並且形成公共政策。⓫

城市表現出人們對文化的認知，什麼是他們喜歡的，什麼是他們不喜歡的；什麼是他們渴望的，什麼是他們懼怕的。文化的性質有具象的，也有抽象的。這些包括什麼是值得記憶和保留的，什麼是有價值的，並且顯示出一個城市在實質上是如何被塑造的。一個有生命的文化，會繼續不斷地表現出它每一項事務的意義與品質。在這個基礎上，無論它所在的區位是否恰當？當地是否有可用的資源？或者人們的個性是否適宜？文化都將充分地利用每一項資源的能量，引導著城市的領導者和決策者去塑造它們的城市。於是城市有它自己的行爲和態度，以及定型的傳統，而且它們也不斷地自我砥礪更新，形成城市自己的性格，由此生產財貨和勞務，還有它自身的特別型態。

假使我們從這個生活和願景基礎上出發，就能形成我們所尋求的城市文化空間。今天，表現這些實體東西的，就是博物館、藝廊或劇院。在這些地方，你能看到一個城市所珍視的東西，在展示、在演出、在塑造它的文化。在過去，這些地方可能是代表上帝的教堂。但是，上帝也是在這個城市裡無所不在的。文化也是一樣的，一個城市的文化，會融匯在每一樣事務裡：例如：工業的傳統、人們的關懷和互助，和人們的技能。文化能使每一個地方有它的特性。例如：羅馬人、紐約客，或是從俄羅斯、孟買、布宜諾斯艾利斯來的人，都有他們各自的特性。這些人與人的區別就是文化，和每一個城市的素質所造成的。這也就是都市發展的溫床、基礎、原料和資源，也是滋養城市的環境。在現今的世界裡，所有的城市看起來好像都是一個模子造出來的，但是因爲文化的不同，使它們顯示出不同的性格和價值。

更重要的是，這些都是由創意所塑造的，它們可能有正面的效果，也可能有負面的效果。而文化則提供了創意的平台，使城市在時間和空間中，透過文化的影響得以生存。回顧過去所擁有的資源，使我們有信心迎向未來。城市的決策者掌握著各種豐富的資源，可以使一個城市做完整的發展。

城市如何發掘創意？

我們的世界已經從倚靠自然資源優勢，轉變到倚靠創意優勢（creative advantage）了。二十一世紀的成長引擎是知識，我們可以看到，許多國家也把發展的重心，從產業轉移到教育和文化。這表示我們需要注意社會、政治與文化領域，要與科技和經濟齊頭並進。以城市來講，在空間方面，我們需要注意城市本身，以及區域到國家領域。也要注意公部門和私部門之間的關係，以及製造業與服務業、教育、科學、人口的族群和年齡、性別的分布等因素，對一個區域的福祉增進有幫助或阻礙。

以上這些因素，個別來看都是一小部分，但是加總起來就大了。這就是文化產業概念，最初是如何發展的。個別的音樂、影片、繪畫、戲劇、舞蹈和視覺藝術，單獨來看，都無足輕重。但是，如果把他們連接成爲一體，其對已開發經濟體的影響，約爲4%。如果對主要大城市——如倫敦——來說，大概會超過10%。世界所有的主要城市都有這種認識，猶如水、電、IT產業對一個城市發展的重要性。它們除了提供實質的產品之外，更會增加一個城市的形象價值。當世界的城市，彼此愈

⓫ Charles Landry, *The Creative City: A Toolkit for Urban Innovations*, Second Edition, Earthscan, 2008, p. 173.

來愈像一個模子造出來時，文化產品卻能使他們彼此有所區別。[12]

發展文化是一個使城市產生意義和創造身分的過程，在這個過程中，所有的產品都有助於建立城市的形象價值。消費者購買產品，目的並不在於產品本身的品質，而是經歷這個過程的經驗和意義。因此設計與美學的價值，成爲主要的角色與意義。也就是說，當經濟被文化所決定與驅動時，經濟就逐漸成爲一項文化。經濟的改頭換面，需要創新去改變老的工業，發明新的產品和服務，創造一個全新的經濟部門。特別是設計與廣告行銷，會幫助其他產業產生創新的觀念與想法，例如：食品、時裝、汽車與通訊服務，都會增加它們的附加價值。

一些資源不甚豐沛的小城市，應該可以朝智慧城市發展。例如：科學—藝術（Sci-Art），也就是把各方面的科學家和藝術家結合起來，在一個設計好的環境裡，爲幾項研究案合作研究。科學—藝術概念的想法，是建立在一個前提上，認爲人類的一些想法，往往在不同領域的創意碰在一起時，便會激起有建設性的火花。在過去幾年中，英國的葛來素大藥廠（Glaxo-Wellcome）資助了兩千多個藝術家和科學家，在一起工作，解決了許多問題，也產生了許多新的想法。[13]

你看過1985年出品的經典科幻電影《回到未來》（*Back to the Future*）嗎？2015年是《回到未來》上映三十週年。十月二十一日更是極具紀念意義的日子，因爲這一天正是續集當中，預言主角馬帝與布朗博士穿越到未來的「那一天」。當時片中出現了許多未來科技，像是眾所周知的懸浮滑板、自動綁鞋帶的球鞋、一鍵多功能夾克、3D立體影像與全像投影技術、指紋辨識技術、穿戴式智慧型眼鏡、視訊通話、傳真機、廢棄物變成再生能源等。而時至今日，又有哪些已經實現、哪些還沒成眞呢？這部電影正是科學與藝術（Sic-Art）結合的產品。片中許多科技產品的預言，都是藝術家想出來的點子，結合科學家的研發。Sic-Art是歐美先進國家，科學與文化產業的結合。這種新穎革命性的新觀念，有可能誘發另一次的產業革命。

在《回到未來II》中，布朗博士（Dr. Emmett Brown）從垃圾桶中翻出香蕉皮、啤酒，甚至鋁罐、塑膠瓶等做爲時光機的燃料，丟進置於車尾上方的家用能源反應器（Home Energy Reactor）中。而二十一世紀的現在，已有不少專家針對廚餘、有機物質或廢棄物等持續研發再生能源，並朝汽車替代燃料發展，只是目前還未成爲汽車燃料的主要來源。布朗博士與馬帝（Marty McFly）從1985年穿越到2015年時，只見滿天都是會飛的汽車，當時很難想像這樣的情景會眞實出現在人們生活裡。現在飛行汽車的概念確實在逐步實現當中，像是美國航太製造商Terrafugia、斯洛伐克新創公司AeroMobil都在研發飛行汽車，只是目前都還在試驗階段，距離普及也還有頗長的路要走，更別說還有相關法規問題需要解決呢。

隨著紀念日即將到來，不少廠商應景推出片中出現過的產品，而話題十足的自動繫鞋帶球鞋「NIKE MAG」就是其中之一。事實上NIKE在2011年就已先製作出電影中的同款球鞋，差在沒有自動繫鞋帶功能。不過，NIKE設計師Tinker Hatfield表示團隊正在研發該項功能，承諾會實現電影預言，推出具有自動繫鞋帶功能的同款球鞋，相當令人期待！（後來NIKE果眞如期履行諾言，推出具有自動繫鞋帶功能的NIKE MAG，而且Michael J. Fox還親自將它穿上，是不是非常令人感動？）

⓬ Charles Landry, *The Art of City Making*, Earthscan, 2006, p. 275.

⓭ Landry, p. 276.

談到城市的創新，我們似乎不應該只想到娛樂活動、媒體名媛和時裝界的創新。因爲具有創新力的男士和女士，在各行各業裡都能找得到。例如：從社會企業家，到科學家、商人、公共行政人員和藝術家等。但是，創新力也應該包括如何面對社會上的不幸，如何保育環境，以及在政治與社會上的新想法與作爲。還有，民主制度如何改進？我們的行爲如何改變？社會階級如何調整？獄政如何改善？社會關顧計畫應該如何去做？年輕人該如何參與？如何啓動社區和群眾的創新力等等？這些都是我們需要動腦筋去思考，而且不可或缺的領域。它們都需要開放的思想、深入的思考、彈性的頭腦。眞正的挑戰，在於如何把它們整合在環境、政治、經濟、社會和文化的大熔爐中。

我們應該把創新力看作是一種資本，創新力是多面向的資源。它要用想像力、知識、智慧、發明與不斷地學習。創新力是動態的、一貫的、由內容驅動的。創新是一個過程，而不是一個終點。創新力有它的生命週期，它會在時間的進程中，隨著新經驗的產生而調整更新。創新是一種心智的態度，是針對問題、解決問題，開啓新可能途徑的思維方式。創新力的表現，在個人、組織或城市，都不相同。但是，創新力的中心性質和操作原則卻是一樣的。每一座城市必須自問，**我的創意在什麼狀態**？**我的創意在那些方面比較突出**？**創意在哪裡可以找得到**？要評估一個城市多麼有創意並不容易，重要的是不要自我幻想，也不要去打探別的城市多麼有創意？有什麼創意？好自爲之就好了。

城市要以做中心爲職志

現在，城市的大小已經不是一件重要的事情了，大城市已經不再占優勢了，而且可能是劣勢。

大城市麻煩很多，交通就是一項。行動常受限制，開放空間又不夠。簡單地說，就是生活品質不夠好。這也就是爲什麼評比世界最宜居的城市時，總是哥本哈根、蘇黎世、斯德哥爾摩、和溫哥華，名列前茅。它們大多不超過兩百萬居民，它們都可以步行到達你想去的地方。法蘭克福竟然人口少於一百萬，它小到人跟人可以很親密，然而又大到可以成爲世界性的大都會。

任何地方，不論它在哪裡，只要堅持維持自己的長遠目標，都可以成爲宇宙的中心。既使不在都市的大漩渦中，有時在邊緣的小市鎮，都有機會成爲世界的樞紐。赫爾辛基、日內瓦或安特衛普，都是最好的例子。但是，那個城市的人要有企圖心，要能發現他們的潛力。在全球化的市場裡，企業不須要大，但是要有競爭力。一個城市想像它有多大，它就會有多大，它就能在它的領域裡成爲老大。

企業靠出售產品以攫取市場，有如殖民武力攫取領土，來獲得貿易管道或攫取資源。假使城市缺乏有形的資源，它們仍然可以透過網絡去獲得它們，也能明顯地反映一個城市所希望反映的價值。在它的下游，便可以獲得經濟與文化的利益。例如德國西南的佛萊堡（Freiburg），人口只有二十三萬，卻是以創新出名。它的生態住宅（eco-housing）、資源回收（recycling）、使用再生能源，都是日常生活的一部分。這些事情吸引了一群高水平的環境研究機構，例如：地方政府永續發展理事會（ICLEI，International Council for Local Environmental Initiative），它的創新力更鞏固了它的地位。它又鄰近瑞士，形成一個有如矽谷（Silicon Valley）的創新樞紐地帶，在環境保護領域中競爭，居於領先的中心地位。[14]建立一個利基（niche），需要長期的耕耘。危險的是，許多城市複製一些別人的**點子**（ideas），卻得不到完全消化它的軟體結構，結果只是消化預算而已。

重新審視軟體和硬體的基礎設施

很多資產是隱藏的，軟體設施就是其中之一。軟體設施有如空氣，在硬體設施周圍，使它能夠發揮功能。它使人們產生想法，再把想法變成產品與服務。它們包括人們的天賦，天賦不是只用教育程度來衡量，也要考慮想像力。我們往往忽略軟體設施，因爲它們的經濟價值不容易量化。至於硬體與軟體設施的意義，我們可以打個比方，硬體設施是一個容器，軟體設施則是容器裡所裝的東西。硬體與軟體設施是相互倚賴的，但是最容易被大家所看見的，往往是硬體設施。

在一個城市裡，投資在軟體或硬體設施上的取捨，是一個相當值得討論的問題。目前發展出來的共識，認爲軟體和硬體設施，都是一個城市的基礎設施，都需要投資建設。不過研究指出，近代城市鼓勵創意與創新，使軟體設施的建設受到更多的重視。會影響城市經濟發展的因素有：區位、實質特性、基礎設施、人力資源、財務與金融、知識與技術、產業結構、生活素質、制度能量、企業文化，和社區認知與形象。[15]根據藍德的研究，文化與創意對城市發展的影響有以下幾項：

(1)軟體設施如生活素質和文化，愈來愈受到重視。

(2)既使在今天的知識經濟時代，雖然硬體設施仍然是重要因素，文化卻是一項更重要的軟性因素。

(3)軟體設施的考量，在某些特殊領域的投資特別重要，因爲需要高科技的人才。

(4)除非案件本身是一項創新的產業或新經濟計畫，軟體設施的考量並不是最中心的選擇因素。

(5)在生活品質的選擇上，軟體設施在吸引人才的考量中，是一項絕對必要的因素。

(6)在目前普遍重視硬體設施的環境裡，決策者很難說他的決策是受軟體因素（文化）影響的，因爲軟體因素不容易量化給人看見。[16]

現在，我們已經進入一個人與人、組織與組織、城市與城市之間，幾乎毫無隔閡的世界，時間和空間的侷限正在蒸發。策略性的智慧是金鑰，它是分析、務實與創意的組合；它有助於創新與遠見，也瞭解現實的動態性質；它使我們看到城市是一個有機的整體系統，也注意到城市裡各個部分如何關聯，去達到一個城市所追求的目標。

培養城市的競爭力

有關城市競爭力的討論，牽涉多方面的因素，相當複雜，但是通常它的核心是指經濟。現在愈來愈多的看法會考慮一個城市，在企業、科學、藝術等方面有沒有創新？在區位的選擇上，有沒有與其他城市或資源有策略性的關係？在制度能量上，有沒有滯礙難行的地方？有沒有好的治理、管理？是否透明、廉潔？行政管道是否暢通？是否國際化？更重要的是，在文化上是否豐富而有深度，包括歷史遺產和當代藝術？這些事情是否能讓居民和機構，認為這個城市具有活力？對居民有良好的服務，包括交通和更重要的教育。

城市競爭力的複雜性，意味著都市領袖都應該對他們的城市有更多的瞭解，並且整合它們的各種資源。除了財務之外，還有以下幾項資源。

---

⑭ Ibid., p. 280.

⑮ Landry, p. 285.

⑯ Ibid., p. 285.

(1)人力資源：包括才能、技術和特殊的知識。

(2)社會資源：包括各種機構、組織與社區利益團體之間的關係。

(3)文化和休閒資源：包括對歷史遺產、記憶、創新行爲、文學、戲曲，藝術、音樂，以及家庭背景、社會階級、觀光旅遊與國際事務、教育程度和居民對自己的信心與認同。

(4)知識資源：包括創新的潛力和構想、思想、點子。

(5)創新資源：包括原創和新創的設計和科技。

(6)領導資源：包括動機、意志、抱負、負責任的能力與領導力。

(7)環境資源：包括人造環境與自然景觀，以及生態的多樣性。[17]

在二十一世紀的今天，城市與城市的關係是相連的。大多數的大城市，會形成都會區，但是會分區治理，每一區有如一個小市鎮。不過由於權力分散，有一些事物，如交通、住宅、環保等，無法整體規劃，因此便有合併的做法。都會區可以被看作是一個環環相扣的鎖鏈，城市中心支援周邊的市鎮，周邊的市鎮也回饋給城市中心。當你鳥瞰大多數的城市時，你會發現它們的結構，無論是疆界和功能，從地方、區域到國家都是重疊的。但是城市也需要一個邊界，否則城市將毫無止境地往周邊蔓延。使城市做緊湊式的發展，也會給城市居民一個自我認同感。

以文化形塑城市的空間情境

當我們到外國旅遊時，往往會在紀念品店看到許多景點的畫冊或明信片。這些畫冊或明信片，不僅告訴我們這個城市有哪些值得看的東西，也在告訴我們有哪些值得紀念的事蹟。實質的地景，例如：建築物、公園與街道，都是目光所及的重要城市代表，再加上歷史文物的保存，使這個城市獨特的過去重現。

有些地方時尚的設計，讓我們看到那些人如何穿著，如何交往，就能吸引旅客造訪或投資。從歷史的過去到現代，每一項與文化有關的事件或舉動，都可能是可貴的資源。一首時興的音樂，可能成爲一個城市的代表。一種習以爲常的地方食物，可能改變一個城市的聲譽。一個傳統的嘉年華會，也可能使一個城市由毛毛蟲蛻變成花蝴蝶。這些獨特的過去就有它文化與觀光的經濟價值，這也是這個空間的形象經濟。把這些文化資源放在發展政策的中心，就會建立這些文化資源與任何公共政策之間的互動和共鳴。公共政策包括：住宅、保健、教育、社會服務、觀光、都市計畫、景觀、城市設計，以及文化政策本身。具有政策權力的人，絕對不可以拿文化做爲工具，企圖達到非文化的目的。

文化也可以用來形塑不動產開發的空間，並且可以使它人性化。辦公大樓不只是高大莊嚴地像個紀念碑，也會顯示出人性的面貌。每一個設計良好的市中心，都會有一個多樣使用的購物中心，附近也會有一個藝術工作者的活動空間。有的時候，似乎每一個棄置的工業區或是水岸邊，都會被改變成流行活動的場所。它會有一個主題購物空間、餐廳、藝廊或水族館。在美國，當各種經濟發展策略失敗時，只有訴諸文化設施來形塑此一空間情境。費城的市中心、舊金山與洛杉磯的都市再開發計畫，都以文化設施爲訴求。

---

⑰ Landry, pp. 287-90.

藝術家以文化的手法，形塑城市空間的情境。他們強調城市的特點，以與郊區甚至鄉村有所區別。他們經常與不動產開發或再開發工作結合，開發者與投資人都能從城市公共藝術的創作中獲利，也能帶動城市的形象經濟發展。在各國的大城市裡，都會有名垂青史的藝術雕塑、牌坊，以及街道家具，形成一股經濟與社會力量。在企業菁英中，不論是金融、保險，或不動產開發業者，都對藝術博物館和公共藝術出錢出力，強調他們在城市形象經濟上的貢獻。

姑且放下美學不談，不論投資藝術是爲了名聲或賺錢，它代表著一股社會的集體動力。同時，我們都有一個信念，相信形象經濟在藝術方面的成長，也就是城市經濟的成長。一個城市在視覺方面的表現，也代表它在經濟、財務方面的表現。到1990年代，一個城市的形象靠藝術做行銷，似乎已經成爲城市的政策。不管我們對藝術的定義如何狹隘？所包含的藝術工作者有多少？或藝術對社會的利益有多大？城市形象經濟的能見度和活力，以及藝術在一個地方形象經濟的塑造上，都扮演非常重要的角色。

所以形象經濟代表著兩個非常重要的城市物質生活的生產系統。它們是：空間的生產系統和形象的生產系統。每一項重整城市空間的工作，也是視覺表徵的重現。例如：提升土地財產的價值，就是因爲對土地財產有新的看法。而在討論究竟以誰的看法爲準？代價或成本爲何的時候？就產生了大眾文化問題。營造一個大眾文化，需要劃出一個可供社會互動的空間，和建造一個能夠代表城市的建築物。至於由誰來使用這個空間，就要看實質的安全、文化的認同和社會地理的位置了。

7

規劃土地與環境也講究倫理呀

土地倫理就是當你做一件事情時，能夠保持生物界的完整、穩定和美，就對了，否則就錯了。

人類的生存要依賴自然生態系統供給最基本的需要，如清淨的空氣、水與土地及其他有機生物，來生產糧食及其他人類生存與生活的必須物資。當人類利用自然資源以求生存的同時，便破壞了原來完好的生態系統。當這種破壞超過了自然生態系統的承載力或再生能力時，便造成土地與環境的汙染。賀芬德（Orris C. Herfindahl）與倪斯（Allen V. Kneese）給環境問題所下的定義是非常廣義的：(1)空氣汙染與水汙染；(2)有目的地把殺蟲劑、除草劑、防腐劑與染料等化學物質引進到環境裡；(3)都市地區的開發行爲、建築與景觀，以及都市空間的使用；(4)鄉村與荒野地區的開發。[1]

除了這些之外，人類對大自然的改變，還會累積溫室氣體、破壞臭氧層、砍伐森林、敗壞土地、滅絕物種。以至於威脅到現代以及未來世代人類的生存。更對我們的社會、經濟、科學、健康、休閒，美學產生衝擊。因此，我們可以看到人類生存與土地資源環境之間的密切關係。爲了保護環境，減少對環境的危害，我們必須從根本檢討人

❶ Orris C. Herfindahl and Allen V. Kneese, *Quality of the Environment: An Economic Approach to Some Problems in Using Land, Water, and Air*, Resources for the Future, Inc., 1965, p. 2.

類與環境的關係，來規劃管理我們的環境。也就是不能從以人類爲中心的觀點來規劃管理我們的環境，而是要講求對待土地與自然環境的倫理觀。

人在環境裡的角色

在哥白尼（Nicolaus Copernicus, 1473-1543）[2]之前，大多數的人都認爲地球是宇宙的中心，太陽、月亮其他的行星都是環繞地球轉動的。在1512年，哥白尼發表理論認爲太陽才是宇宙的中心。大約一百年之後，伽利略（Galilei Galileo）[3]受教會的審訊，不准他發表支持哥白尼的學說。但是其他科學家發揚了伽利略的理論，而開啓了對宇宙新的瞭解。

根據這種觀念的改變，我們似乎也應該思考在現代生活裡，人與環境之間的關係。早期猶太教的思想，影響到西方文化，認爲世界上的植物、動物、礦物等的存在都是爲了人類的利益。因此，認爲人類是萬物的主宰，人類爲了自身的生存便可以肆意的利用它們；而且認爲它們的存量是無限豐富，不須要珍惜。這也造成今天西方國家過度消費自然資源的經濟系統與生活型態。幾年前曾經有一個非正式的報導說：以美國的富足生活與其他國家比較，可以發現一個美國人所消耗的能源相當於三個日本人，六個墨西哥人，十三個巴西人，十四個中國人，三十八個印度人，一百六十八個孟加拉人，二百八十個尼泊爾人，以及五百三十一個依索比亞人的消耗量。就我們日常所見，的確可以看到美國人富裕的生活，以及對自然資源的浪費。

主張環境保護的人，認爲世界的資源是有限的，不斷的開發是無法持續的（sustainable）。人類福利的持續發展，是要靠我們對野生動植物，以及水與空氣的適當使用與保育。簡言之，一個**新倫理典範**（paradigm）的建立，是要把以人類爲萬物中心的思想，改成認爲人是地球上整體生態系統的一部分，而且人與環境的關係是息息相關的。要使這種思想有任何意義，我們必須把它落實在我們的日常生活型態上。而一個重要的前提是，我們需要一個對此問題的「倫理與道德」的認知，把對地球資源善良管理的責任擔負起來。其實基督教聖經舊約裡記載，上帝說：「我們要照著我們的形象，按著我們的樣式造人，使他們管理海裡的魚，空中的鳥，地上的牲畜和全地，並地上所爬的一切昆蟲。」這一段話的意思是要人類好好管理他們，而不是肆意地主宰生殺予奪的命運。

什麼是倫理（Ethic）？

英國學者Elwood、Guterbock和Martin給倫理下了一個定義：倫理是判斷什麼是一個良好社會的基本信條。倫理表現出什麼是好（goodness）、對（rightness），以及責任（obligation）。所謂好與不好也叫做價值（value），它表現出實際的現況，和理想的社會結構。所謂「好」或「價值」是在說明物質的狀況、社會的結構，與演變的過程都在理想的狀態。所謂責任或應該如何，是指爲什麼一個人、一群人或一個機構，要依照某種準則行事。倫理是社會生活的基本要求，它關係到我

❷ 哥白尼（Nicolaus Copernicus, 1473-1543），文藝復興時期波蘭數學家、天文學家。他是科學革命的啓蒙者，他提倡日心說模型，認爲太陽才是宇宙的中心。1543年哥白尼臨終前發表了《天體運行論》，開啓了哥白尼革命，並對推動科學革命作出了重要貢獻。

❸ 伽利略（Galilei Galileo, 1564-1642），義大利物理學家、天文學家及哲學家。是現代科學革命中的重要人物。其成就包括改進望遠鏡和其所帶來的天文觀測，以及支持哥白尼的日心說。伽利略被譽爲「現代天文學之父」、「現代物理學之父」和「現代科學之父」。

們共同生活的行爲。在這種關係裡，每一個人必須彼此眞誠、信守承諾、公平對待，更廣義的意義是正義感以及與人爲善。一個有效的倫理，會有足夠的理性判斷，讓我們知道我們希望做什麼？或希望如何做？倫理要有用，一定要可行，要爲大眾所接受。一個有效的倫理，不但會指出理想的做法，也會督促我們去負擔適當的責任。它會改變我們對別人，以及對影響我們的自然世界關係的瞭解。[4]倫理便會成爲我們文化體系的一部分。

一個社會的文化與價值觀，也顯示在倫理中。倫理觀念對中國人來說，應該並不陌生。在儒家思想中就有對君臣、父子、夫婦、兄弟、朋友之間倫理關係的闡述，是爲五倫。顯然我們的歷史傳承，並沒有擴及人與自然生態環境之間的關係。就粗略記憶所及，大約五十多年前，李國鼎先生提出第六倫以匡正人際關係與社會風氣。近二十幾年來因爲環境的敗壞，大多與人類的行爲相關，於是有學者提出「環境倫理」的概念，是爲第七倫。

什麼是土地與環境倫理？

土地與環境倫理在人類的歷史中有深遠的根源，僅以美國而言，一些早期的例子，可以追溯到十九世紀中期到末期的思想家，如：馬施（George Perkins Marsh）、艾默生（Ralph Waldo Emerson），梭羅（Henry David Thoreau）的《湖濱散記》、繆爾（John Muir）（美國國家公園之父）等早期的哲學家。李奧波（Aldo Leopold）的*Sand County Almanac* 1949年出版，談到土地倫理，1962年生物學家卡森（Rachel Carson），在《寂靜的春天》（*Silent Spring*）裡談到DDT對環境的危害，使我們瞭解到環境價值與土地的關係，以及汙染對自然資源的影響。在一個功利與經濟效用掛帥的社會，每一個人不僅應該知道環境的經濟效用（economic utility），更應該知道人對環境的管理責任。李奧波說：「土地倫理就是，當你做一件事情時，能夠保持生物界的完整、穩定和美，就對了。否則，就錯了。」他也說：「人只是自然界裡的一分子。我們不能把土地看作是私人的財產，他是人類的公共資源，我們可以暫時使用它，但是卻不能擁有它。」[5]李奧波避開了經濟概念，直接去談土地使用的道德觀。可以看出他的意思是，在道德上我們應該保持生態系統的完整性。也就是把倫理從人與人的關係，擴展到人與環境的關係。因此，我們使用大自然的土地資源，應該要盡善良管理人的責任，而不能去霸占擁有它，榨取它、炒作它以牟利。

李奧波在1940年代，提出「土地倫理」的概念，在1980年代，艾思華教授（Graham Ashworth）又提出「土地使用新倫理」的概念。基本上李奧波認爲：「人必須認清自己的角色，只是自然界的一分子，而非征服者。因此他必須尊重自然界的其他分子。」[6]艾思華說：「我們應將土地視爲資源而非一般商品。我們必須悉心管理以供將來使用；擁有土地的人，切莫損傷土地，更要避免濫用，因爲濫用土地的結果是無法挽回的。」[7]

中國的資源保育思想，可以追溯到孟子時代，在《孟子梁惠王上篇》，有這樣一段話：

> 不違農時，穀不可勝食也。數罟不入洿池。魚鱉不可勝食也。斧斤以時入山林，材木不可勝用

---

❹ Graham Ashworth, et al., *Toward a New Land Use Ethic*, the Piedmont Environmental Council, 1981, p. 3.

❺ Aldo Leopold, *The Sand County Almanac*, 1949, Oxford University Press, p. 224.

❻ Ibid. p. 225.

❼ Graham Ashworth, et al., *Toward a New Land Use Ethic*, Piedmont Environmental Council, 1982, p. 4.

也。穀與魚鱉不可勝食，材木不可勝用，是使民養生喪死無憾也。民養生喪死無憾，王道之始也。五畝之宅，樹之以桑，五十者可以衣帛矣。雞豚狗彘之畜，無失其時，七十者可以食肉矣。

這段話就是具有生態保育、土地資源保育的倫理概念。可惜這些寶貴的思想，並沒有傳承下來。我們現在反而要向西方國家學習資源保育和環境規劃。現在的世界潮流，愈來愈重視環境問題。但是環境問題，不是只用技術、工程、經濟方法能夠解決的，更要有倫理的概念。

人類對土地資源日益增加的需求，相對於自然資源日益稀少的供給，兩者之間的衝突愈發明顯。我們對待土地的傳統態度與價值觀，似乎已經無法面對此一挑戰。除了1960到1970年代開始的環境保護運動之外，傳統的土地財產所有權思想，對社會造成的傷害愈來愈形明顯。關於土地的使用，它提供清淨空氣、飲水、糧食與居住功能的複雜性，已經不是現代科技所能解決的。工業化和對經濟效率的追求，使我們把土地看作經濟發展的工具，以及投資、投機炒作和發財的商品。於是在個人、國家，甚至全球層面，都產生價值認同的衝突。因此，我們不得不重新審視我們傳統上對土地使用倫理概念的認知。

且從食物談起

目前世界大多數國家都能享受充足而廉價的食物。但是我們是否想過生產這些食物是用什麼方法？現代的農業愈來愈單一化與化學化。單一化使作物在同樣的土地上一年一年地生產，不容土地有任何的休息。化學化是指我們大量地使用化學肥料、殺蟲劑、除草劑等化學藥劑。這種生產方式，當然會有很多利益，但是也帶來許多嚴重的問題。

立刻引人注意的是這些化學藥劑在食物鏈中殘留的問題。接著是這些化學藥劑經由農業用水汙染水源的問題，包括地面水與地下水。既使是地面水，雖然經過都市的過濾淨化系統，也無法完全去除其中的化學成分。而這些化學成分又可能來自數百公里外的灌溉水源中的殺蟲劑、除草劑。

這些汙染水源，汙染食物的化學藥劑，直接或間接地都與石化工業有關。這些石化工廠又直接或間接地汙染我們所呼吸的空氣。直接的影響是工廠排放在空氣中的毒性物質；它們會引起呼吸道的疾病，除了肺氣腫、肺炎之外更會導致肺癌。間接的影響是來自於這些化學工業，他們使用電力，發電本身也會影響空氣的品質，特別是燃煤的火力發電。台灣的能源政策正在追求無核家園，無核家園的確是一個崇高的理想。但是，如果我們平實一點，以台灣目前的科技水準以及政策與執行能力看，可能是永世無法達到的理想。

發電燃煤所產生的氧化硫與氮氧化物結合變成酸，遇到水氣落到地面便是酸雨。酸雨會引起習慣性呼吸道疾病，而且破壞土壤的肥沃度，腐蝕人為的建築物、紀念碑等，也就是影響到人造環境（built environment）。這種汙染是會跨越省、市邊界甚至國界，使湖泊死亡。北美洲、美加兩國與歐洲的瑞典已經有一萬五千個湖泊死亡，而且預測在未來的五十年間會有五萬多個湖泊死亡。連帶受害的還有湖邊的動植物，它們可能就是我們的食物以及我們子孫的食物。未來的人也許會責怪我們，為什麼沒有為下個世代的人守護這些資源。

再看城市的擴張

前面提過，某些都市地區的開發行為、建築與景觀，以及對都市空間的使用，以及鄉村地區與荒野地區的開發，都是破壞環境的行為。都市地區的擴大與人口的成長，使原來的農地改變成為住宅與其他都市用地。原來的荒野又被開墾做爲農地。新的農地又被變更爲都市用地，土地使用的演變就這樣循環下去。野生的物種就在這種循環下受到生存的威脅，城市的成長成爲物種瀕絕的主要因素。一個城市究竟多大最爲合適？是否我們能劃出一個界線，超越了此一界線就不適合我們居住了。假使這個問題是可以界定的，那顯然城市的成長並不是一件好事。因此我們必須在保育與開發之間做一選擇，或者設法維持某種一定的平衡。

目前，當我們認爲什麼是好或不好時，我們看到工業、科技、農業的發展，都是以人類的利益爲中心的思考。或者我們應該想想物種本身，是否也應該有它們生存的權利與價值？在我們的經濟社會裡，價值都是以經濟價值來衡量的，也就是在你得到滿足時，願意付出什麼代價（willingness to pay）？如果轉移到瀕絕物種身上，也就是你願意付多少代價去保護它們，讓它們存活？如果我們承認它們本身具有存在的價值，我們是否就應該花費我們能力所及的代價，遏止人類對大自然各種物種和棲息地的侵犯？

在嘗試尋求土地倫理的意義時，它似乎隱含著社會整體對個人土地使用偏好的規範。我們一直習以爲常地把土地視爲自己的財產，但是從倫理層面來看，我們將無法任意使用自己的土地。**孟甫德**（Lewis Munford）在他的*The Culture of Cities*裡有這樣一段話：

> 老式的城市被劃成方塊，然後圍以城牆，猶如把城市裝在口袋裡。它無法擴張，新的成長只能垂直向上。被領主或皇室管制，渴望獲得土地的歐洲人，無可避免地到新世界（北美）殖民，以獲得土地，生產所需要的糧食。他們的目的很單純，土地的意義是安全的保障（security）、權力（power）、獨立（independence），甚至個人的財富。[8]

從歷史上看，人們在心理上和金錢上，都賦予土地一個價值，而且可以自由使用、生產糧食與財富。而且直到現在，這種思想都認爲，擁有土地所有權的人，可以在其上爲所欲爲。依照經濟學之父亞當．斯密的思想，每一個人都爲自己的利益著想，便會增進公眾的利益：

> 每一個人都在想盡辦法使他的資本價值達到最大。一般而言，他並不在意這樣做是否能增進公益，也不知道會對公益有什麼好處。他所在意的只是如何增進自身的利益與保障。但是他卻被一隻看不見的手所導引，做他並沒有想到要做的事。不過他卻在追求自己利益的過程中，不知不覺地增進了社會的利益，而且做得更有效率。[9]

這種思想是否也適用於土地與自然資源及環境上？值得我們深思！

什麼是傳統的土地使用倫理？

到了現代，以人類爲萬物中心的思想益發嚴重。也就是說土地的價值，是以它對人類用途的大小來估計的。這也不能說不好，這種倫理思維，基本上是功利的（utilitarian），或者說是利益導向的。例如：利用土地生產糧食或房屋，都是對人類有益的使用。其價值是經濟的，也是用金錢來

❽ Lewis Mumford , *The Culture of Cities*, Harcourt Brace & Company, 1938, 1966 and 1970, p. 85 and 146-147.

❾ Adam Smith, *The Wealth of Nations*, 1776.

衡量的。現代土地使用倫理的核心，可以說是建立在個人完全財產權（Fee Simple Ownership）上的。

擁有完全土地所有權的人，他就有：持有、使用、開發，甚至於濫用（abuse）、毀損其土地的權利；他也可以出售、贈與、交換、遺贈、出租、抵押、分割、設定地上權、地役權、典權等，而排除他人的干涉。因此，我們可以看得出來，完全所有權是最廣義、最完整的財產權概念。但是，我們也必須瞭解，雖然完全所有權人的權利是排他的（exclusive），但並不是絕對的（absolute）。因爲它要受國家因公眾利益所加上的限制。這些限制就是國家或政府所擁有的公權力。它們包括：課稅權、徵收權、規範使用權，以及沒收或充公權（escheat）。在某種程度上，國家或政府所擁有的權利，可以說是絕對的財產權，因爲國家擁有至高的權力。不過，政府的權利也會受到公眾輿論或公共經濟與社會政策的影響。[10]

在討論任何有關土地使用管制與環境問題時，一定要從財產權的分配著手。也就是說，一塊土地之如何決定出售予開發商，如何決定住宅或工業廠房或商辦使用空間的價格，國民之間所得分配等問題，都要靠現行的財產權制度來決定。而私有財產與市場便應運而生，來應付生產與分配的問題。生產的問題在於誘因（incentive）與效率（efficiency）。如何使工人更辛勤地工作，才能獲得更好、更多所需要的產品或者盡量減少那些負面的產品，像是汙染或浪費資源。第二是分配問題，也就是一個社會如何使所得分配得更公平，同時也不致傷害到生產的誘因與資源的保護。[11]

在現今的社會裡，雖然有對土地課稅、使用分區以及各種法規標準的規範；基本上，土地如何使用，仍然是由私人所決定的。也就是說，土地的使用、租賃或出售都是出於財產權在市場上的交易。這種交易行爲乃是出於個人自利的動機，而又受競爭所規範。因爲個人或團體在社會制度認可之下，依其特別的方式行使其財產權時，就會防止其他的人干涉其行使財產權的權力。財產權的功能會影響所得的分配、資源使用的配置、世代之間的資源配置、提高資源的生產力，以及減少交易成本。

總結來說，現代的土地使用倫理是：人類使用土地以獲得自身的利益，這種行爲是透過私有財產權來完成的。有的時候，這種權利會因爲社會公眾的福利，受到政府的干預與管制。但是這種干預與管制應該極小化，並且對受影響的土地所有權人作合理的補償。

什麼是近代的土地使用倫理？

傳統土地使用倫理受到現代社會思潮的影響，發展出至少以下三種與土地使用有關的新倫理。它們是：資源保育倫理（Conservation Ethic）、社會倫理（Social Ethic）和生態倫理（Ecological Ethic）。

資源保育倫理告訴我們，不論我們擁有什麼東西，自然的或人造的，除非有更好的替代品，我們絕對不可以傷害、毀損它。所謂更好，是指對人有更大的利益。近代對於所謂更好，不僅是衡量對人類的價值，也要衡量對自然和人造物件本身的價值（雖然有些抽象）。

社會倫理是來自習慣法（common law）的傳統，其主張是人們可以自由地使用他的土地，但

---

❿ 韓乾，《土地資源環境經濟學》，三版，五南圖書出版公司，2013，頁362。

⓫ Gordon C. Bjork, *Life, Liberty and Property*, Lexington Books, 1982, pp. 21-22.

是不得妨礙到別人或增添他人的負擔。社會倫理更擴大妨礙的概念，從直接侵犯延伸到間接和長期的影響。此一概念更重視社會整體福利的價值，超過個人利益的價值。

生態倫理的理念，是把環境看作是一個整體。Barbara Ward和Rene Dubos在《我們只有一個地球》（*Only one Earth*）裡說：

> 目前，舉凡天文學家、物理學家、地質學家、生物學家、化學家、人類學家、民族學家，以及考古學家等先進學術領域，一致認爲我們的生存雖然千變萬化，但是都在單一的系統裡，倚靠單一的能源（energy）和整體系統的健康與平衡。

生態倫理是從科學的角度看問題，認爲我們應該有智慧地使用土地。要注意土地的適宜性、承載力和復育力。從人口學的角度看，當人口增加時，可用的土地就相對地減少。尤其嚴重的是農地的減少，因爲最好的農地也是最適宜開發的土地。其次，人口的增加也增加對開放空間和荒野土地的需要。開放空間和荒野土地之所以重要，是因爲它們能調和開發地區的醜陋，增加地景的美感。

再者，技術的進步也影響土地的使用。最明顯的是都市化。個人居所的自由選擇，反映在區位和生活型態上，郊區化和個人化。這種自由開發土地的趨勢，沒有想到對土地的浪費與能源的消耗（開闢道路、購物中心、學校、公用設施等）。當然，技術的改變也會帶來社會成本，這些社會成本，又會帶來財政上的負擔。

人口與技術的交互作用，又會帶來人們對生活品質要求上的變化。在我們成長導向的社會裡，基本上，會造成實質成長與精神、文化、社會之間價值的衝突。很明顯地，近年來社會上有相當大的聲音，在開始質疑過去「**成長是好的，大就是好！**」的概念。現在有更多的人，認識到土地是珍稀的資源。例如：在2017年六月，就有數十萬人聯署，要求經濟部廢止亞洲水泥公司在花蓮太魯閣國家公園開採礦石的許可。另外一個對土地態度的重要轉變，就是愈來愈重視歷史遺跡的保存。廣義地講，保護歷史遺跡就是要負責管理土地。愈來愈廣的環境保護運動，是劃時代的，也正符合**生態倫理**的信念。眞正認識到地球的資源是有限的，我們必須盡善良管理人的責任。當現代人與人、人與社會的關係愈來愈密切的時候，你很難分辨誰的權利（right）是私人的，誰的福利是公眾（public good）的。所以功利倫理（utilitarian ethic），是需要被重新思考的。

什麼是土地使用的新倫理？

我們在前面說過，倫理是判斷一個社會是否良好的基本信條，人們生活行爲的準則。但是社會在變，所以倫理觀念也會改變。比方說，生態倫理就是近代的新概念。就土地權利與使用來講，傳統的觀念是自我中心的，是功利主義的，是以經濟尺度來衡量的。土地被視爲商品，跟其他商品一樣，你可以隨著所有權人的喜好購買、出售、交換。但是生態倫理的觀念認爲，土地是人類賴以生存的基本資源，這就是倫理觀念的改變，也是思想的改變。艾思華教授依據這種觀念的改變，提出十項土地使用的新倫理：

1. 你必須把土地看作是資源，你可以在某一段時間擁有它，但是仍然接受信託（trust）以供未來使用。不能以世俗的眼光把它視爲商品。土地是土壤、礦物質、陽光等自然資源的總和，它生產人類與其他生物生存的物資。大自然把土地託付（trust）給我們，是要我們維護它的永續生產力，使它不至於受到榨取或破壞。商品則是可供人類消費的經濟財貨。

2.你可能擁有一塊土地，而且從它獲利。但是你不能爲了獲利而造成他人或社會的不利。有些土地的使用會對別人或別的土地產生外部效果（externalities），外部效果可能產生負面的損失或正面的利益。從倫理的觀點看，多半是指負面的外部成本。

3.假使你受託管理一塊土地，你應該做有利土地的使用，而不得損傷它。你應該避免濫用土地，因爲那是無法逆轉的。受託人有責任好好管理土地，不至於減損土地未來的生產力。

4.你應該知道，使用土地要受政府的監督與管制，你要負責不做損傷社會或他人的使用的事。政府以行政和法規的功能，來防止損傷土地資源，例如：水與空氣汙染，砍伐森林等。

5.你應該確信土地使用管制是爲了：(1)避免無法恢復的損傷；(2)避免浪費；(3)保護自然與文化遺產；(4)增進視覺的秩序；(5)管制醜陋的地方；(6)保護個人遷徙、居住、就學等自由，而且不至於妨礙他人的自由。當然我們所希望做到的絕對不只是這些，社會的每一分子都應該盡其在我，作他在倫理思維上所應該盡的本分。

6.你應該認識到，爲了社會利益的土地使用管制，其利益的享受與成本的負擔要均平。基本的目標是要減少土地使用的外部性影響，特別是公共投資所產生的不利益。

7.你應該認識到，這些管制須要透過政府在民主制度下施行。政府要正確地認識這些新土地倫理。政府可以適當地，以新土地倫理的觀點，干預土地使用。我們的民主制度也需要作相應的改變。

8.你應該知道，土地倫理的概念在不同的地方會有不同的解讀，所以土地使用的規劃要反映各地方的實際狀況與需要，所以各地方會有不同的實施方式。

9.對於土地使用管制的方法，你應該貢獻一己之力，因爲這些管制也保護你自己。

10.要使管制有效，個人必須有所貢獻，也要有所犧牲。所謂貢獻是拿出個人的時間、才幹，去改善土地使用決策的品質。所謂犧牲是爲了地方、社區或縣市的利益，放棄自己因爲擁有土地所享受的權利。[12]

因爲每一個人都會使用土地，土地也是大自然所賜，所以土地使用倫理不僅適用於土地所有權人，也適用於每一個人。土地使用倫理不僅是使用土地的正當原則，也還有道德的訴求。這些道德的訴求，每一個人都應該知道並且充分瞭解，這也是達到社會公平正義所必須的。

從經濟學看土地使用倫理

經濟學的主要訴求是效率，就是如何配置資源以達到最大的生產效率，獲得最大的報酬。大多數的經濟學家都相信，達到最有效率的資源使用方式，是保障私有財產權，而且讓資源所有權人自由交易，去追求自身的最大利益。但不幸的是，事情並不像我們想的那麼簡單。舉例來說，雖然農地作農業生產最有效率，但是他也注意到，如果他在這塊土地上蓋住宅或種植花卉，會更有效率，收益會更高。但是，不可忽略的是，除了金錢的利益與成本之外，還要顧及非金錢的利益與成本。

一塊土地的使用，除了地主考慮他本身的利益與成本之外，還需要考慮它所可能造成的外部效果，例如：農夫可能使用殺蟲劑而造成水汙染。外部效果在土地使用上非常重要，絕對不可忽視。另外還有兩種外部效果值得注意，一個是開放空間的景觀價值。另外一個是比較抽象的價值，許多

---

⑫ Ashworth, et al., pp. 152-3.

學者認爲鄉村文化會陶冶出健康、誠實、具有自信的國民，將有利於國家。這個問題似乎又需要從社會學的角度來探討。

所以從事經濟與政策分析的學者在支持「效率」、「財富極大化」，或者「消費者至上（consumer sovereignty）」作爲衡量公共政策的標準時，便會產生一些無可避免的矛盾。這些矛盾包括：經濟上對能源的需要vs.對環境的關心；希望經濟永續成長vs.對自然資源保育的需要；認爲自然是爲人類服務的vs.保護自然生態；個人自由vs.爲群體而節制；相信人定勝天vs.人類的能力有時而窮；人權與需要vs.動植物的生存與福利。[13]

這裡所考慮的問題是「觀念上的」而不是「實際上的」。在某一個層面，經濟分析會要求一個作決策的人使用公式而非頭腦。當經濟學者使用益本分析去確定一些很「不具體」（intangible）的價值時，在他們的概念裡，經濟效益應該不僅包含存在於市場中的價值，也應該包含那些市場所無法衡量的價值。例如：你願意付多少錢來保護這片溼地？溼地沒有市場價值，但是卻有生態價值。我們是不是也可以說，任何事物在道德、倫理或美學上的失靈也是市場的失靈？

那麼我們又爲什麼要創造一個市場，去衡量一個非市場可以量度的環境、文化、美學、倫理或道德的價值。人們可能只用自己的信仰去判斷如何對待荒野、野生動物、河流、湖泊的態度的「對」或「不對」。因此，一個人爲的市場，又如何判斷這些觀念的對或不對？市場只是一個財貨交易的場所而不是觀念交換的場所。

例如：我們如果把國家公園交給商人管理，一定會是一項錯誤。然而那並不是一項經濟上的錯誤，那是道德上、美學上與文化上的錯誤。我們保護國家公園是在保護我們國家的自然遺產，並且將它完美無瑕的狀態留給未來的世代。

當我們反對現代科技所造成的環境敗壞時，我們也應該反對人的墮落。我們不應該只尋求一個完全的市場。一個國家的政策不應該只取決於經濟分析的結果，每一個人也不應該只做一個願付某些代價的消費者。

這些說法也並不表示我們完全否定經濟分析的重要性。它仍然可以幫助我們以最有效、最廉價的方法達成我們的目的。如果我們目前在技術上的防治汙染方法，並不是最有效而且省費（cost-effective）的話，我們願不願意少花點錢？而這些錢只是我們願意付出的代價。

從社會學看土地使用倫理

城市的不斷向外擴張蔓延，改變了土地使用的型態與社會關係，這些改變又與我們的傳統價值產生衝突。都市地區的擴張，主要是由於人口的增加，而人口的老化又降低家庭的穩定性。加上所得的增加、交通的改善，增加了人們購買住宅和土地的開發。這種趨勢造成土地的投機、農地和開放空間的流失，造成人們財富的暴增與暴減，形成社會所得分配的貧富不均。長期下來將會衝擊社會的主要生態、經濟、社會和文化體系。如果依照影響的大小排序，第一是環境品質，第二是效率，第三是公平正義，第四是社會的成長和秩序。如果以這幾項標準來衡量我們的土地使用方式和型態，顯然我們所看到的都是負面的結果。

⑬ Jerome L Kaufman, "Land Planning in an Ethical Perspective", in *Ethics in Planning*, Edited by Martin Wachs, Rutgers, The State University of New Jersey, 1985, p. 296.

要解決土地使用問題，需要每一個人和每一個機構，都依照正式和非正式的倫理道德標準去使用土地。可是這些倫理道德標準，仍然有待建立和被接受。社會科學無法單獨解決問題，但是社會科學可以幫助我們瞭解各種土地使用的成因和所造成的結果。社會科學無法開出達到目標的藥方，但是可以幫助我們建立土地使用倫理，再去達成既定的目標。社會科學觀點裡特別重要的一點，是認為人與人的行為關係，根植於道德與行動合一的思想範疇。社會科學是從人與人的互動行為及思想，造成的土地使用所呈現的結果，來評價各種土地使用的良窳。

新土地倫理要告訴我們什麼？

倫理本身並不能告訴我們什麼，只有用這些思想去指導政策與計畫才有意義，也就是要讓政策與計畫依照倫理原則去實踐完成。就土地使用來說，無可避免地要干預法律所保障的財產權與交易的自由。然而，倫理的原則除了實踐的原則之外，我們還必須瞭解道德的訴求，才能達到公平正義的境界。因此，我們必須要有新的土地使用倫理，因為傳統的倫理已經無法反映前面所說的：資源保育倫理、社會倫理和生態倫理的訴求。艾思華教授提出以下十項新的思維元素：

1. **未來方向的掌握**：人都希望能夠掌握自己的未來，自己可以選擇自己的行為方向。假使他決定不再攫取有限的自然資源，他當然有能力，也有方法和工具好好地管理土地資源。

2. **要有秩序**：人的行為需要有秩序，有一定的規範。他要對自己的土地負責，當他的開發超越一定的範圍時，一定要遵照政府或公眾同意的原則。

3. **適當的飲水、食物和清潔的空氣**：適當的飲水、食物和清潔的空氣，都需要適當地管制土地使用。

4. **居住和隱私的要求：**個人能夠擁有安全的居家和隱私，是每一個人最大的自由。社區也應該提供一定水準的健康與衛生環境。

5. **有意義的職業和工作：**現代科技的發展，讓人對未來有無限的憧憬。但是呆板機械式的工作，也帶來眾多的批評。晶片將使人被機器所取代，人的完整性將受到傷害。新式的工作和區位也可能影響土地的使用，如果我們尊重土地倫理，將比較容易接受和融入這種變化。

6. **身心靈的休閒愜意：**在過去的農業社會，工作時間長但是步調慢，常有時間休息、思考。但是在現代生活裡，人們每天照表操課，一分一秒都要看到成果，難得有休閒與遊憩的時間。提供休閒設施的需求，是每一個國家或地方迫切需要面對的問題。

7. **遷徙旅行的需要：**遷徙、旅行是現代人所享有的自由與權利，而道路與各種設施都需要土地。接受土地使用的倫理，就是對這種權利的保障。

8. **豐富視覺的饗宴：**通常我們說情人眼裡出西施，所以很難給「美」下一個客觀的定義。但是不可否認的，對於什麼是美？什麼是賞心悅目？還是有一個大多數人相近的看法。這種感覺是發自人類內心的良善。相反地，愈來愈多人也相信，醜陋和不人性的環境會造就醜陋的行爲。也許我們不必強調環境決定論，但是大家仍然可以同意，環境與人的行爲是互相關聯的。這種概念說明了保育老舊與新的開發同樣重要。有人喜歡城市裡精雕細琢的歷史建築物，也有人喜歡巴黎羅浮宮前面的玻璃金字塔。經過文化的陶冶與孕育，也啓發了城市的建築與土地使用規則。雖然法規無法創造「美」，但是它可以有助於「美」的創造。

9. **要在傳統的主流裡：**近年來對歷史建築物和自然遺產的重視，引起了對它們保護的需要。於是在城市裡規劃歷史保護區，或成立國家信託。一個城市沒有老的建築物，猶如一個人沒有記憶。

保護老的建築物需要各種保護與管理的措施與機制，保護與管理的措施與機制都根植於良好的土地管理。良好的土地管理，又根植於土地使用倫理。

10. **要注意社會的整體融洽：**雖然我們並不同意環境建築決定論，但是很清楚地，資源實質上的有無和使用，一定會鼓勵或遏止社會上不同意見和行爲的表現。有些敏感性的土地使用管制，一定會影響各種年齡層、性別、教育、能力、所得、族群的人。因此我們在面對這些問題時，必須審愼注意社會整體的融洽。[14]

土地與環境倫理與土地使用規劃

當我們大致瞭解了土地與環境倫理之後，我們便會知道土地倫理應用在土地使用規劃工作上，能達到什麼樣的目的。艾思華教授臚列以下十點規劃的原則：

1. 使我們能保持鄉村仍然是眞正的鄉村，人們卻能有城市居民的生活水準。
2. 使我們能選擇適當的地點建設新社區，使市民都能享有適當的設施和生活品質；且能以租稅的方式使利益與損失得以均平。
3. 使我們能供給市民清潔衛生的飲水、食物與空氣。
4. 使我們能擁有使大多數市民稱便的交通系統，以往來於居住、工作、學校與休閒設施之間。
5. 使我們能控制城市的成長，使它不逾越一定的邊界，保持理想的人口密度，維持社會秩序與分際，不至於影響生活與健康。
6. 使我們能讓城市在我們選擇的理想地區，以智慧的方式成長。
7. 使我們能決定合理的住宅、工作與休閒遊憩設施的區位。

8. 使我們能對建築物開發或再開發的形式、色彩有所選擇，以使都市景觀賞心悅目。

9. 使我們能對有價值的自然、文化遺產加以保護，抗拒強大的經濟、政治壓力，避免因爲新開發而遭到毀棄的危險。

10. 使我們能保存值得保存的東西，而且有權對任何不當的改變加以否決。[15]

從事城市規劃管理的人，從以前到現在，所注意的重點，往往只在乎一個城市的實質硬體建設，所用的機制是土地使用分區、土地細分管制和規劃許可。當然也有人注意到市中心商業區、工業區、住宅區的更新，更有人注意到低所得和弱勢族群。這些規劃所關心的是都市基礎設施與服務的效率，以及設計的美學。近幾十年來，城市規劃管理所關心的領域，更擴大到經濟發展、鄉村土地使用、環境規劃，甚至健康規劃。

最基本的原則是，從事城市規劃管理的人，要尊重法律與公平正義的原則，公平正義是最基本的倫理準則。它們包括：誠實、眞誠、公平以及守信。法律並不只是道德責任，它是公眾的決定，會制約社會上的每一個人。[16]公平正義出於個人的道德良知，而不是法律的規定，但是它是所有倫理規範中最具約束力的。它包括：誠實、公平、眞誠，以及避免不必要的傷害。在規劃管理的領域中，公平正義適用於每一個人和每一個團體。對個人來說，不論他的身分，都希望受到誠實公平的

---

[14] Graham Ashworth, et al., *Toward a New Land Use Ethic*, Piedmont Environmental Council, 1982, p. 13-15.

[15] Ashworth, et al., p. 16.

[16] Elizabeth Howe, *Acting on Ethics in City Planning,* Rutgers, the State University of New Jersey, 1994, p. 8

對待。忠誠與可靠是互相關聯的，從事規劃管理的人對長官忠誠，對象是他的職位而不是對他個人。[17]

生態基礎的土地使用規劃

Only when the last tree has been cut down.
Only after the last river has been poisoned.
Only after the last fish has been caught.
Only then will you find that money cannot be eaten.（只有等到最後一棵樹被砍倒，最後一隻魚被捕撈，最後一條河被汙染之後，你才會明白，錢不能拿來果腹。）

早年，我們會把土地看作是一種商品，與圍繞在我們生活周遭的空氣、水、植物與動物沒有關係。從人類生態學的角度看，我們可以發現人類使用土地的開發行爲對環境的傷害。第一、我們應該知道，自然生態基礎（ecological infrastructure）是遍布在各個地方的，是在我們注意到和沒注意到的地方，發揮它們的功能。但是當我們干預到它們的功能時，可能會給我們帶來災難。我們也不可能重建它們、修復或仿製它們。因此，我們應該盡可能地不去碰它們，以保持自然基礎的健康與完整。

第二、我們應該知道最重要的是城市土地使用規劃，對我們自然環境品質的衝擊是多麼強而有力。然而，各地方的土地使用規劃，卻在從國家到省，至地方政府的環境保護策略中，只占邊緣的地位。特別是在我們這種中央集權制的國家，地方政府的規劃計畫，一定要由中央政府審核通過。其實土地使用計畫，在歐美國家都是屬於地方政府的事務，只要不牴觸國家的基本政策就可以了。

諸如：溼地保護、水汙染、空氣汙染、洪泛管理，以及瀕絕動植物保護等，地方政府的角色都比中央政府恰當。因爲地方政府可以透過土地使用分區（zoning），適當地配置住宅密度、工廠、商辦建築物的區位，以及排水系統等管制，特別是在鄉村與市郊地區。

第三、不過有時不動產開發業者與土地投機客的意見，會比地方政府的土地使用規劃管理者或居民的意見更有影響力。不過無論如何，我們要確信我們的生活品質要倚賴我們的環境品質，而我們的環境品質又有賴我們土地使用規劃管理的品質。其實有關環境品質與土地使用關係的論述早已存在。例如：李奧波有關土地倫理的概念，馬哈（Ian McHarg, 1969）有關土地開發保育的原則。李奧波在1933年就說過：一直到現在，人類對土地以及其上的動物、植物都還沒有建立起一個正常的倫理關係。對土地的關係只限於財產權，以及如何利用土地生財。所重視的只是權利，卻不談義務與責任，義務與責任如果沒有良知、倫理，義務與責任也就沒有意義了。

依照馬哈的概念，土地使用規劃並不是要保證土地所有權人、投資者或開發商獲利，也不是要鼓勵國家的生產毛額（GDP）不斷地增加，或者減少不動產稅賦。它是爲了保護我們的家庭生活，而且保護我們的空氣、水、動植物與維持生命的土壤。否則我們的地球將會荒蕪得有如月亮，無法讓我們居住。多少對自然環境的破壞都是假土地改良與活化之名而行。例如：住宅區的開發、商業大樓、工業園區的興建，都需要動用土地。於是農地、綠地、林地都被改變成建築用地。[18]固然從

---

⑰ Ibid., pp. 27-30.

⑱ William B. Honachefsky, *Ecologically Based Municipal Land Use Planning*, Lewis Publishers, 2000, pp. 1-3.

經濟學的角度看，建築用地的價值最高，其使用也最能獲利；然而，也因此破壞了野生動植物的棲息地，阻礙了地下水的補注，切斷了空氣、養分的循環，造成水土的沖蝕與災害。當然也不能完全責怪地方政府和規劃的專家，他們也只是反映公眾的需要，而無暇顧及到自然生態系統對人類未來永續生存的重要性。

更實際一點看，我們的環境問題，從一般的環境汙染到重大的天然災害，無非都是土地使用與土地濫用，以及規劃不當所造成的。例如：政府把土地規劃分區後，規定在什麼地方開發作住宅區、商業區與工業區，並且規定各種使用的密度應該是多少，強度應該是多少，供水與排水系統如何，又在何處開闢道路等？諸如此類土地使用的規劃與開發，可能都沒有注意到土地與自然資源的承載力（carrying capacity）與其結構及功能，以至於造成整體生態系統的改變。一個主要的生態系統理論是說：**每一件事都與其他的每一件事有連帶關係**（everything is linked to everything else）。實際上，我們只有一個地球，我們只是其中的一分子，與其他分子共同生存。

那麼我們又將如何保護地球，使它免於更多對環境的傷害，更多無法使它永續發展的開發行爲呢？很明顯地是要採用以生態倫理爲基礎作土地使用規劃與管理。然而我們也要注意，以生態倫理爲基礎的土地使用，並不等於不開發、不成長。剛好相反的是，以生態系統爲基礎的土地使用，很清楚地瞭解供應一個城市不斷成長的人口的需要，是一件永續性的工作與責任。同時，我們也應該注意到供應人類使用需要的土地，在本質上應該是去尋找最適合其使用性質的土地。但是在尋找這樣的土地時，不應該犧牲維持我們永續發展的生態基礎。更明白地講，就是**土地所有權人與開發者，不能在任何他所想要開發的地方開發他所要的東西**。無論如何，受到生態條件限制的土地應該保留，使它成爲一個城市或社區開放空間使用的儲備用地（land banking）。維護現有的生態基礎，遠比在開發之後，再用購買甚至徵收的方式取得開放空間容易得多。我們也不要很愚蠢地不去避免可以避免的傷害，然後更不自量力地使用科技方法，去修補現代科技對生態基礎所造成的傷害。

傳統經濟學的思維，總是把規劃管理看作是對自由經濟的一種威脅。然而，城市的環境，如果沒有規劃管理，將會是我們無法忍受的。因爲這種環境的敗壞，大多數是自由放任的私人開發行爲所造成的。於是首先，規劃者認識到住宅的土地使用應該有最高的安全與愜意性。其次、爲了保護住宅區，其他更爲集約的土地使用，如商業、工業的土地使用，應該與住宅區分離。這也就是土地使用分區概念的由來。然而土地使用分區並不等於土地使用規劃（planning），它只是附屬於綜合計畫或綱要計畫的規劃程序之一。土地使用分區是把一個都市地區分隔成許多區塊，依照各地區不同的情況，以不同的法規規範土地的使用種類和方式。規劃管理注重長遠的目標和政策，土地使用分區只注意目前土地使用的強度與密度、下水道或道路系統的設計以及某種使用的許可與否。

美國實施土地使用分區的最初，大家認爲此一措施一定會遭遇自由企業界的強烈反對。但是令人驚奇的是，土地使用分區竟成爲全國普遍的趨勢。主要的原因有二：第一、它保護了既有的土地使用；第二、它有機會使集約使用的土地，作更能獲利的使用，如：企業或工業。

第三、如果土地使用規劃沒有經過完整（integrity）的適宜性評估，便不是一個合宜的計畫。任何分區使用法規，不管它是地方的、省級的或國家級的，如果忽略了自然對人類使用土地行爲的限制，必然會是一個失敗的計畫。[19]加強綱要計畫的生態基礎內容，是爲了強化社區居民（無論是

---

[19] Honachefsky, p. 22.

土地所有權人、利益權利人、企業領袖、環保團體與其他有關人士）透過共識，在任何個別基地計畫送審之前，就集體地決定長期，以及未來的社區福祉及永續發展的能力。

其實要實現以生態系統爲基礎的都市土地使用規劃，並不是十分困難的事情。只要把一個城市的綱要計畫（master plan）與土地使用分區之間的層次關係釐清，並且結合在一起就好了。通常綱要計畫最爲優先，土地使用分區則是附屬於綱要計畫的。在做好土地使用分區計畫之後，再進一步做土地細分或細部計畫。在作這些工作的同時，把生態基礎的土地使用概念與元素（element）融會進去就可以了。漢納契夫斯基（William B. Honachefsky）指出，城市綱要計畫（Master Plan）應該包含以下的基本內容：

1. 陳述一個城市，以實質、經濟與社會發展爲基礎的計畫目標、原則、假設條件、政策與標準。
2. 土地使用計畫的內容包括：地形、土壤狀況、供水、排水、洪氾地區、沼澤與林木。
3. 住宅計畫至少應該包括：住宅建造與改善的標準。
4. 包括各種交通工具與區位，互相配搭完善的交通計畫。
5. 公共服務設施計畫，包括：分析各地區現在與未來供水、排水設施、防洪設施、下水道及汙水與廢棄物的處理。
6. 社區的公共設施計畫，包括：現有及未來文化、教育設施的需要及區位，以及歷史保護區、圖書館、醫院、警察局及消防設施。
7. 休閒遊憩計畫，包括：綜合性的公共土地系統，供遊憩活動使用的土地。
8. 資源保育計畫，提供自然資源保育、保存與利用，包括：能源、開放空間、水源、森林、土壞、沼澤、溼地、港灣、河流與其他水體，魚類、瀕絕野生動植物物種與其他資源。這項計畫需要有系統地分析彼此相互的影響與衝擊，以及與綱要計畫中有關現在與未來，各種自然資源保育、保存與使用的關係。

9. 經濟分析計畫。

10. 歷史古蹟保存計畫。

11. 資源循環使用計畫。

12. 說明此一城市的綱要計畫與相鄰城市、所在縣市、省等區域性綱要計畫的關係。[20]

漢納契夫斯基並不認爲目前的綱要計畫與使用分區規則，能夠恰當地保存與保護一個社區的生態基礎。他甚至強調，在目前管理機關權責分散，由專家、土地投機客與開發商參與，一個一個地分別審查、評估各個案的方式下，兩者都不可能發生作用，而把土地生態系統逼向死亡。如果我們審視一下目前台灣的情形，不就是這樣嗎？特別是在實施規劃許可制之後。問題的關鍵在於規劃與審查機關，並沒有對任何擬議的土地使用案件，做整體生態系統的考量。然而，我們一定要對每一個開發個案對社區福祉在未來短期與長期的影響作清晰的評估。

在擬議一個社區二十一世紀的綱要計畫時，必須注意以下幾點：

1. 一個社會必須避免讓未來世代的人負擔環境敗壞的成本。

2. 假使我們認爲社會必須補償土地所有權人，爲社會利益所做的犧牲；同樣地，如果土地所有

---

[20] Honachefsky, p. 30.

權人爲了自己的利益敗壞了自然環境，損壞了公眾的利益，他也必須加以補償。

3.我們目前的科技和社會制度，並不能處理因爲人們侵犯自然生態所累積的環境衝擊。因爲人們認爲龐大的自然容受力，必定能夠消化這些環境衝擊和敗壞於無形。因此，我們未能將環境成本算進產品的製造與消費的過程。也正因爲如此，產品的市場價格無法反映環境資源的稀少性，以及對環境所造成的損壞成本。

4.土地所有權人對其財產價值的期望，應該以在他取得所有權時的價值爲準，之後的社會增值應該歸公。

5.對私有土地財產的開發與保存之間的衡量，政府必須有所規範。政府對土地財產開發所造成負面衝擊的補救措施，必須與開發所造成的負面衝擊相稱。

6.我們必須多倚賴生態系統的完整保存，而少倚賴對已經造成的損害的復育。

7.綠地（greenfield）與棕地（brownfield）的保護與開發，在環境保護的目標上有所不同。綠地是指鄉村與郊區。棕地是指已經相當都市化地區所使用過的土地，如廢棄的廠房與住宅。

8.現代的科技社會，需要讓地方決策者更清楚地瞭解土地使用底層的生態系統基礎，以使土地的開發不至於傷害到生態系統的運行與功能。例如：超抽地下水導致地層下陷，以致於影響高速鐵路的安全，甚至工程的壽命。

9.在做土地使用規劃時，我們必須作跨世代的思考。

10.我們必須對待大自然有如我們的良師益友，不要把它當作需要不斷克服的障礙。[21]

走一條生態發展的路

聯合國在1972年召開的環境與發展會議中，已經清楚地認識到環境與發展是無法分開的。而且也把發展的概念延伸，超越以經濟成長爲衡量指標的範疇。因爲高經濟成長率並不能解決緊迫的社會問題。因爲在許多國家，高經濟成長卻帶來與日具增的失業與所得的不均以及社會、文化水平的低落。因此發展的重點已經轉移到以社會與文化的提升。

現在各個國家的發展已經形成過度消費的型態。它不但違反了人類的內在需求限度，也超越了自然的極限。因此我們應該尋求一種發展的策略，使那些富裕國家（應該擴大範圍包括所有的國家），使它們發展成爲注重生態與社會的生活型態——這就是生態發展（eco-development）。

莫里斯．史壯（Maurice Strong）提出以下幾項生態發展應該走的路：

1. 在每一個生態區域裡，應該發展所有資源的功能，以滿足人們的基本需要，如：食物、住宅、保健與教育，但是要避免富裕國家消費型態生活的不良影響。

2. 生態發展應該有助於人們的自我認知，包括工作、安全、人際關係及對自然與文化多樣性的尊重。

3. 管理與使用自然資源必須顧及未來的世代，避免耗費不可更新的（non-renewable）資源，而且正確地管理可更新的（renewable）資源。

4. 循環再利用工業廢棄物，同時避免人類行爲對環境造成的負面影響。

㉑ Honachefsky, pp. 31-32.

5. 依靠光合作用生成的能源，使用地方型的能源，尋求高能源效率運輸工具的製造。

6. 使用生態技術，並且伴隨著改善社會組織型態，與新的教育體系。教育人們環境與生態面向的發展，使這些概念內部化於我們的價值系統內，使人們更尊重自然。

7. 建制水平的政府型態，使政府的各部門之間彼此支援，並且提供適合當地經濟與生態條件的資本設備與生產技術。使地方政府與政府之間彼此協調合作，並且避免受到外力的壓迫與剝削。

8. 這些工作與方法必須基於對未來世代倫理上的承諾。

8

原來城市也要呼吸

開放空間並不是為了建築物而存在的，它本身就是一個建築物，只是沒有頂蓋罷了。周邊的建築物是提供給在開放空間活動的人，遮風避雨及取暖的設施。

美國人類學家愛德華・郝爾（Edward T. Hall），把人際關係分爲四類。它們是：親密關係（intimate）、人際關係（personal）、社會關係（social），和公眾關係（public）。每一種關係都會有親近和不親近兩種，它們都可以用距離（尺）來衡量。他強調，每一個人對關係距離的反應，要看他（她）的文化背景，以及他（她）五官的感受。郝爾研究建築物的設計，以及建築物之間的距離，得到幾項結論。他特別強調人類種族和文化，影響人對空間的需求。現代城市的規劃設計，毫無疑問地會影響開放空間的型態，並影響人們的生活型態。❶

如果以視覺來講，例如：當你在街上近距離注意看一個商店櫥窗裡的擺飾時，你就不會注意商店的門面或往來的行人。只有當你退後到一定的距離時，你才會看清商店的門面和周遭的全貌。這就是見樹不見林，或見林不見樹的情形。所以，開放空間可以讓我們有開闊的視野，缺少開放空間則會讓我們感覺到擁擠，或者對事物感覺到無趣。所以，那些認爲開放空間會影響人類生活素質的人，絕對不是無

❶ Harvey S. Perloff, Editor, *The Quality of the Urban Environment*, The Johns Hopkins Press, 1971, p. 153.

的放矢的。如果能把城市裡的建築物拉得近一點，但是又不失彼此的私密性與效用，便可以多獲得一些開放空間，這也就是主張緊湊式（compact）土地開發的原因。

與我們在第二章所討論的城市規劃的烏托邦思想（Utopianism）緊密關聯的，就是影響建築地景的環境決定論。環境決定論認爲社會福祉與個人行爲，是由實質環境特質所塑造的。社會與人類目標的實現，也是受實質環境所影響的。如何使一個城市成爲一個能過良好生活的地方，很顯然地是城市規劃的任務。所謂城市，就是一個人造的環境實體。而一個能過良好生活的地方，就是一個愜意的城市環境。

追求良好生活環境素質的基本邏輯思維，就是設法使所追求的環境素質能夠實現。事實上，從一開始，這個追求環境素質的過程，從經濟學的概念看，就是成本與利益的計算。假使要使所謂的良好生活的地方有任何實質的意義的話，最後的成本與利益必須加總計算，看看付出多少成本，和能獲得多少利益。更重要的是，不僅是整體社區需要付出多少代價，而是社區裡的居民**誰負擔多少成本，誰獲得多少利益**？才能使這個成果實現。另一個關係到城市空間布局的政策思維，就是社會目標、策略的偏好和理性的決策，是不是值得信任。一些深入的分析告訴我們，土地與住宅市場的不完美由來已久。假使我們不信任我們的經濟機制，我們是否能相信我們的政治制度？是否能許我們社會一個美好的未來？政客與投機客的結合，將是城市環境規劃的最大敵人。

雖然烏托邦的思想、實質的環境主義，以及對社會未來的期望，主導著目前的城市規劃，我們所面對的問題，並不是舊瓶裝新酒。現今的技術、財富與制度，所面臨的巨大，而且不斷的變化，也改變著我們的需求、我們的城市，與我們可能獲得的機會。我們所面對的問題是全新的，前所未有的，所以我們也需要有新的方法來解決它們。而與城市環境素質有密切關係的元素，可能是城市裡各種元素的空間配置問題。

城市開放空間的重要性

譚寇（Stanley B. Tankel）把開放空間看作是都市人，爲了滿足他們的活動，所需要的實質環境，是城市未來成長與發展所需要的資源。也就是社會與經濟活動結構，如何有效率地在都市空間裡配置的問題。城市存在於空間之中，城市的各種活動占據空間，空間又限制各種活動之間的互動。所以，廣義地認爲開放空間，不但包括都市地區沒有建築物覆蓋的土地與水域，也包括其上的空域與陽光。在這樣的定義下，開放空間所占的面積，要比都市其他元素的總和都要大。不過，都市空間所重視的是區位，而不只是量的多寡。[2]

空間資源的供給有限，所以我們所面對的問題，就是如何把空間資源，在各種互相競爭的使用之間作最適當（optimum）的配置與管理。接下來的問題就是，我們有沒有善用這些資源？至於它們的區位，和各種活動對空間的使用，有沒有需要作重新調整，使它們對社會的利益有所增加？這些問題，會跟著我們對利益看法的轉變而改變。就整個社會的觀點來看，所注意的除了空間的配置之外，當然還有都市土地的生產力問題。因爲它會影響社會整體、區域，以及都會區的經濟發展。

在都會區，空間的問題又顯得特別複雜。在都會區，對公共設施，特別是交通與通訊的投資，

---

❷ Stanley B. Tankel, "The Importance of Open Space in the Urban Pattern", in *Cities and Space: The Future Use of Urban Land*, Edited by Lowdon Wingo, Jr., Resources for the Future Press, 2011, p. 57.

能強化其運作的功能。因爲交通與通訊，能夠提高各個地方的可及性。都會區的空間供給問題比較複雜，因爲它又牽涉到區域經濟中心擴張和郊區分散的問題，以及各地方不同土地使用的集約度問題。對地方性的城市而言，空間的問題在於管理。因爲地方性城市的範圍，只占都會區或更廣泛區域網絡的一部分。而城市政府的權力與對未來發展的展望，會受限於整個大區域發展的影響。

在一個城市去中心化的區域裡，開放空間的管理，是一個非常特別的議題。它需要對土地使用規劃的目的，重新加以評估。因爲在土地使用多樣化的都市地區，土地資源的使用最容易被**誤置**（misallocation）。在這種情形之下，土地使用規劃的目的，會在某種程度上，難以由政府的政策或規劃機關來決定。什麼是最恰當的土地使用？或者如何避免相鄰土地使用所造成的外溢效果或衝突？都是相當需要思考與研究的課題。

未來的理想都市土地使用型態，很可能是相當多樣化的。如果我們依照傳統的城市規劃方法，在一塊土地上作一個土地使用計畫，可能並不是一件很困難的事。但是如果要讓居民相信他們已經居住在一個自給自足，而且平衡發展的社區裡，又是另外一回事。雖然現代的規劃理念，會倡導未來城市的發展，要更集中化，密度也會較高。但是倡導集中、緊湊發展的人，也不能剝奪人們移往郊區的機會。然而，無論是小市鎮或大城市，這些變數的多寡與複雜性，究竟還是有限的。要對多樣化的土地使用型態作規劃，傳統的規劃方法，能著力的地方實在不多。我們必須建立新的遊戲規則，因爲適應現代狀況的土地使用型態，將可能與傳統的模式完全不同。

城市空間的生態學

我們城市發展的一個很顯然的困難，就是我們背負著一個歷史的邏輯包袱。從歷史上看，我們社區的成長，就是在設法迎合個人、家庭和社會群體，在功利和心理上的需要。缺乏可用土地的地方，會形成集中式的開發。貿易中心會開發在水陸運輸交會的地方，形成開闊的市場。高所得的家庭，有能力從擁擠的市中心移往市郊。他們的住宅，便下濾給新移民或低所得的家庭，也許最後淪落成貧民窟。勞工生產力的提高，和服務業的發展，又會使勞工階級力爭上游，脫離貧民窟。因此，我們可以說，都市社區的型態是由社會的需要與機會所造成的。

許多對超級城市（megalopolis）的批評，認爲目前結構散亂的都市型態，並不適合基本的人性需要。所以有人提倡開發田園市（garden cities），限制它們的大小，讓人們所需要的東西，能夠很近地取得。然而，並非所有的人都認爲田園市是解決現代城市問題的萬靈丹。對某些人來說，設計一個清爽的新城市，並不意味著平靜與安詳；而且可能是呆板而乏味的，並且缺少老城市經過長時間所累積下來，那麼多彩多姿與富於文化涵養的建築與文物。如果我們有心去做，也許能把多彩多姿的建築物，與富於文化涵養的元素，融匯到規劃工作裡。

有些人類的生態系統，並不能侷限在一個物質或地理範圍的社區裡。社會上層的人，會把物質環境當作資源來使用；而低階層的社會經濟群體，則受環境所支配。社會上層的生態社區，實際上就是這個世界。當我們設計任何一個社區時，我們對空間的使用，要看群體內部的需要，以及這個群體與整個世界的關係。通訊與交通在這個時候，對這個群體而言，就顯得十分重要，因爲它們的生態系統變得廣闊。而對生活在貧民窟裡的人，他們的生態世界又是如此的狹隘。田園市的概念，對他們而言，就顯得沒有什麼意義了。

除了經濟、社會因素與這個社會的關係之外，我們所關心的，是在這個大生態系統裡底層的個人、家庭和各種群體與機構的需要。實質環境正是他們身分的表徵，把他們擠在有如沙丁魚罐頭一般的組屋裡；或者把他們因爲都市更新或其他原因，放逐到另一個對他們來說，完全陌生的地方，兩者都不是令人願意接受的。一個新的城市規劃，必須對這種狀況有所回應，而且要對改善人民的生活型態有所幫助。

在這種情形之下，都市更新、城市規劃和社會福利，必須互相結合。目前的城市規劃，往往把心理／社會的需要放在其他物質生活需要之後。當人口增加，又普遍暴露在貧窮之下的時候，住宅與建築物的供給，未必是人們所最需要的東西。這種情形在新興國家尤其眞實。當我們思索如何能幫助他們時，也許可以從空間的利用問題開始。空間，在人類生活的所有各個面向，都是非常重要的。空間的使用，又要看使用的方式與價值。目前的價值判斷方式，主要是從經濟的角度著眼。可是人性因素卻愈來愈形重要，土地使用的方式也會因此有所不同。負責規劃的人，必須預知這種新的需求，來做適當的規劃。

加州大學（博克萊校區）杜爾教授（Leonard J. Duhl）建議以下幾點有關都市開放空間規劃，所需要注意的事情：

1. 實體與空間的規劃最好不要獨立於更廣泛的社區與人口的需要之外。這些需要包括：空間、建築物、機構、工業、保健、休閒遊憩、教育和各種社會經濟階層之間的複雜關係。

2. 我們對空間的使用，要反映社會的價值。不得傷害個人的利益，或不符少數族群的文化傳統、生活價值或利益。

3. 實質結構體與其設計，只是空間使用的一部分。更重要的是，要問這些結構體是否能滿足使用者所需要的內在功能和外部環境。包括：生活方式、價值、需要與慣常的行爲模式。

4. 在一個上層水平的社會經濟階層，人們會享有自由遷徙和控制個人環境的機會。但是，實質的規劃往往對低階層社會地區造成較大的衝擊。要減少對他們生活方式的干擾，和改變他們在社會中的角色與行爲。

5. 我們必須建立新的制度，去滿足提高生活水平的需要。未來的空間使用，必須預期到各種新的需要。[3]

都市開放空間的型態與功能

因爲現代快速的都市化，人們對居住環境的要求，已經由量的需要轉向對質的要求。由於人們對環境素質的重視，進而對開放空間益感需要。特別在都市地區，開放空間對都市環境的改善具有正面意義。所謂開放空間，是指在城市裡或都市地區，沒有被永久性結構體覆蓋的地理區域。在城市裡所設計的開放空間，不但可以增加公共設施及休憩空間。更可以平衡城市中心過高的建蔽率，所造成的擁擠環境。但是，很不幸地，開放空間往往給人一種負面的印象，好像是地面缺少了什麼具有價值的東西。簡單地說，就是缺少土地的開發使用。這也就是爲什麼會經常有人覬覦，想要在其上做一些不相稱的使用，以獲得一些利益。[4]社會大眾對都市地區的開放空間有強烈的興趣，除了功利上的考慮之外，也因爲無論公有或私有的開放空間，它所造成的地景環境非常重要。

---

[3] Leonard J. Duhl, "The Human Measure: Man and Family in Megalopolis", in Lowdon Wingo, Jr., *Cities and Space: The Future Use of Urban Land*, Resources for the Future, 2011, p. 151.

[4] Perloff, p. 139.

在城市地區的開放空間，必須有一個範圍，而不是無邊無際地延伸下去。在城市裡可能被建築物所圍繞，在郊區就會有樹林或花木在其邊緣。空間的封閉或開放非常重要，因爲它會影響公眾的使用。在城市裡或接近城市的開放空間，基本上有以下幾個設置的目的和功能：

1. 提供足夠的開放空間，使居住場所獲得更充足的陽光與流暢的空氣。並且形成緩衝空間，得以阻隔噪音與塵埃。建築物鄰棟間的空間，可以增加居住的私密性。開放空間所提供的設施及造景、植栽，可以提供民眾使用和視野上的欣賞，並且改善都市景觀。開放空間的各種植栽，可以降低氣溫，調節空氣品質。這些功能都足以提升居住環境素質。

2. 開放空間可以彌補公共設施機能的不足，對於缺少鄰里公園等休憩活動場所的地區，能夠增加室外公眾活動的場所。並且可以減輕都市化所帶給居民生活環境的擁擠感與壓迫感，使居民的生活步調更加均衡協調。

3. 建築物之間保持適當的棟距和開放空間，在地震、火災等災害發生時，不僅可以防止災害的蔓延。更可以凸顯其公共性及開放性，以及增進都市防災及避難的功能。

4. 開放空間的土地使用型態，可以創造並改善都市地景。自然地景包括水域、山嶽等組合；人造地景則包括廣場、庭院、公園、綠帶及建築物附屬的開放空間。這些不同性質的開放空間與建築物相互配合，經由適當的設計與管理，空間的美化及造景，可以塑造出良好又具特色的空間景觀。直接或間接地創造宜人的整體都市地景，增添城市的意向。

5. 開放空間可以提供室外休憩活動及增加交誼場所。人們在生活繁忙之餘，少不了需要有休閒活動來調適。譬如：散步、運動、休憩等活動，都是都市生活中不可缺少的。開放空間可以提供人們行動上的可及性，及視覺上的可觀性。可以在生活步調快速，人與人之間的交流愈來愈疏遠的都市生活中，提供人們停留駐足的機會，以及社交的場所。

6.開放空間可以保護重要的生態功能與價值。可以發揮滯洪功能、防止洪水氾濫，吸收地表逕流，補注地下水，以及保育溼地等特殊環境敏感地區。

7.整合及串聯小型的空間作整體開發，可以發揮更大的開放空間功能。並且可以藉由高層立體化的建築，減少建築物所占的土地面積，增加更多可使用的開放空間。

8.開放空間也是形成城市獨特性質的工具，特別是在都會地區，可以保持一個城鎮的獨特性，避免與其他鄰近城鎮混合不易分辨。

9.保留現有的空地，做未來需要時的使用，或作公益的使用，例如：學校。這種功能所重視的是未來使用的價值，而不是現在的價值。[5]

從開放空間所提供的目的及功能來看，可以發現開放空間會影響到城市的生存與發展，也會影響到居民的日常生活，戶外的活動。都市空間與居民的生活息息相關，對都市生活素質的提升與整體環境的發展，都具有正面的價值。

在建築物之間留設更多的開放空間，除了提供防災、通風、採光、私密性等功能外，還可以改善都市的地景，營造良好的居住環境品質。但是，由於都市土地價格高昂，開放空間多數只是附屬於建築物的零星小規模開發。因此，如果能鼓勵鄰近土地的零星開放空間，有計畫地合併整體規劃開發，將可以使開放空間串聯成可用的良性空間。增加都市綠帶系統或可及性的延展，使其更符合

---

❺ Perloff, p. 140.

居民的需要，提升都市開放空間的功效。爲了能使一個城市的開放空間達到最高的效益，有賴良好完善的規劃與管理。

如果照珍雅各的想法，把城市的街道一併考慮進去，就會使建築物與建築物之間多一些開放空間，街道可以彌補高建蔽率所占去的土地空間。因此，假使街道很多，就會增加城市的開放空間。如果再加上在適當地點的公園，並且在各種樣式的住宅之間，間雜著各種非住宅使用的土地，就會從呆板桎梏的高密度與高建蔽率中，創造出另一種完全不同的效果。

交通路線——街道、公路、鐵路、運河、機場等，因爲它們沒有建築物覆蓋，所以它們也是開放空間。既使在我們城市裡最集約開發的CBD地區，開放空間也會提供地景視覺的感受。再者，在街道路邊也會有兒童遊戲，成年人做演藝活動，甚至也有擺設地攤增加街道的熱絡情趣。交通用地大約占一個城市土地的30%，但是這些土地除了交通運輸的功能之外，可能從來就沒有想到可以當作開放空間精心設計過。

公園、林園道、廣場以及其他公有的開放空間，不論是在城市之內或郊區，包括各種型態、大小，不論實質情況如何，都可以做休憩使用。休憩，廣義地講，包括各種的活動或不活動。例如：既使是有人呆坐、冥想、發呆，欣賞一片令人愉悅的景致、一場運動比賽、人工的造景，或者脫身於擁擠的人群，都有休憩的價值。畸形的土地、坡度太陡的土地、排水不良、不利於經濟開發的土地，採取砂石之後的土地以及其他各種土地，都可以做開放空間使用。

在公共建築物周邊的空間，也有開放空間的價值。公共建築物通常都會留下周邊大片的空地，而且會有良好的景觀設計，可以提供吸引人的景致以及做爲休憩的空間。在大多數的城市裡，私人建築物周邊有相當多的開放或未建築的空地。不管是商業區或住宅區，從人行道開始的建築退縮線是必要的。在獨棟住宅的後院空地庭院也是常見的，公寓住宅周邊也有空地。雖然這些空地並不完全提供公眾使用，但是也會有一部分供作步道或城市景觀道路。這些空地的樹木、花草，更是提供優美環境的要素，而且透水敷面對集水區的管理更爲重要。特別是在洪泛的時候，可以蓄集地表逕流發揮滯洪的功效。另外也可以增加地面水的下滲以補注地下水源（aquafer）。

在河流、湖泊以及其他水體與沿岸的空間，對都市資源更有特別重要的意義。許多城市都是建築在可航行的水道沿岸。雖然現代城市的水道，運輸功能不如早先的重要，但是仍然具有開放空間的功能，也能提供多樣的水上活動，如釣魚、滑水、划船及景觀功能，以提高城市意象。也有許多城市以人工水體塑造城市意象。除了水體之外，岸邊也可以提供多種的休閒與體育活動，沙灘尤其誘人。此外，開放空間在有意無意之間，會有助於城市的形成。鐵道的軌跡及河流與湖泊，往往分割城市爲不同的區域，而各區域又有各自的個性與風格，平添城市的姿色與風光。例如：巴黎的賽納河、華盛頓的波多馬克河，都發揮了這種功能。世界知名的華裔建築師貝聿銘在談到新加坡時，說：「新加坡河是新加坡的靈魂。」[6]以台中市而言，早期的柳川、綠川，已經變成汙水下水道。西郊的筏子溪，談整治不下數十年，其狀況依然故我，也就無從發揮其城市親水的功能。台北的淡水河、高雄的愛河猶待整治。

除此之外，開放空間也能發揮保護生態價值的功能。提供陽光、空氣與提供景觀視野，是城市開放空間的重要功能。從願付價格（willingness to pay）的觀點看，如果把開放空間看作消費財，

[6] 林盛豐撰稿，城市的遠見DVD：新加坡篇，公共電視台發行。

人們可能願意付較高的價格，購買或承租視野較好的住宅或辦公大樓。擁有良好開放空間的建築物，也可能比擁擠的建築物禁得起過時與折舊的考驗。開放空間的價值並不只限於休閒遊憩與景觀，許多開放空間的型態與使用，可以歸類於愜意性資源（amenity resources）。特別是在現代繁忙、擁擠與汙染的城市生活中，愜意性資源在有意無意之間，會有助於改善城市的生活環境素質。

在城市裡的另一項開放空間，是建築物的臨街退縮線（setbacks）。無論是在商業區或住宅區，建築物都應該有臨街退縮線。這種建築物臨街退縮所形成的開放空間，可以使城市空間顯得更開闊，也可以減少擁擠與壓迫感。一棟獨棟的辦公大樓，如果剛好蓋在建築線上，沒有任何退縮線也沒有高度限制，可能會有加值的效果。但是如果一群辦公大樓都這樣蓋的話，其效果就可能大打折扣了。但是台灣城市的臨街建築物，幾乎都沒有臨街退縮線，而且都被騎樓所占用。雖然騎樓可供遮風避雨之用，但是卻使城市空間顯得擁擠與讓人有壓迫感。至於產權誰屬、如何使用，猶在爭論之中。

城市開放空間概念的演變

經過上述對都市開放空間的簡單探討，可以瞭解到城市裡開放空間對人類生活的意義與重要性。住宅區裡的開放空間更是必要的需求，原因是因爲它可以增加人們對城市在心理上的認同感，使人感覺舒暢。我們最古老的信念，就是認爲在一個城市的中心，必須有一個被建築物圍繞的廣場，廣場會使在其間的行人有家的感覺。開放空間還可以緩和都市中心的擁擠感與建築物的壓迫感。

從封閉的系統到開放的系統

中世紀（medieval）時代的城市空間系統是封閉式的。城牆圍繞著城市，把城市與鄉村隔離。狹窄的街道蜿蜒曲折，無法一眼見到底。從這些緊密包裹的建築物中，也形成一些廣場（square）或雜貨市場（piazza），讓居民可以到這些地方的水井打水，或在露天市場購物與聊天。住在這樣的城市裡，會使人感到鬱悶；但是也會使人免於感到疏遠與虛無。

事實上，在某個地點、某個時間，戶外活動的增加或減少，是跟開放空間的品質互相關聯的。在歐洲，過去一千年來保存完好的城市很多，包括自由演化的和有計畫的中世紀城市，文藝復興和巴洛克城市，工業化初期的城市，浪漫主義的田園市，以及過去五十多年來小汽車主宰的現代城市。至於城市的型態，各種模式差別很大，我們無法做每一方面的比較。然而，我們卻可以從都市計畫與戶外活動關係的角度，談談文藝復興和功能主義的城市。

我們現在所認識到的所謂規劃（planning），有它歷史上文藝復興的根源。這一點可以從希臘、羅馬的城市看到一些痕跡。不過需要注意的是，這些城市不是根據計畫，而是經過幾百年演化而來的。而且，這些城市仍然保留了建築物之間相當好的開放空間，幾乎所有的中世紀城鎮都是這樣的。文藝復興與城市從自然演化，過渡到規劃有直接的關係。城市不再是一個工具，它變成了一項藝術作品，講求的是好的景觀和都市設計。之後的發展幾乎是完全走向開放的。加在老城市之上的是林蔭大道，它們和諧地鋪陳，給城市帶來一種現代感。在巴洛克（Baroque）時期的新建築物，城市完全從封閉走向開放，從內求爆發爲外展。

拿破崙三世時期的巴黎，戲劇性地雕塑出喧囂而緊湊的都市型態，直到現代。到了十九世紀中葉，它的交通超出了它的運輸能量，巴黎的成長超出了它的政府行政管理能力與它的文化。要在短時期內，在一個新的尺度上建設一個具有創新價值的空間，幾乎是一件不可能的任務。皇帝本人也畫了一張著名的地圖，用不同的顏色顯示不同的使用。他特別重視林蔭大道，因爲它們讓城市呼吸，是形成一個城市的主要元素。他特別有興趣於創造新的公園，他的副總督郝斯曼（Barn Haussmann）是一個具有野心的規劃者。郝斯曼以他的無上權力，切過早先的綠地與彎曲的古老鄰里街道，規劃出放射形的大道。郝斯曼所規劃的巴黎，給1920年代的歐洲規劃者一個新的思維。並且用林蔭大道來區隔各種分布廣闊的工、商土地使用，也使往來各地更爲快速與便利。正有如柯比意（Le Corbusier）理想城市的摩天大樓，蓋在巨大的街廓上，中間以花園與綠地把大樓與大樓隔離開來。

二十世紀都市紋理的開放，城市的概念與它在歷史上的角色完全不同。城市空間的使用不再侷限於人們生活的各種工商活動。新式的交通與通訊技術，使人可以散居各地，仍然能夠共同處理同樣的問題，早期的農村社會已經被拋在腦後。到了二十世紀後期，城市之門大開，形成一種新式的開放空間，是希臘／羅馬時代的人所無法想像的。

美國人比較渴望開放，美國的城市也喜歡開放，而且形式簡單。市街的規劃幾乎都是方格形（grid）的，有樹蔭的街景。因爲這種型態比較有都市的味道（彎曲的道路屬於鄉村），也比較便於不動產投資或投機。今天的美國城市組織比較鬆散，而且美國的領土廣大，實際上並不缺少開放空間。休士頓（Houston）有45%的土地尚未開發，停車場與街道用掉50%的市中心土地。雖然這些空地未必是在理想的區位，但是卻給美國城市一種開闊的感覺。相形之下，十四世紀的巴黎給人一種封閉與侷促感。今天，鐘擺又盪向另一個方向。因爲城市往郊區蔓延所造成的土地使用與環境問題，人們不再喜好鬆散的社會紋理，以及連綿不斷的林蔭大道，反而要求包容緊湊的型態，希望城市智慧地成長。

城市美化使美夢成眞

在十九世紀，從古典源頭發展出來一種理論，希望給美國都市的空間布局，讓人有非常寬敞的感覺。因爲它把商業的公司行號藝術化，而且獲得成功。原來市中心的方格設計，也開始解放，街道獲得拓寬，視野可以放遠。這種思想與做法，就是爲了紀念哥倫布發現美洲四百年，於1893年在芝加哥（Chicago）舉辦世界博覽會（World Columbian Exposition），所形成的城市美化運動（City Beautiful Movement）。主要的規劃者爲柏恩翰（Daniel H. Burnham），歐姆斯德（Frederick Law Olmsted）與考德曼（Henry Codman）。柏恩翰所撲捉到的，是深植於美國人心中的美國式的廣大開放空間與自由，而且有一望無際的林蔭大道，這種感覺也迎合了美國人的空間意識與欲求。他的手筆不下於豪斯曼之於巴黎。

芝加哥的博覽會，使它成爲一個美夢成眞的城市，也使美國人意識到一種適合他們廣袤土地與潛在財富的空間形象。柏恩翰的大芝加哥計畫完成於1909年。這個計畫所著稱的，是追隨郎方爲華盛頓設計的放射型寬廣大道，和大道交會處的開放空間，以及環繞在市中心建築物周邊的圓環（Loop）。沿著密西根湖濱的密西根大道，再一次解放了芝加哥的內向趨勢。再加上具有廣闊空間的公園與一望無際的水域（密西根湖），讓高貴經典而又華麗的巴洛克儀態重新展現，使芝加哥眞正成爲一個美麗的城市。

由於城市美化運動，使城市居民的活動空間尺度加大了。寬廣的大道與步道，成爲市民聚集的場所，小汽車與快速道路適時出現，於是產生一種新形式的空間。空間不再是靜態的、侷限的，它變成動態的。從都市規劃的角度來看，動態與空間變成互補的元素。此外，雕塑藝術也在城市設計上扮演重要的角色，一棟建築物不是僅從外觀上看是一個結構體，它是要從周邊的氛圍去感覺的。

街道，傳統的看法，它是通道，但也是一個固定的開放空間。人們在其上走動、聊天；在餐廳和咖啡館外的卡座飲食；兒童在嬉戲；老人在長椅上休息、假寐。也許街道會被拓寬成爲大道（boulevard），大道又侵入廣場，於是又形成另一種空間。在後來的規劃中，柏恩翰加大了大道和廣場，有如郝斯曼在巴黎所做的規劃。但是，美國的規劃，似乎已經預期到小汽車時代來臨了。在那個時代，小汽車已經被看作是一個令人討厭的東西（Nuisance）[7]，於是在近代的城市規劃上，我們除了林蔭大道之外，會設計人行步道、天橋、行人徒步區等。再加上交通法規的配合，會使城市成爲一個宜居的空間。

於是，一種新式的空間於焉誕生，空間不再是靜態的、侷限的，而是動態的。小汽車和快速道路，切割城市，顚覆了傳統的空間概念。傳統的城市空間，十九世紀的林園大道，或林蔭大道，讓人想到，猶如傳統的繪畫或雕塑，要靜靜地欣賞。但是現代的都市空間規劃，你要以行動，不論是經過它或是通過它，要用感覺而不是外貌，才能感覺到它的整體存在。在都市規劃上，律動與空間是互補的。

城市的行人空間

今天，城市的行人空間結構，大多是由於人們喜歡按步當車，來欣賞城市的景緻。人們參與城市的活動，來來往往、聚聚散散。行人的力量，促使從事都市計畫的人，從新思考過去以爲理想的傳統塑造都市環境的基本假設條件（assumptions）。他們發現，步行竟然勝過車輪。很明顯地，我們可以發現，人行道加寬了、天橋新建了、多劃了斑馬線、增加了行人徒步區、購物中心加上了景觀設計，多了城市廣場與公園。行人的力量又取決於兩個元素，摩天大樓與高速公路。這兩個元素，看似無關，實際上是與行人空間息息相關的。事實上，這兩個重要的現代發展，重新恢復了對行人有利的小尺度空間。

摩天大樓可能會在很多方面被批判，例如：美學、生態、人性化等。但是，只因爲一個很單純的理由，便值得稱許，因爲它有利於保存一個城市傳統的緊湊性（compact）。基本上，這是因爲垂直的交通要比水平的交通快捷、平順而且省費。當摩天大樓群聚在一起時，行人便可以很容易地經過天橋，從一個地方到另外一個地方，例如：香港就是這樣設計的。紐約的華爾街地區，大樓林立，也是世界上行人最密集的地方。城市美化運動是最敵視摩天大樓的，認爲摩天大樓是一種疾病，不通風、沒有陽光、有礙健康。但是摩天大樓的立即效果，是能減少所需要的土地與建築物。它也有助於形成城市活動的結點（nodes），而不是將建築物平均分布在城市裡，使它們有相等的價值。

當高層建築物興建時，一個基本的邏輯，是在它周邊的空地，應該成比例地放大。但是這樣將會侵蝕城市美化運動所塑造的林蔭大道，以及傳統的廣場（plazas）邊界。柯比意將他的摩天大樓放在足夠大的空間，讓它有足夠的陽光與空氣。結果，當然會犧牲廣場與林蔭大道，而且會使人無法步行通過。現代的解決方法，則是接受高層建築物群聚所帶來的經濟壓力，然後使地面層人口集

---

❼ 其實，以現代的眼光看，小汽車實在是一個令人又愛又討厭的東西。

中所帶來的優勢極大化。摩天大樓周邊的廣場能給行人不同的感受，但是在景觀與熱鬧方面，並不會輸給老式的市集（market place）或教堂、寺廟前的廣場。

運輸系統，是第二個塑造城市健康與緊湊感的重要因素。圍繞市中心的快速道路與摩天大樓結合，會讓市民縮短步行距離。被城牆圍繞的城鎮，似乎有被圍繞保護的古典生活環境。中世紀的城牆除了防禦之外，就有這種作用。現代城市中心環狀的交通道路，也能產生同樣的作用。於是，城市中心的空間變成內向的（inward-looking），而且是向中心地區發展的。

一個對城市空間的重要再認識，要在賽特（Camillo Sitte）的*The Art of Building Cities*（1889）❽一書中去發現。該書的背景是維也納（Vienna）。書中所強調的是：**開放空間有如建築物同樣的重要，也是依照基本的建築原則所設計的**。**賽特**認爲現代城市完全顛倒了建成地區（built-up）與開放空間之間的關係。早期的開放空間，如：街道、廣場與市場，都設計得有如一棟、一棟的建築物，它們所能產生的效果也是可以預期的。今天，我們會先把建築基地一塊、一塊地挑出來，把大樓蓋起來。再把所剩下的土地變成街道與綠地、廣場。這種多數現代開放空間做法的唯一理由，是要提供更多的空氣與陽光，或者是要打破千篇一律的單調住宅。或者有時，只是爲了要強調大廈的地標性。

就賽特所見，開放空間並不是爲了建築物而存在的，它本身就是一個建築物。至少，它像個建築物，只是沒有頂蓋罷了。對中世紀或文藝復興（Renaissance）時代的建築師而言，建築物與廣場之間的差異微乎其微。令人覺得奇怪的是，現代的概念卻認爲它們是非常不同的兩件事。早期的建築師認爲：不是開放空間爲建築物而設；而剛好相反的是，**建築物是爲開放空間而設的。建築物是提供給在開放空間活動的人，遮風避雨以及取暖的設施。**❾賽特對雕塑與水池放在廣場的什麼地方也有他的看法，他認爲雕塑與水池，應該放在行人經常駐足、聚集的地方，而非交通的通道地方。開放空間應該讓人有像在家裡一樣，有自由自在的感覺，也使它與其他有關係的空間聯繫在一起。[10]在台灣，我們認爲開放空間或空地是一種浪費，因爲它沒有發揮經濟價值。所以會對空地加重課稅，以督促所有權人盡快開發建築。似乎絲毫沒有認識到開放空間，在城市生活環境中的重要性。在其他國家，開放空間是城市的一項重要公共設施，是要優先規劃設計出來的。

生活在大樓的夾縫中

在2012年六月三十日的《經濟學人》中，有一篇關於都市設計的文章：「**在大樓的夾縫中**」（*Between the Buildings*）。它討論倫敦的公共空間，認爲倫敦現在的公共空間比以前好，但是還不夠好。文章提到在那年六月初，有七個藝人在一座噴泉的一千零八十個噴水柱之間跳舞，用來記錄一個倫敦新公共空間的誕生。這個公共空間叫做Granary廣場，是倫敦國王十字車站周邊再開發案的一部分。這個廣場與周邊的建築物，使原來的工廠遺址完美地重現：古老的磚頭與附近的新玻璃圍幕大樓，形成鮮明的對比。寬大的石階，從廣場一路延伸到早期行船的倫敦攝政運河邊上。樹蔭、長凳、小吃攤與街頭藝人的表演，吸引著路過的人們。這是倫敦改善公共空間最好的一個例子。

---

❽ 賽特（Camillo Sitte, 1843-1903），地利建築師，都市理論家。他的名著：*City Planning According to Artistic Principles*（1889），對歐洲的都市發展與建築有巨大影響。他主張城市要留空廣場爲主要元素，並飾以紀念碑或其他美學元素。

❾ August Heckscher, *Open Space: The Life of American Cities*, Harper & Row, Publishers, 1977, p. 33.

❿ Heckscher, p. 35.

幸好，制度的改變與認知的進步，對提供都市公共空間有些幫助。在2000年，倫敦新選出來的市長，注意到觀光事業對倫敦的經濟非常重要。讓人認識到，一個能讓人們優游其間的城市，會吸引更多的觀光客。**優良的公共空間，成爲經濟成長的要素**。

倫敦的第一任市長李文斯頓，把特拉法加（Trafalgar）廣場的一部分改成行人徒步區，也把唯一沒有歷史遺跡的「第四基座（Fourth Plinth）」變成當代藝術的畫廊。他也實施對進入市中心的小汽車收費的制度，以減少開進市中心的小汽車，把省下的一些道路、空地鋪成人行道。下一屆的市長江森，則設計了一個幾乎不收費的循環公車系統，以鼓勵人們放棄他們的小汽車。

除了市政府之外，商家也發現令人愉悅的公共空間，是可以賺錢的。土地開發業者**李普敦**開發了一個環狀的購物與會議廣場，別的開發者也接著跟進，鋪了一條紅磚道，並且移走了原來醜陋的街道家具。在吸引人的商店與咖啡館外面，擺上供人歇息、閒聊的咖啡座，讓他們在這兒花錢，這樣的做法成爲大家創造公共空間的另一種模式。

此外，藝術機構也在用心思考，如何利用他們周邊的空間。於是，把一個戰後禁用的廣場轉型成爲一個花園。再加上音樂、雕塑與市集，形成一個優美的河邊步道，一直延伸到**泰晤士河**，成爲倫敦最吸引人的週末漫步去處。

Island Press 2011年出版丹麥都市設計師紀爾（Jan Gehl）的一本書，叫做《生活在大樓的夾縫中》（*Life Between Buildings*）。他在書中，把人的行爲分爲：必要的行爲（necessary activities）、可有可無的行爲（optional activities）和社交的行爲（social activities）。必要的行爲，如：上班、購物等；可有可無的行爲，如：如果時間地點允許，或者會從事的行爲，如：散步；社交的行爲，如：與友人會面。這些行爲都受外在物質環境的影響，當戶外環境品質不好時，除了必要的行爲之外，大概其他行爲能減少就會盡量減少。

開放空間和其間的活動，可以從兩個極端來觀察。一個極端是城市充滿了高層建築物、地下停車場、繁忙的小汽車交通，並且建築物之間的距離很遠。在這種城市裡，你所看到的都是建築物和小汽車，人卻不多甚至沒有。這種城市的開放空間很大，但是並不人性化。這種情形，可能會使居民寧願留在家裡，或者尋找其他戶外空間。另外一個極端，則是城市裡多爲低矮而且距離相近的建築物。人們可以步行，並且可以在街上、建築物左近駐足，你會看到人來人往。使這個城市顯得活潑、有生氣，公共空間也發揮了它應有的功能。

城市中心CBD的開放空間

現代的大城市，都面臨市中心衰敗的命運。雖然現在市中心的商業受到郊區購物中心、企業園區、娛樂設施的挑戰，然而一個城市的CBD，仍然保有它獨特而無可取代的地位。因爲它是眾多功能的集合點，它是零售中心、娛樂中心、文化中心、金融中心，以及政府所在地，甚至是居住、醫療、教育、藝術中心。它不但提供本市的服務，也延伸到相臨的整個區域。如果要使衰敗的市中心復甦，就需要大規模的重建。而最基本的重建工作，就是重塑新的開放空間，和整頓整體開放空間系統。對早一、二代的都市人來說，市中心是城市裡購物的地方，那不是居住的地方，而是從事商業行爲的地方。此外，也有政府機關、藝術、教育機構和銀行、保險公司等金融機構。它雖然也吸引遊客，但是卻極度缺乏公園綠地。這種規劃也助長了土地使用分區（zoning），和由此延伸的都市蔓延。

因此，我們便要問，是否我們無法在市中心建築物密集的地方開發公園，讓我們多一些呼吸的空間，也讓購物的空間舒暢一些？這些公園勢必與廣場不同，廣場的土地是敷面的，公園是綠地。公園是屬於大家的，而不是某個企業開發的。而且，企業對公園毫無興趣，他們認爲公園是浪費土地，這些土地應該做更能營利的使用。

但是近年來，企業的態度有所改變，使商人注意到市郊的購物中心。因爲它們有大廳和寬敞的步道，以及冬暖夏涼的空調，和廣大的停車場，把市中心的消費者吸引過去。於是企業家開始支持規劃各種使行人感覺愜意的設施，也重新整修遺留下來的老舊公園。新時代的市中心，則具備迎合人們所需要的多種功能。特別是土地使用的改變，使每種功能都附帶地增加一些開放空間。例如：市政府和商業大樓前的廣場、購物區的行人徒步區等。而且這些開放空間，又由公園與多用途的街道，連接成一個整體的開放空間系統。這些功能造成一種新的市中心，形成一個密集而緊湊的空間結構。

紐約市在1961年開始實施土地使用分區，給建築業界一些誘因。誘因之一是，如果開發者提供一平方呎的廣場，他便可以增加超過一般分區使用規則所准許之外的十平方呎的商用樓地板面積。於是從1961年起紐約市的開放空間開始增加。因此，到了1972年，紐約市總共多了二十英畝世界上最昂貴的開放空間。這個規定在1977年略加修改後也在住宅區實施。當然紐約市的成功也不是一蹴可幾的。其間與社區團體、建築師、規劃師、開發者、商家、不動產業界，開過無數次的會議、討論，最後在1975年才得到城市規劃委員會的採納，形成了開放空間的土地使用分區規則（open-space zoning code）。

假使這種事情在紐約市可以做到，爲什麼台灣的城市做不到？如果市政當局能夠給建築商上百萬、千萬，甚至億萬價值的樓地板面積，難道市民不能向他們要求一些開放空間做爲回報嗎？台北市為了推動都市更新，不惜給與建商三倍的容積獎勵，卻得不到一些些的開放空間回饋，我們的都市環境在哪一方面能跟世界各國的各大都市競爭呢？其實，有的時候，我們也覺得市民也該自我反省。因為市民對開放空間與都市生活環境素質的重要性，並沒有正確的認識。如果你問市民要多一些開放空間，還是多蓋一些房子，多賺一些錢？答案肯定是後者。

城市的廣場也是最好的社交場所。人們在此聊天、奕棋、休閒、享受陽光、空氣、欣賞路過的美女。有人駐足在百貨公司門前或街角聊天，也有人坐在路邊或建築物門前的台階，休憩、談事情、聊天、或發呆，都沒有關係。特別是到了中午午餐時間，你會看到數十、數百的人們或坐、或臥，晒著太陽，吃著午餐，或者聊天，講些有的、沒有的八卦閒話。主要的目的是奪回久被汽車占據的都市空間，享受陽光與悠閒，特別是在春秋之際。至於建築物的設計是否優雅，與開放空間的使用之間，似乎並沒有太大的關係。

另一個比較重要的因素就是開放空間的形狀。都市設計者最希望避免的是又窄、又長的長條形空間，因為這種空間最不實用。在尺度上，長度超過寬度三倍以上的都不合格。除了形狀之外，空間的大小更是關鍵性因素。因為較大的空間有疏散擁擠的功能，也能有最多的陽光與空氣的流通。另外，可以坐下休息的空間有多少也是一項重要因素。可以坐下休息的空間包括水泥或木質椅子、凳子、建築物的台階、花壇、水池的邊緣等。

樓高與開放空間

我們在前面講過，限制樓高是為了通風、採光、安全等因素，而且可以透過建築線退縮來達到這些目的。以紐約市為例，紐約市沒有絕對的樓高限制，只要建蔽率不超過基地的25%，高樓可以無限制地往上蓋，最後會在邊際報酬等於邊際成本的高度處停止。這也就是說，建蔽率和容積率是可以抵換的（trade-off）。台灣的舊建築技術規則第二十七條規定：建築物地面層超過五層或高度超過十五公尺者，每增加一層樓或四公尺，其空地應增加2%，或建蔽率應減少2%。可惜，據說這項規定已經被修掉了。這也就是我們認爲台灣現行的建蔽率、容積率應該檢討修訂的最好佐證。

早期的看法認爲高樓代表聲望與成就。也有人認爲高樓有危險，而且病菌與疾病會在陰暗處繁衍。這種外部性在今天已經不再存在。也有人認爲摩天大樓會造成地面的擁擠，視爲負外部效果。這種說法似乎有幾分道理，但是似乎忽略了寇斯（Ronald Coase）所注意的要點，也就是市中心高樓邊際利益的增加，會很容易地被邊際成本的增加所超過，形成外部的不經濟。

再者，密度的增加也會使建設新的交通設施更經濟。（不過使人困擾的是，規劃者卻偏愛低密度與大眾運輸工具）。更有人認爲住高樓的人是二等公民，台灣的高層國民住宅就給人一種居住品質較差的印象。

升高的建築物與空權（air right）的使用

升高的建築物，名聲一向不是很好。在加州的百克里（Berkeley），80%的人口投票，寧願負擔成本較高的地下鐵，也不要高架道路，理由如下：

(1)高架道路會造成城市居民種族與所得差距的隔離；
(2)降低城市跨區的可及性；
(3)地下鐵不會製造噪音與氣味；
(4)高架道路會降低不動產價值；

(5)地下鐵車站附近的地價會增值。

早期的空間權使用，包括鐵路和道路的上空。近代做法的注意力，則放在道路交通設施的上方。美國1961年的聯邦公路法（Federal Highway Act of 1961），准許使用**州際公路**的上空與地下，所以有很多休息站是蓋在高速公路上方的。空間權的使用，可以視爲土地的多目標使用，多目標使用會有多重的利益。空間權的價值，最重要的是三度空間的使用價值。

密度與土地使用分區

以高密度的住宅使用來看，外部不經濟與優質財貨，都是預防性土地使用分區的應用。擁擠會降低公共服務的水準：例如：學校、遊戲場所、交通流動、停車與排水。擁擠會傷害消費者，會減少寧靜、隱私、愜意、遊憩以及一個社區令人愉悅的特性。

一般相信土地使用分區會改善這種情形，如果任由消費者使用土地，他們將會以剝削、榨取的方式來利用土地。在另一方面，反對分區的人可能會提出某些公共服務的經濟規模，這時又如何正確地衡量那些造成擁擠狀況的成本。

實際上土地使用分區，如：限制高密度、區分土地以及限制獨棟住宅區的最小基地面積等，都非常可能造成一些重要的外部效果。其所造成的結果，是使用分區會相當程度地決定密度與土地價值問題。

都市空間的分散與集中

上個世紀初，萊特（Frank Lloyd Wright）預言未來將是電梯與小汽車競賽的局面。而且認爲小汽車會贏。小汽車不可否認的是城市向外擴散的主要因素之一。交通運輸成本的降低更加重了這種趨勢的發展。尤其通訊的發達更減少了面對面會談的需要。看看台灣的情形，各個城市的市地重劃，更顯示了政府在助長都市的擴張與蔓延。此外利益團體與個人利益的訴求，也更加強往外擴張的趨勢，尤其是自辦市地重劃，更是著眼於其所有土地重劃後的增值。但是美國RAND公司曾經預測，電視購物將是未來大城市的常態。分散（dispersal）而非更新（renewal）將是未來的趨勢。但是分散要分散得有秩序，更新卻不能光靠市場的力量（台灣盲目相信BOT），而是要靠政府有所作爲，作整體的規劃。

針對資訊傳播進步會減少接觸的隔閡，以致於造成分散的說法，學者則特別指出面對面接觸的重要性。另外有許多因素也影響集中的趨勢：群體的決策與許多實際生活狀況都需要面對面、嘴對耳、眼對眼的關係。因爲規模經濟的關係、速度的提高，需要更少而不是更多的停靠站。小汽車會使活動行爲的分布更爲平均，也會集中在市區裡頭。一種新式的分散化效果是空中飛行器的使用，它會比固定的平面活動更爲靈活。正好相反的是，交通運輸的進步，更促進群聚而非分散。

在小汽車與電梯的競賽中，電梯仍然在急起直追的狀態。巨型的結構體正在形成。例如：未來的摩天大樓上層可能是住宅，中層可能是辦公空間，而低層則做商業及製造業使用。上下三十層可能會替代水平的幾公里路程。未來的摩天大樓應該會由空中街道來服務，辦公大樓應會提供愜意性服務——餐廳、咖啡廳、酒吧與特殊商品。住宅層應該會提供正常的鄰里設施，如商店、遊戲場、電影院、教會等。各種型態的公共與私人交通工具應該會在三十層或四十五層上下穿梭。

這種巨型的結構體，可以被看作多目標使用的建築物。另外，空間權的開發可以使地面層——在大城市的CBD——可以完全作爲綠色景觀與人行道。小汽車可以停在地下停車場，人們再以電扶梯上到地面層。加拿大的蒙特婁市與多倫多市在1960年代就有這種型態的開發，不過他們是讓行人使用地下層而小汽車行駛地面層。在這種超大建築物群裡，建築物本身就分擔了一部分的街道與交通功能。從多層次的角度看，街道與交通系統已經融入，成爲大樓的一部分了。

擁擠與開放空間

我們在一開頭，就提到愛德華・郝爾深入研究人與其他的人，以及其他動物與空間的關係。他把人們所需要的空間分成四類：親密的、個人的、社會的與公共的。每一類又有接近的與不接近的，每一種都可以用某種尺度來衡量。他強調每一個人對於這種尺度的反應，要看他的文化背景，也就是他所成長與習慣的生活方式；以及他實際所看到、聞到、聽到或從其他個人所領受的印象。從他自己以及別人的研究中，他發現各種物種對擁擠的反應，例如：緊張與生育率的降低或死亡率的升高。

從這些研究中，郝爾得到都市生活的一般結論，特別是有關建築物的設計，以及建築物與建築物之間的空間關係。他特別著重於種族與少數民族文化與空間的需求。現代的美國與其他國家的城市，可以說已經確定地發展出來一種新的生活方式，由於文化所影響的對空間的需求也有巨大的改變。下一個世代城市人的生活，對空間的概念與需求又會有相當大的差別。[11]

任何人想要瞭解一個城市景觀的全部或者某些主要部分，特別是市中心區，他就會迷失於視覺

[11] Marion Clawson, "Open (uncovered) space as a new urban resource", in Harvey S. Perloff, Edited, *The Quality of Urban Environment-Essays on "New Resources" in an Urban Age*, Resources for the Future, Inc., 1969, pp. 152-54.

的（ocular）或嗅覺的（olfactory）的情感之中。他或者無法觀察在他眼光水平或高或低，或遠或近的景緻的區別。不止是視覺的量太大，而且是他們的範圍分布得太廣，不論是水平的或是垂直的都一樣。在這種情形之下，開放空間便有決定性的影響。看的人就好像用照相機攝影一般，得往後退一些才會看到全景，否則就會見樹不見林了。

面對正常街景的複雜情況，看的人想要看到全景必須會感覺擁擠，要不然他就得退而求其次，只選擇一小部分。開放空間使我們擴大視野與觀感，缺少開放空間會使人感到擁擠與侷限。或者我們可以想像在兩者之間劃一條無異曲線。由此可見，人們考慮並且倡導開放空間影響生活品質的論調是有所本的。

我們注意到在台灣城市裡的街道，通常都是直交或方型的街廓，而街道一直延伸下去似乎毫無止境。這種街道設計對許多目的而言，有許多優勢。但是街道在一個已經建立的城市裡，並不能提供良好的開放空間。刻意的設計道路，使開放空間盡量增加的做法，在住宅區仍不普遍，商業區就更少了。這種設計，讓人看不到任何吸引人的景緻。而且建築物都是臨街的（幾乎沒有退縮），似乎每一間建築物都是準備開店的，看不出哪裡是住宅區？哪裡是商業區？有的是因爲街道狹窄，在人們眼睛水平面上，根本看不到高樓的雄偉與氣勢。在美國的住宅區裡，街道有時是彎曲的設計，一方面爲了安全，不讓車輛開得太快；有的時候也會給行人或駕駛人增添一些旅途的情趣。當一個人沿著這些街道行走時，他會看到前方不遠處會出現一些灌木叢、喬木以及草坪花卉，而不是永無止境的水泥與柏油。

其實與城市街道吸引人的景觀相關的，是商店門前或大樓面前吸引人的街道家具陳設。假使建築物前方有足夠的開放空間，就可以有寬廣的視野及擺設吸引人眼目的陳設如花壇、水池、碉塑等。其實要增加空間感，如果把住宅互相靠得緊湊一點，並不會失去隱私反而會增加共同使用的開放空間。要達到這種境界需要有良好的土地使用分區管制，而且要都市規劃師、建築師、都市設計師、景觀設計師來共同參與。因爲不同的設計會有不同的成本，產生不同的效果，因此經濟學者也應該參與規劃。

開放空間是都市總體設計的一部分

都市設計當然包括多方面的工作，但是其中的一個重要部分便是開放空間的設計。包括它們的道路、住宅及其他建築物和它們的使用方式。在一方面，公路、住宅區以及都市的複雜結構會影響對開放空間的需求；在另一方面，開放空間的區位、型態與用途也影響都市地區不同的土地使用、經濟活動與社會價值的吸引力。

公園、兒童遊戲場與類似地區

在城市之內的公園、兒童遊戲場以及類似的土地，主要是做爲休閒遊憩使用。這些土地通常都是公有的，當然也有小部分是私有的，而且是永久性貢獻做爲這類使用的。在最低層的使用當然是鄰里兒童遊戲園、學校的運動場以及供給居民或年長者散步、運動之用。在比較大的城市，如果人口超過五萬，則需要較大的公園，要有野餐區、步道、自由活動區等，而且比較接近自然的環境。在城市郊區一、二公里之遙，應該有更大的公園可以提供如露營、水上活動等。在更遠的郊區則應該有都會或縣市級的公園，可供一整天的野外活動，再遠便是可提供度假的山嶽、海邊、湖泊等地方。

人造水體也是開放空間

在城市裡，除了天然的溪流經過外，也有人工建造的水體，如台中公園的湖及湖心亭，已經成爲台中市的標誌。當然它也提供市民休憩的場所，人造水體當然會提供多方面的開放空間功能，例如：景觀視野、滯洪、滲透補注地下水等。二戰之後，世界各國的都市地區，都大量建造人工水體。自然保育人士尤其擔心湖泊、沼澤被破壞，或被開發。維護一個水體，不論它是人工的，還是天然的，都需要花費大量的技術與管理成本。重要的是我們必須把人工水體，看作是一個形成城市開放空間的重要元素。

城市邊緣的開放空間

在城市之內，特別是在城市中心地區，提供開放空間當然無可避免地要付出極大的代價，或遭遇其他的困難。這些開放空間需要精心設計與管理，因爲開放空間需要大面積的土地空間，有時必須排除其他的使用。尤其是現代的都市人口，因爲有小汽車的便利，往往理想的開放空間可能在近郊或遠郊的地方。

許多各種座落在城市之外的休憩地區，仍然可以提供市民充分使用，公園與高爾夫球場都能發揮這種功能。當最初少量人口移出城市到近郊時，他們可能享有一段美好的時光，但是等到因爲都市發展或蔓延，大量人口移出時，這種享受便沒有了。再者，這種情形無可避免地會增加私人與公眾的成本。就私人來講，通勤的成本會增加，或者工作、就業的地方必須改變，社交生活可能受到限制。公共成本則包括公用的管線、下水道必須延長，愈來愈多的車流，必須興建更多的道路與公共服務設施。

因此，現代的城市規劃希望在城市周邊保留一些農地與開放空間，於是有所謂綠帶（green belt）政策的形成。不過，事實上接近城市的農地日漸消失，改變作爲工業或住宅，甚至商業使用。從另外一方面看，保留城市周邊的農地也有困難，例如：農產品的行銷成本、農作勞力的減少、出價購買農地的誘因等。特別是在台灣，城市規劃的思想或理念，仍然停留在平面發展擴張的主軸上，而三度空間的發展或成長管理的概念，尚在萌芽階段。

農地除了私人利益之外還有其社會價值。如果鄰近城市的農地有社會價值，就應該設法保留這些農地。農業土地應該以使用分區（zoning）的方法，規範繼續作農業使用，當然需要對地主犧牲開發權的損失有些補償，更重要的是政府應該採取某些政策，使農業經營有利可圖。例如作休閒遊憩或教育教學用途，更應該盡快實施發展權移轉辦法，以求達到平均地權的目的。

任何希望以城市近郊的農地或鄉村開放空間，作爲替代城市裡開放空間不足的做法，都會遭遇所得階級的參與問題。因爲眞正的窮人一定不可能一方面去享受鄉村的悠閒生活，又同時能夠獲得通勤到市內工作的機會。尤其是，如果人們一旦發現市郊的開放空間，可以替代市內昂貴地價所形成的開放空間的話，人們必然會忽略或反對在最需要開放空間的市區內劃設開放空間。

城市成長邊界是城市周邊的開放空間

城市成長邊界（Urban Growth Boundaries, UGBs）包括：都市地區、都市成長的過渡地區、鄉村社區與衛星成長中心或者其他發展型態的地區。劃設城市成長邊界，不但能提供都市地區更多的開放空間，也是達成城市成長管理、智慧成長的工具。

圖8-1　城市成長邊界示意圖

1. **城市成長邊界**的劃設原則與標準

城市成長邊界（Urban Growth Boundaries, UGBs）的劃設，是希望各個城市都能制定其本身的發展政策，去指導社區的永續發展，並且保護其鄰近社區，不被不協調的發展所衝擊。在英國與美國有許多都市地區，都明確地以綠帶限制城市的蔓延發展（如圖8-1）。

城市成長邊界是達成成長管理的重要工具。UGBs是解決發展與保育的較佳方法，它可以鼓勵在邊界內，作適當的土地開發；並且另一方面在邊界之外，提高長期的生態、農業與其他自然保護用地的功能。

UGBs不只是區分城市與鄉村的疆界。長期而言，它是一個有效的成長管理工具。它們可以包容、管制、指導分區、分期成長，並且促進緊湊而連接式的都市發展。另外一項主要的功能則是保護農地與其他自然資源土地（例如：集水區或野生動物棲息地等），不被零散而且低密度的開發所侵蝕。

2. 具體而言，UGB的利益有如下幾項：

(1) 與鄰近社區有所區隔，可以建立自己社區的獨特形象。
(2) 可以使公共設施與公用事業更有效率，而且節省居民或消費者的花費。
(3) 可以鼓勵興建更多合理價位的住宅。
(4) 增加更多的開放空間。
(5) 使社區的發展型態更適於提供大眾運輸工具。
(6) 使各方面——如環保人士，開發者與農民——之間分歧的利益與衝突得以協調，因爲這樣可以使他們確實知道哪些土地可以開發，哪些土地不准開發。
(7) 可以建立社區的長期發展策略。
(8) 可以促進城市中心的更新與復甦。[12]

3. UGB的實施

以全球的情形而言，英國是綠帶政策（green belt policy）或UGB的發源地。倫敦周邊有九百平方哩的綠帶作爲城市的邊界。哥本哈根也被綠帶邊界所圍繞，加拿大英屬哥倫比亞省的溫哥華市（Vancouver）也劃設了長期的發展邊界，鼓勵內向的發展並且保護綠地區（green zone）的農地與開放空間。上海在數年前，也開始在其周邊規劃寬500公尺的綠帶。

---

⑫ http//www.rahul.net/gba/ugbs.html

在美國，俄勒岡州與華盛頓州，要求州內每一個社區都要劃設長期的UGBs。其他，有的地方是強制性的，也有的地方是自願性的。賓州的Lancaster郡把UGB與農業地區接合起來是最顯著的例子，也是全美國最積極從事購買發展權（purchase of development right，PDR）的社區。

在美國實施UGB最成功的是俄勒岡州的波特蘭（Portland）都會區，波特蘭的UGB方案開始實施於1970年代，它使該地區的大片森林與農地得到保護。它也使UGB之內的住宅從十二萬九千戶增加到三十萬戶，並且促進了波特蘭市中心的再生。

在台灣，各大小城市都競相以市地重劃的方式擴張城市的範圍。固然這麼做可以幫助城市周邊未規劃的土地得到整理，並且增加財政收入，卻也因爲市地重劃而失去了大面積的農地與開放空間。在另一方面，卻因爲困難重重，而怯於從事城市內部衰敗地區的整理或更新。在普世倡導城市永續成長、成長管理、智慧成長的思潮下，面對國土計畫的實施，我們將有怎樣的城市成長政策，是值得深思與檢討的。

都市空間裡的社會生活

如何把都市空間裡的社會生活，經由規劃設計表現出來，是一個值得思考的問題。**芮立**（William K. Reilly）在*The Social Life of Small Urban Spaces*的序言裡談到紐約時，他說：「在思想複雜的城市街道上，人們面帶笑容，……在城市裡，在城市裡，有人們喜愛的健康空間，有帶來快樂的空間，有使人面帶笑容的空間。這些空間包括許多城市裡的小空間，例如：迷你公園。」在空間裡，陽光非常重要，還有樹、花、水，也可坐、可臥，可談天，可奕棋，可食物，可攝影，可做研究。我們面對的挑戰就是如何保留自然、野生動植物、開放空間、農地與未開發的土地。如果我們沒有創意的想法，就無從創造良好的城市空間。整體而言，一個城市的許多小型開放空間，會對生活品質有重要的影響。假使這些空間不吸引人，便會使居民離開城市到郊區或鄉村。假使我們能夠好好地利用這些小型的空間，甚至於設計新的，整修舊的，我們便能使城市裡的街道活絡起來。

陽光、風、樹與水

在一個城市中，如果有大片的草坪，在其上享用野餐，又同時享受陽光，應該是非常愜意的一件事。城市中高樓林立，保護低矮建築物的「空間權」（air right），也是非常重要的。通常我們會用發展權移轉的辦法，去購買鄰近建築物的空間權而使建築物蓋得更高。但是如果我們反向操作，使用發展權移轉的原則，出售發展權則可以將臨近的高建築物蓋得較低。

通風也是開放空間的另一項重要功能。小型公園，特別是三面封閉的，功能最佳。在生理上與心理上，通風都能使人感覺舒適。通常高層建築物的低層周邊都會產生「過堂風」，過堂風有時相當強烈，並不能給人舒適的感覺。

都市中種樹的好處很多，只是爲了氣候的原因，就愈多愈好；大樹更好，沿著人行道與開放空間種植。紐約的開放空間規則（Open Space Zoning Provisions, New York）有這樣的要求：每二十五呎，即應有一棵樹，直徑最小要有三點五吋。在廣場上，種樹的比例，每五千平方呎，應有六棵樹。樹的位置最好能與可以休憩的地方配合，使人們能在樹下乘涼，並且感覺安穩、舒適，有如坐在街邊咖啡座上休憩一樣。

此外，「水」是另一項優質的元素，設計師也往往很會運用。在廣場與公園的水有各種型態：

圖8-2　他們在芝加哥市中心的公園裡奕棋

瀑布、水牆、激流、水池、彎曲的小溪，與各種水泉。水的優點在於對它的視覺與觸感，人們可以用手觸摸，把腳伸進水裡感覺水的沁涼。這些水都應該保持清潔，不可汙染。水的另一項作用就是它流動或流洩的聲音，潺潺水流的聲音，可以給在水邊休憩的人愉悅的感覺。

街道

開放空間的另一項重要元素就是街道。街道與休憩的地方、陽光、樹木、水，甚至小吃攤、咖啡座都是一體的。街道的角落並不是只用來等待紅綠燈轉變的，而是可以供人們相會、談事情、道別的地方。如果有可以坐下的空間，會吸引更多的人。

街道上的另一個重要景象，就是商店和它們的櫥窗，它們吸引顧客進進出出。新的辦公大樓則沒有商店，或許有銀行，前面是大片的玻璃窗。這種窗戶如果接連下去，便使街道顯

圖8-3　芝加哥市內的城市公園

得呆板了。也許一條街上，最少要有50%的建築物作商店使用，才會顯得活潑有生氣。所以對街道與廣場交會地區處理的好壞，將是開放空間成敗的關鍵。

開放空間的承載力

設計開放空間的目的，似乎是希望吸引人來享用。但是如果吸引得太多，便會造成擁擠，反而無法達到享用開放空間的目的。不論如何，除了硬體因素外，應該還有一些別的因素影響人們對開放空間的選擇。這項因素便可能是開放空間的承載力，承載力並不是靜態的，也無法用數字來表達，而是開放空間的品質問題。它們是否會使人們感覺舒暢、自由自在、無拘無束，而這些感覺又因人而異。

如果開放空間對城市的環境品質如此重要，一個跟著而來的問題便是，是否我們應該用獎勵的辦法來取得它們？另一個連帶的問題便是建築物量體（bulk）的大小，建築業者由於市場上土地價格的高漲，往往會開發到最大可能達到的量體。量體過大，則占據較多的空間，獎勵容積或者可以使樓層加高。而縮小建蔽率，則可以留下較多的開放空間。所以都市地區建蔽率與容積率管制的適當與否，是需要加以重新檢討評估的。或者我們可以武斷地說：都市裡沒有開闊的空間，就難以培養出文化。以台中市而言，它的「自然科學博館」與「國立美術館」所占用的土地，原本是公園用地。現在多了硬體設施，卻少了讓人休閒、優游、獨處沉思、培養人文氣息的空間。彼此的價值又該如何衡量，也許是學習不動產估價的師生，應該關心的。

紐約市的開放空間規則摘要

前面提過，紐約市在1961年開始實施一項土地使用分區規則，此一規則獎勵開發者多提供開放空間。如果開發者多提供一平方呎的開放空間，則准許業者多蓋十平方呎的商用樓地板面積。唯一的條件是此一獎勵的空間必須在任何時間都要供公眾使用。此一規定在1977年略加修改後也在住宅區實施。

1975年的修正條款

休憩空間：每三十平方呎的都市開放空間，必須要有一平方呎的休憩設施。如果廣場在一百呎內有二點二五呎的高差，則每四十平方呎的開放空間最少要有一平方呎的休憩設施。座位深度應該最少有十六吋，有靠背的座位最少要有十二吋高、十四吋深。超過三十吋的座位，則可供兩面使用。水池的邊緣都可供休憩使用。可移動的座椅間隔三十吋。台階、露天咖啡座的座椅不計算在內。百分之五可供殘障人士使用的座椅必須有靠背。

植栽：街邊每二十五呎最少要種一棵三點五吋直徑的樹，表土最少要有三呎六吋深。都市廣場的植樹，每一千五百平方呎要種四棵，五千平方呎以上的廣場，要種六棵。超過一萬二千平方呎的廣場，每二千平方呎，要種一棵。栽種時，每棵樹要有三點五吋直徑，土深要有三呎六吋，最大樹距要有二十五呎。

零售店面：除了拓寬的窄街人行道之外，最少50%的建築物臨街前面，應該可供零售或服務行業使用，但不包括銀行、旅行社、航空公司的辦公室。

照明：城市開放空間整個晚上應有最少二呎燭光高度的照明設備。供電插座應該每四千平方呎，有一千二百瓦的電力。

交通動線：都市廣場應全時間供公眾使用。為了維持街道的可見度，平均圍牆高度不得超過三十六吋。廣場的高度不得超過街面三呎或低於街道三呎。如有斜坡，坡度每一百呎要有高差二點二五呎。人行步道、地鐵車站出入口，廣場的開關，也應符合上述標準。地鐵出入口周邊的廣場，不得有任何障礙物。進出地鐵站的梯階最少要有十呎寬。平街道的廣場，最少要有四十呎寬。廣場周邊的建築，最高不得超過八十五呎，其退縮線不得少於廣場邊界十五呎。

無障礙設施：廣場的下述地方，最少要有一個通道：

1. 廣場的主體。
2. 任何建築物的大廳進入廣場處。
3. 對廣場的任何可能使用處。

此一通道最少要有五呎寬度，不得有任何障礙物。階梯旁邊必須有斜坡設施，寬度最少三十六吋，坡度不超過一比十二，路面要有止滑設施。斜坡兩端要有最少五呎的停留區。斜坡或階梯，都應該有三十二吋高的扶手。

飲食設施：廣場可設飲食設施，但不得在人行道上。或在藝術品、水池、花床、坐凳、椅子、公共電話亭、飲水機前。開放式的咖啡座，應符合當地的規範。不得占據廣場20%的空間，不得有廚房設施。

住宅區的開放空間：特別是在高密度的住宅區，應與街道環境融爲一體，可供休憩使用，並且可以提供新鮮空氣、陽光，以及美麗景觀。其他規定大約如都市開放空間，住宅區還可以增加一些其他愜意的設施與藝術作品。

如何有效使用開放空間？

開放空間，不論它們是哪一種型態，都是又有價值，又花成本的。困難則在於如何衡量它們的價值和成本，特別是在城市裡建築物眾多的地方，以及城市周邊的郊區。土地的價值或成本，可以從已經開發使用的鄰近土地反映出來。從這些事實，我們可以看出開放空間的使用與效用有關。

公園以及其他型態開放空間的建立與事後的管理，以前帶有強烈的情感與意識型態的色彩，而較少作經濟分析。公園與開放空間被人提倡，相信那是一樁「好」事，早期並沒有分析指出，如此使用自然資源會對大眾福利有什麼貢獻。的確直到上個世紀1930年代，才有經濟學家一致同意，認爲戶外遊憩和都市開放空間使用的價值，是無法完全用情感與意識型態來量度的。雖然經濟分析的方法有長足的進步，目前使用的方法仍然未能完全被瞭解、接受甚至於應用。城市裡的公園與開放空間，仍然基於情感因素而被提倡與支持。也正因爲缺乏適當的經濟分析，阻礙了公共決策與行動。在許多案例中因爲如此使用的價值，包括對周邊其他土地使用價值的影響，大於其他的使用價值而被保留下來，但是仔細的經濟分析仍然缺乏。

首先，某些特殊地區開放空間的功能，可以用益/本分析來估計。以都市開放空間來看，並不是**「某種開放空間很好，所以就愈多愈好」**，邊際報酬遞減的因素，必須考慮在內。換言之，整個城市都是開放空間，並不理想，也不可行。一個城市裡，必須把某些空間作住宅、商業、工業等使用。同時，邊際開放空間的增加，成本會跟著增加。如果從整體城市看開放空間的安排，開放空間跟開發的部分都是同樣重要的。不僅是數量多少的問題，更是它們的區位和居民的可及性問題。

第二，開放空間的各種功能，是可以作效用分析的。都市開放空間的使用效用，跟任何生產與消費財貨與服務的效用是一樣的。它們包括設計與管理兩個方面，開放空間的設計，包括：公園、景觀、生態地區，和它們周邊的關係。設計又關係到內部的結構、交通動線、步道、植生、休閒設施、水池和周邊設施。這些設施的設計，必須適合居民的享用。管理是指管理的方式是什麼？工具是什麼？目的又是什麼？管理可能是每天的，每季的，或另訂時間表的。如何清理垃圾？多久整理一次植生？我們鼓勵什麼樣的活動？種植那些植物、花卉等等。開放空間的管理會影響人們的使用。

都市開放空間的公共管制

都市開放空間通常都是公有的，是屬於公眾的。或者既使是私有的，也幾乎都是在某種公共管制之下，或者以某種誘因來影響私人的行爲，使其供公眾而非所有權人使用。都市開放空間的景觀與視野，以及遊憩方面的功能，都屬於無償的公共財（free public goods），是開放給每一個人使用的。特別是供休憩使用的開放空間，不得拒絕任何人的使用。

關於公園或其他形式供休憩使用的開放空間，從過去甚至到現在，都是政治性爭論的焦點。因爲它們包含著感情或意識型態的因素，比較少有、甚至沒有做經濟分析。倡導者相信它們是「好的」，但是很難拿出具體的數字，來證明同樣的錢，用在公園設施會比用在其他方面更能增加人民的福利。甚至到了1970年代，經濟學家不得不承認，都市開放空間或休憩的加值是難以用數字量度的。雖然許多經濟學家做過各種嘗試，然而目前的技術和方法，還是無法讓人充分瞭解和應用的。所以到目前爲止，公園或開放空間的倡導和支持，仍然是以感情因素爲主。我們所能做的或許是要先建立開放空間的財產權，讓市政當局有管理權。然後或者可以學紐約市，制定開放空間的土地使用分區規則。不過一個重要的前提，還是要使我們的政府與民間，認識開放空間在都市生活素質上的重要性。

9

未來城市規劃要有什麼新點子？

新都市主義的基本原則，在於告訴我們，應該如何過我們的都市生活，如何把城市的硬體設計，和社會的目標、社區意識聯接起來，提供另一種生活方式。

新都市主義的基本概念與原則：緊湊、混合使用與生態開發

都市規劃的專家認爲，城市的發展毫無限制地往周邊郊區蔓延，不但破壞自然生態環境，也會傷害社會價值，他們認爲緊湊的都市與社區設計，不但在生態上最能持續地發展，也能維護其社會價值。這種思想與努力即是所謂的新都市主義（new urbanism）。他們所重視的是緊湊與美學的設計、保持鄉村的特質、生態的協調、行人與大眾運輸導向以及社會的互動。新都市主義是一種可以應用在各種尺度的規劃與開發的方法，這些尺度可以從一個鄰里單元到一個都會區。在都會區層面，新都市主義與城市的智慧成長（smart growth）關係密切。也就是主張緊湊有效率，且生態協調的土地開發方式，以及改造舊式設計，以適應現代生活的需要。新都市主義並不是要完全放棄已經存在的開發，而是尋求規劃更能令人滿意的生活環境。說得更具體一點，就是尋求人們對小汽車與步行，以及捷運系統之間的平衡。柯索普（Peter Calthorpe）從廣義的角度定義新都市主義，他認爲新都市主義所重視的是質，不是量；是多樣化，不是規模大小；不是密度，是集中度；不只是區位，而是聯繫性。❶

❶ Peter Calthorpe, *Urbanism in the age of climate change*, Island Press, 2011, p.1.

新都市主義的基本原則，在於告訴我們，應該如何過我們的都市生活，如何把城市的硬體設計，和社會的目標、社區意識連接起來，提供另一種生活方式。它是對都市蔓延的一種反制，希望創造人性尺度，可步行、不倚賴小汽車的鄰里街坊。新都市主義主張一個城市要有清楚的邊界，中心要有綠色的廣場和公共空間。公共建築物與商店圍繞在四周，居住、購物、就學、工作等土地應該混合使用。街道應聯絡成網，並且要與其他鄰里街坊和周邊區域連接。同時，要在同一地區提供不同所得、家庭型態的多種住宅。政府的辦公廳舍、圖書館、教堂、寺廟等公共建築物，應該座落在顯著的永久地點。

如果從譜系的觀點看，可以說新都市主義是珍雅各和霍華德理念不期而遇碰撞出來的。新都市主義從珍雅各所學到的基本重要理念，是城市土地使用，和人口、功能的緊湊性和多樣性。從霍華德以及他的後繼者所學到的，是田園市/新市鎮運動。新都市主義的想法，認爲都市主義並不限於在都會區裡的單一中心城市。對規劃的眞正挑戰，是如何在都會區裡精心設計多樣化、可步行、永續發展的小社區，使它能幫補，並且支持中心城市。

珍雅各或霍華德都沒有預料到這種碰撞。珍雅各在《美國大城市的死亡與再生》裡，認爲霍華德在1898年所開始提倡的田園市/新市鎮運動，簡直就是摧毀城市（city-destroying）的規劃理念。她說：

> 霍華德所希望的大城市是去中心化的，反映了他對城市緊湊化與多樣化的恨惡。他完全否定了都會區複雜、多面向的文化生活。他所鍾愛的，有綠帶環繞的田園市，對一個想過一個與世無爭，恬淡寧靜生活的人來說，的確是再好不過的地方。不過，這也不能怪他，因爲他當時所看到的是倫

敦的貧民窟景象。

在另一方面，霍華德的忠實信徒孟甫德（Lewis Momford），反駁珍雅各對田園市想法的批判：他說：「珍雅各居然天眞地認爲，多樣化不在擁擠的大城市便不可能實現。」孟甫德堅持他的看法，認爲珍雅各不問究竟什麼樣的都市形態，可以挽救我們雜亂無章的城市，她只問在什麼情況下，不需要大力改善現有的城市結構或生活方式，就能保有城市人性化的特質。其實，孟甫德所說的大力改善，就是在大城市往周邊蔓延時，在市郊營造人性化的新市鎭。孟甫德對珍雅各的批判，無疑更強化了珍雅各對城市改造的理念。它與霍華德的田園市的想法之間，倒是沒有任何不相同的地方。

在討論到永續規劃的基本概念時，許多成熟的基本概念都來自於歐洲（Beatly, 2000）。這些基本概念與保護自然環境、保育自然資源以及使人有更適於居住的社區等目標不謀而合。這些相容，而且目標一致的概念，形成了現代各種社會運動諸如：新都市主義（new urbanism）、區域主義（regionalism）、宜居的社區、健康的社區、環境保護/復育、能源效率，棕地再開發（brownfield redevelopment）、智慧成長（smart growth）與綠建築（green buildings）等。

永續的、宜居的與智慧的土地使用與開發，開始於認識到大自然所給予人類的開發機會與限制因素。環境脆弱的土地，是那些在開發時容易發生災害的地區，例如：洪水平原、不穩定的邊坡等。它們禁不起環境的衝擊，例如：容易被侵蝕的土壤、不適宜構築衛生系統的土壤，具有資源價值的主要農地，地下水補注地區，以及具有美學或生態價值的土地，例如：溼地、野生動植物棲息地等。

依照自然系統設計土地開發的概念，大約已經醞釀了一個多世紀。在十九世紀中葉到末葉，景觀建築與都市公園之父歐姆斯德（Frederick Law Olmsted）開拓了廣大的設計視野。他的開發計畫從加州的Yosemite國家公園，紐約的中央公園，芝加哥附近的自足式社區Riverside，以及波士頓附近以自然集水區系統爲基礎的Fens and the Riverway公園計畫等。他影響了1888年克里夫蘭（H.W.S. Cleveland）在明尼蘇達州雙子城附近，多湖地區的分散式公園系統。他後來被譽爲美國景觀建築之父。

十九世紀末，霍華德推廣了英國的田園市（Garden City）概念。田園市概念是一種新市鎮的開發型態，它注重綠林道與開放空間，特別是在中心城市的周邊地區。新市鎮有自己的工業，而周邊爲農地所環繞。派瑞（Clarence Perry）以實用性爲主，開創了以鄰里街坊（neighborhood）爲一個有機體的設計概念。他提倡人車分道，他以主要運輸道路分隔當地的（local）街道與人行道。這些概念顯示在1920年代，在紐澤西州Clarence Stein與Henry Wright規劃的雷特朋（Redburn）新市鎮裡。這個設計案開創了囊底路（cul-de-sac）式的設計。

在1920年代，Benton Mackaye是首先認識到小汽車與公路對都市型態，產生影響的人之一。早期沿著公路的帶狀開發，已經使他意識到會形成看不見市鎮的公路（townless highway），他的選擇是希望成爲沒有公路的市鎮（highwayless town），它可以隔離社區與公路，而且使主要的交通走廊不至於在商業與開發地區打結。

在二十世紀中葉，一群新的設計師與科學家主張土地的開發應該與周邊的自然生態系統相調合。李奧波（Aldo Leopold）提出了土地倫理的概念，認爲土地本身與它所隱含的內在價值，應該是土地如何使用的基礎。對其後設計者的思想有巨大的影響。

所謂土地倫理依照李奧波的說法：「人必須認清自己的角色只是自然界的一份子，而非征服者，因此他必須尊重自然界的其他份子。我們不能僅從經濟的角度來看土地，將之視爲財產而不盡義務。」

到了1960年代，景觀規劃大師馬哈（Ian McHarg）倡導開發設計要與土地自然條件、自然景觀協調的概念。他受到李奧波的土地倫理思想影響，他的名著《道法自然》（*Design with Nature*, 1969），對其後的環境設計與規劃產生重要而深遠的影響。他主張在設計之前要對環境條件做完整的調查。他在明尼蘇達州雙子城（Twin Cities）地區所做的調查成爲日後區域計畫，特別是區域公園系統，開發的基礎。也就是建立自然環境是適於人類活動行爲基礎的概念。馬哈的環境資料疊圖法，也成爲日後地理資訊系統（GIS）中，土地適宜性分析方法的基礎。

在1972年，一位名叫柯貝特（Michael Corbett）的年輕建築師，開始推行一種他本人與他的妻子茱迪（Judy Corbett）以及幾位朋友，研究了好幾年的合作社區（cooperative community）開發概念。柯貝特與他的朋友，深深地受到霍華德與馬哈在雷斯頓（Reston，維吉尼亞州），哥倫比亞（Columbia，馬里蘭州）、伍德蘭（Wood Lands，德克薩斯州）等地方，新市鎮開發案的影響，再加上對環境保護運動與對能源短缺問題的關心。當時柯貝特把他與朋友們所設計的社區稱之爲，完美的社區設計與人與自然融合的設計。此一設計是一個在加利福尼亞州大衛市（Davis），占地70英畝的社區開發案，稱之爲鄉村家庭（Village Home），此一開發案成爲最爲大家推崇的永續社區設計個案。柯貝特把他的設計概念與實例集結成書叫《宜居之地》（*A Better Place to Live*, Corbett, 1981）。他也把他二十年來在鄉村家庭設計的經驗，寫成一本書叫作《設計永續社區：學學鄉村家庭》（*Designing Sustainable Communities: Learning From Village Homes*, Corbett and Corbett, 2000）。

這個將近七十英畝的社區，包含二百二十棟單一家庭住宅與二十棟公寓，以及商業與社區公共建築物。另外有百分之二十五的開放空間，包括公共遊憩區、社區花園與葡萄園。此一設計圍繞著當地的集水區。車輛可以到達每一棟住宅，街道大約二十至二十四呎寬。街道邊上有籬笆與灌木叢與住宅隔離，形成鄉村風貌。住宅背後，面對公共開放空間，並且具有自行車道與步道與沿著溪流的小徑。所有的房屋都座北朝南，面向陽光以利用太陽能取暖與空調。柯貝特利用太陽能的設計並不會增加多少的投資，因爲可以省下暖爐與冷氣機的成本。鄉村家庭的經驗，促使大衛市修改它的建築規則。而且大衛市的建築規則，後來成爲加州建築規則的基礎，至今還仍然是全美國最爲先進的節能建築規則。根據研究，鄉村家庭與大衛市的其他管制鄰里比較，顯示鄉村家庭的居民開車少用36%的能源，節省47%的電以及36%的天然氣。最初鄉村家庭的住宅售價與大衛市的其他住宅相同，但是到了1990年中期，就增加了11%的樓地板面積的價格。柯貝特的鄉村家庭設計概念與其他類似的開發案包括以下各項特質：

1. 有效率地使用能源與利用自然氣溫取暖與空調。
2. 透過自然集水區管理水資源與水岸棲息地。
3. 農業生產足供地方居民消費。
4. 使對消費者的服務、工作、遊憩、教育與文化設施都在步行距離之內以減少對小汽車的依賴。
5. 使開發案遠離街道，而面向人行步道與開放空間，以減少人車衝突。
6. 社區可以滿足居民的就業機會，包括中小企業與大型企業活動。
7. 提供中低收入人口的職業訓練。
8. 使居民都有能力購買自己的住宅，使他們成爲社區的一員。

9. 提供實質與社會環境，去滿足居民的基本需要，如安全、對社區的認同感等。[2]

阿瓦尼原則（Ahwahnee Principles）

柯貝特（Judy Corbett）於1991年，在加利福尼亞州發起地方政府委員會（Local Government Commission），招聚了六位卓著聲譽的設計師開會，商訂了一套社區規劃原則，以促進資源使用效率爲目的。這些原則是在優山美地國家公園（Yosemite National Park）的阿瓦尼旅館（Ahwahnee Hotel），向當地一百位地方選出的官員發表，於是便以阿瓦尼原則（Ahwahnee Principles）爲名。那是第一次嘗試散播這種想法於全國，希望結合專業人士、學者、環保人士，與社會賢達，構成一個平台稱之爲新都市主義。阿瓦尼原則後來又被納入於新都市主義大會（Congress of New Urbanism , CNU）章程之中。

阿瓦尼原則的前言是這樣說的：

> 現在的都市與郊區的發展，嚴重地傷害到我們的生活品質。這些病徵包括：愈來愈多的小汽車，造成擁擠與空氣汙染，失掉寶貴的開放空間。使改善道路與公共設施與服務的成本日益增加，經濟資源的分配愈來愈不公平，並且喪失社區意識。如果我們能實踐從過去到現在最好的規劃方法，相信我們能成功地給居住與工作在這些社區的居民，較好的生活品質。阿瓦尼原則就是在提供

---

[2] John Randolph, *Environmental Land Use Planning and Management,* Island Press, 2004, pp. 110-5.

這樣的基本規劃原則。

1. **社區規劃原則：**

(1) 所有的規劃必須顧及到與社區居民每天的生活息息相關的設施與服務的整體性。它們包括：維護住宅、商店、工作場所、學校、公園與政府的設施。

(2) 社區的大小應該規劃得使住宅、工作與每天從事的活動都在便利的步行距離之內。

(3) 盡量使各種活動場所都能接近大眾運輸車站。

(4) 一個社區應該擁有多樣性的住宅，使不同經濟階級，不同年齡層的人都能居住在同一社區之內。

(5) 社區裡的企業應該提供給此一社區居民多種的就業機會。

(6) 社區的區位應該與大規模的交通運輸網絡互相配合。

(7) 社區應該有使商業、文化、政府行政與休閒遊憩等使用的聚焦中心。

(8) 社區應該有大面積的，各種功能的公共開放空間。它們的形式可以是廣場、綠地或公園，並且其設計能鼓勵人們經常使用。

(9) 公共空間的設計應該能吸引居民晝夜隨時來使用。

(10) 每一個社區或簇群聚落，都應該在其周邊設置一個農田綠帶或野生動植物廊道，永久保存不得開發。

(11) 街道，步道與自行車道，都能構成一個整體交通系統，互相連接、四通八達。它們的設計應該能鼓勵人們步行或使用單車，並且遏阻高速車輛行駛。

(12)社區的自然地形、地勢、排水與植被等，應該盡量優先保留做爲公園或綠帶。
(13)社區的設計應該著重資源的保育與減廢。
(14)社區的設計應該透過自然排水道、耐旱的地景設計與循環使用等方法，來提高水資源的使用效率。
(15)社區街道的設計，建築物的鋪陳與蔭蔽，應該注意能源的使用效率。

2. **區域性原則：**

(1)區域性土地使用規劃的結構，應該融合在更大區域的交通運輸網絡之中，而且這種交通運輸網絡要使用捷運系統而非高速公路。
(2)區域應該視自然狀況，以連續不斷的綠帶/野生動植物廊道所圍繞。
(3)區域內的服務設施（如政府機關、運動場、博物館等）應該座落在中心地區。
(4)建築物的材料與建築方法要符合當地的狀況，要能顯示出當地歷史文化的延續性，顯示出地方特色，並且要適應當地的氣候。

3. **實施的原則：**

(1)社區主要計畫的擬定要遵照以上各項原則，並且要按時更新。
(2)社區地方政府應該負責全部的規劃程序，以避免開發者零星的開發。主要計畫要規劃給未來的成長、內向更新與再開發等、留下餘裕的空間。
(3)在任何開發工作之前，一定要依照以上這些原則擬出一個特定計畫。
(4)計畫的擬定一定要透過公開的程序，各項規劃，必須提供可以審視的模式，而且一定要公

開展示。❸

新都市主義大會把環境永續與有效能源（efficient energy）的設計原則，融合在一起，在美國西部各州發展。美學（aesthetic）與社區導向的原則，則在美國東部各州發展。而新興的區域性措施（regional approaches）則用來控制都市的蔓延、社區的再生、棕地的再開發與都市範圍的管制，形成智慧成長管理（smart growth management）的概念與主張。新都市主義的願景，是希望形成以行人徒步與大眾運輸系統爲導向的社區。這種社區是提倡有效使用能源與改善空氣品質，以及增進公共衛生健康人士所共同期望的。

新都市主義大會於1993年，在維吉尼亞州的亞歷山大（Alexandria, Virginia）召開第一次會議，有兩百多人與會。於1996年發表新都市主義憲章。目前該組織已經有會員三千一百多人。這些原則後來被用在經濟發展（1997），水資源（2005），與氣候變遷（2008）等議題上。它們也被新都市主義大會納入，成爲他們憲章的基礎（1996）。憲章的聲明說：

> 新都市主義大會認爲，不對城市中心投資、蔓延的擴張、族群與貧富差距的擴大與隔離、環境的敗壞、農地與荒野的流失、歷史文化遺產的破壞等，都是一連串對社區建設的挑戰。
>
> 我們的立場是要重建都會區裡的都市中心與市鎮，重新結構蔓延的市郊，使之成爲眞正多樣性的鄰里社區。並且保育自然資源，保存我們的歷史文化遺產。我們要倡導，並且重新研擬公共政策與開發方式，以支持以下各項原則：鄰里的土地使用與居民必須多樣化，社區的設計必須是爲了行人、捷運系統，以及小汽車而設計，城市與鄉鎮必須有實質上，大家都能使用的公共空間與服務設施。都市地區的建築與景觀設計必須能表現當地的歷史、文化、氣候、生態與結構的特色。

我們尊重廣大的公民基礎，他們包括公私部門的領袖，以及具有多種專長的專業人士，我們承諾要透過公民參與的規劃與設計，結合建築技術、藝術，重建我們與社區的關係。

我們願意奉獻我們自己，改造我們的家園、廊道、市街、公園、鄰里、區、鎮、市、區域和環境。我們堅持要用以下的原則，指導公共政策、開發的方式，以及都市的規劃與設計。[4]

新都市主義憲章的原則

區域、城市和鄉鎮

第1條：都會區是現代世界各國的基本經濟單位。政府機構、公共政策、實質規劃，以及經濟策略，都必須反映此一新的事實。

第2條：都會區的地理範圍，是由地形、集水區、海岸線、農地、區域公園，與流域所形成。都會區包含眾多城市、鄉鎮和村落。它們各有自己的中心與邊界。

第3條：城市與它周邊的農業腹地及自然地景，有緊密但是脆弱的關係。這些關係包括：環境、經濟與文化，有如一個家庭的住屋和庭院。

第4條：開發的型態不得模糊城市的邊界。內填式（infill）的開發可以保存環境資源、經濟投

---

❸ John Randolph, *Environmental Land Use Planning and Management*, Second Edition, Island Press, 2012, pp. 571-573.

❹ John Randolph, p. 573.

資、與社會紋理。對於邊際和廢棄的地區，要重新利用。都會區的區域機構應該擬出鼓勵內塡式開發，並且不得任由城市擴大其疆界。

第5條：在臨近城市適當的邊界地帶，應該就現有的都市型態，組織社區與鄰里。在離城市較遠的地方，可以規劃新市鎭，讓它擁有自己的工作與居住機會。不要讓它成爲單純的住宿型社區。

第6條：城市與鄉鎭的開發與再開發，應該尊重歷史的樣貌、傳統的慣例與邊界。

第7條：城市與鄉鎭應該接近，而且要有多樣化的公私土地使用方式，以支持區域經濟。應該提供給各行各業、各種所得的居民負擔得起的（affordable）住宅。

第8條：區域的實體組織，應該有多樣的交通工具連接。包括：方便的捷運、步道、自行車道網，以減少對小汽車的倚賴。

第9條：財政收入和資源，應該由區域內的城市與鄉鎭合作分享。避免因爲競爭而使稅基流失，而且要在交通、休閒遊憩、住宅、政府與社區服務等方面合作。

鄰里、區和廊道

第10條：鄰里、區和交通走廊，都是都會區開發與再開發的重要元素。它們能讓你認識一個城市的樣貌，所以要鼓勵市民負起維護與演化的責任。

第11條：鄰里應該緊湊（compact），便利行人，而且混合使用。交通走廊有通御大道、軌道運輸、河道與林園大道，要讓它們發揮連絡區域中鄰里的功能。

第12條：許多日常生活的活動，應該在步行距離之內。街道網絡的設計應該便於步行，讓那些不開車的人能自由活動，減少開車並且節省能源。

第13條：在鄰里之中，要有各種不同樣式、不同價位的住宅，讓不同所得階層，不同年齡、種族的人都能居有其屋，互相來往，以強化社群的認同意識。

第14條：設計管理良好的捷運走廊，可以強化都會區的結構，並且使市中心復甦。相反地，公路走廊則會移轉對市中心的投資。

第15條：建築物和土地使用，要有適當的密度，保持與捷運車站有適當的距離，使公共運輸工具盡量替代小汽車。

第16條：鄰里的政府機關和商業活動應該集中、多樣使用。學校的大小與區位，能讓學童步行或騎自行車上學。

第17條：鄰里與各區的經濟、健康與和諧的演化，可以透過都市設計來引導它們的變化。

第18條：鄰里應該有完整的公園、綠地、球場、花園系統，平均分布其中。保育區和空地可以用來連接或區隔鄰里。

街廓、街道和建築物

第19條：都市建築與景觀設計的主要功能，是要劃分街道與公共空間，以及可以共同使用的範圍。

第20條：個別建築物應該與周邊的環境無縫接軌。

第21條：安全是都市地區復甦的主要考量。所以街道和建築物的設計，應該在不妨礙可及性與開放性的情況下，強化它們的安全性。

第22條：現代的都市建設，必須適當地容納小汽車的使用。但是必須尊重行人並且保留公共空間的型態。

第23條：街道和廣場應該安全、舒適，並且對行人有吸引力。它們必須能鼓勵人們步行，讓他們能彼此認識，保護他們的鄰里。

第24條：建築與景觀設計，應該適應當地的氣候、地形、歷史、文化和建築技術。

第25條：市政廳舍和公眾集會場所，應該設在重要位置，使人容易辨識，並且能表現地方文化與民主作風，和城市紋理。

第26條：所有的建築物，都應該使在裡面居住或工作的人，對方向、天氣、與時間，有清楚的感覺，利用自然方法取暖、納涼，要比機械方法節省能源。

第27條：保存和更新歷史性建築物、地區與景觀，可以確立都市社會的永續性。

從區域面看新都市主義

從比較廣義的範圍來看，都市蔓延並不僅是地方性問題，也更是區域性問題。所以其管理也必須從區域面著手。從經濟規模與效率以及空間關係的角度看，諸如：供水、交通、廢棄物處理、空氣品質的管理等，都需要從區域的尺度來看問題，當然，土地使用的規劃與管理也不例外。區域性的土地與經濟問題也是相聯的，都市中心與其周邊的生物棲息地與農地也是相聯的。我們可以說區域是上層的結構，而鄰里社區則是下層的結構。這樣的結構就形成所謂的區域性城市（regional city）。以這種區域性的結構體來解決區域性的問題，需要一個區域性政府，或者在上層政府之間有區域性的合作體制。

區域城市要有有效率的交通系統，住者能有其屋、良好的環境、步行的社區、內塡式（infill）

的開發。它也具有社會的認同感，經濟的關聯性以及生態的紋理連結，以及都市中心與區域性的生物棲息地與受到保護的農地。它也會建立區域性的成長邊界（growth boundary）、區域性的運輸系統與開放空間，其環境政策必須與區域性目標相一致。

台灣把土地與環境規劃區分爲都市與非都市兩個部分，是一項基本觀念上的謬誤。國土計畫法公布實施以後，必須打破此種藩籬，把都市地區與非都市地區一體看待。所幸，國土計畫法第二十三條，將國土劃分爲資源保育、農業發展、城鄉發展、海洋資源等功能分區：

1. 國土保育地區：依據環境敏感特性，就生態、文化與自然景觀、水資源、天然災害及其他資源保育等型態予以分類，並依保護標的之重要程度，予以分級。
2. 農業發展地區：依農業整體發展需要與產業類型及特性予以分類，並依農地資源特性就主、次要或可優先釋出之農地等，予以分級。
3. 城鄉發展地區：依據都市化程度、交通可及性及公共設施服務水準等，就已發展、再發展及待發展等型態予以分類，並依成長管理、都市機能與城鄉發展需要，予以分級。
4. 海洋資源地區：依據現況及未來發展之多元需要，就港口航道、漁業資源利用、礦業資源利用、觀光旅遊、海岸工程、海洋保護、特殊用途及其他使用等類別，進行海域功能區劃予以分類，並依內水與領海之環境資源特性，考量離岸距離與海水深度之不同、會商有關中央目的事業主管機關，予以分級。

此種分區即是依照馬哈（Ian McHarg）的土地使用分區模式所做的。以上所說明的基本概念、原則與規劃標準與保護復育自然環境，保育資源，提供人民更宜居住的社區是不謀而合的。近代的一些社會運動，如：新都市主義（new urbanism），區域主義、宜居社區、健康社區、環境保護及復育、能源效率、棕地再開發（brownfield redevelopment）、智慧成長（smart growth）、綠建築等，都是由這些概念所引起的。也逐漸從歐洲延伸到北美。

永續性、宜居性與智慧型的都市土地使用與開發，以及保護、復育自然環境，保育土地資源，提供人民宜居的社區等概念，都是受到自然環境開發的有限性所啓發的。環境脆弱的土地就是那些在開發時會引起災害的土地，例如洪水平原與不穩定的坡地，它們也是極易受到環境衝擊的。此外，還有優良的農地，水源地以及具有美學與生態價值的土地，如溼地、野生動物棲息地等，都是須要保護的。

所以良好而且成功的土地開發一定要考慮自然環境與都市環境，包括：

1. **保育／復育自然狀態的特色**（避免使用；緩衝帶與復原；監測與維護）

(1) 水資源的保護：洪氾管理、排水、水岸土地、河道和地下水源的補注等。

(2) 環境資源土地的保護：自然遺產、野生動物棲息地、溼地、水岸和沙丘。

(3) 防災：洪氾平原、陡坡、斷層帶、海嘯。

2. **資源的有效使用**

(1) 土地的保育：緊湊式（compact）開發。

(2) 原物料資源的保育：有效地使用本土原物料。

(3) 能源的保育：節能的設計；能源的再生、緊密與混合使用；盡量使用自行車、大眾運輸工具與步行。

3. **增進社區特色**

(1) 既有社區／鄰里的復甦與再開發

(2)歷史與文化遺跡的保護
(3)土地的混合使用：各種住宅的混合、商、工、教育、遊憩土地、開放空間與林蔭大道。
(4)簇群式（cluster）的開發
(5)緊湊，但是分離式的社區開發
(6)節能、省時的交通運輸系統：以步行/自行車作爲內部交通工具，以大眾運輸作爲聯外交通工具。

新都市主義的社區，注重緊湊式（compact）、可步行的開發，以及公共空間的保留。新都市主義與智慧成長（smart growth）形成永續發展社區設計與開發運動。在此一運動的初期，對新都市主義有三項批評：

1. 倡導設計自由的人，認爲新都市主義社區的一些規範，會妨礙創新的想法。
2. 倡導社會公平正義的人，批評新都市主義社區的高水平開發，違反各種所得住宅混合的原則，以及社會多樣化的概念。這些都是對新都市主義運動的挑戰。
3. 環境保護者批評早期新都市主義社區的開發，融入環境的程度非常有限。例如：(1)在區域方面，都會區與其周邊的農村，並沒有明顯的區隔。都市與農村腹地之間的地景關係非常模糊；(2)在鄰里方面，缺乏保育地帶、開放與步行空間，空氣汙染並未減少；(3)在街廓與建築物方面，並未使用比較節能的天然空調方法。

問題在哪裡？成長的危機！

要瞭解**新都市主義**如何應用在區域環境上，我們必須先瞭解現代城市的演化過程。在二十世紀中期以後，直到現在的城市成長，多半由於人們往郊區遷移。公路交通的便利，市中心的衰敗，以及政府的購屋融資政策，都是重要的因素。由於政府對高速公路的投資，以前覺得很遙遠的鄉下小鄉鎮，因爲土地與房屋價格相對便宜，變成通勤族的住宅區。接著，因爲需求，就有零售、休閒遊憩與服務等設施。人口聚集到了某一程度，就形成中心大城市的衛星市鎮。這種蔓延又會衍生出下一波的蔓延，於是同樣型態的連鎖商店、單調的住宅區，一次又一次地出現。這種都市環境，不但平淡無奇，更使人有不知身在何處的感覺。

人們最初遷移郊區，是爲了私密性、活動性、安全與獨棟住宅的擁有。而在城市裡，又使人感覺孤獨（樓上、樓下，互不相識）、擁擠、犯罪、汙染與使人不勝負荷的房屋與生活成本。但是這種往郊區蔓延的成長，也並不一定能增進生活品質。在此同時，城市的中心，因爲經濟活力移往郊區，而逐漸衰敗。諷刺的是，在這種文化之下，美國大夢（American Dream）[5]是愈來愈難成真了。工作的地方、工作的人力都已改變，財富在縮水，環境問題浮上檯面。但是我們還是以二戰之後的思維建造城市與郊區，好像土地和能源是可以予取予求的。

居住的型態猶如我們的社會，裂痕愈來愈大。土地開發的型態、分區使用的法規，把人們因爲年齡、所得、種族與家庭型態而分離。無法以多樣性的土地使用，建立具有人性尺度的社區。蔓延的發展是爲了小汽車而非人，爲了超級市場而非社區，隔離的住宅區取代了鄰里。在早期的歷史上，我們的社區是植基於大自然。所注意的因素，是當地的氣候、植物、林蔭大道、河港與山坡，各自有其值得回味的特色。今天，則面對煙塵、水泥與柏油敷面、有毒的土壤、退縮的自然棲地，與汙染的水資源，這些因素都使鄰里與家庭被破壞。

人類威脅了大自然，如今大自然反撲。臭氧層破洞，陽光中過量的紫外線致癌，空氣傷害我們的肺，酸雨傷害森林，河流被汙染，土壤被毒害。所以，當我們設計社區時，必須先瞭解當地的自然條件和品質。把設計融入自然，使都市環境與大自然之間有所平衡，以使人類的生存可以持續，精神、心靈得到慰藉。

我們需要什麼樣的成長方式？

解決成長及蔓延發展的方法，並不是限制開發的範圍、做法或地點。而是重新思考各方面成長的品質。在任何地區，如果有高成長的需要，可能採取的方式有以下幾種：(1)嘗試限制整體的成長；(2)讓都會中心周邊的市鎮與鄉村，加以控制的成長；(3)容許內填式（infill）的再開發式成長；(4)在城市周邊，接近捷運路線的地方，規劃新市鎮或開發新成長地區。不過我們必須瞭解，每一個地區的成長，都要尋找適合當地的方式，或是幾種方式的混合。因爲每一種成長方式，都有其優點與缺點。

如果在地方層面限制成長，而沒有在區域面加以管制，將會使開發散布到較遠的地方，反到會助長蔓延。這樣則會增加通勤距離，也會造成跳躍式（hop-scotch）的土地使用型態。有的時候，除非在區域面限制成長，地方政府可能會放慢成長的腳步，去規避捷運和住宅的開發。在另一個極端，如果成長不加任何管制，當然就會形成蔓延、交通擁擠，或失掉城鎮原有的本色。

---

❺ 這裡所說的「美國大夢」（American Dream），是指美國立國之初，就希望每一個家庭，都能擁有自己的土地和獨棟（de-touched）的住宅。

內塡式開發與再開發，則可以利用現有的基礎設施，而且可以保留開放空間。因此這種成長管理方式，應該是最值得遵循的區域性成長政策。但是，要內塡或再開發地區容納所有需要的新開發，也不實際。同時，主張不成長的鄰里，也會反對這種內塡式的再開發，甚至把它視爲鄰避（Not In my Backyard, NIBY）設施。這時，就可能須要政治力量介入，來平衡區域性的經濟與環境的需要了。

舉例而言，美國奧瑞岡州首府波特蘭市（Portland），很成功地用兩個進步的計畫，支持內塡式的開發。一個是設置都市成長邊界（Urban Growth Boundary, UGB），另一個是針對中心城市捷運系統的使用分區（zoning）。UGB是由州政府在1972年設置，強制規定限制都會區的成長範圍。兩者都是以新都市主義理念爲中心，也就是在區域性的開放空間和捷運系統裡，配合行人步道設施。一方面使市中心復甦，同時也幫助市郊有秩序地成長。波特蘭市的UGB與輕軌捷運系統，引導土地開發和經濟活動，使市中心重新繁榮起來。但是如果現在的密度與市郊的結構不加改變，捷運系統也無助於減少小汽車的使用。最重要的是，地方事務必須從區域的角度來考量。在區域的尺度下，可負擔的（affordable）住宅和工作機會，必須均衡地配置，開放空間和農地必須保留，再加上適當的捷運系統。這些事情，都需要政府的政策、教育，以及複雜的經濟、生態、技術、法規與社會因素之間的互動。

新的成長與衛星新市鎮

當城市與郊區的內塡式開發，都不能滿足成長量與成長率的要求時，我們就需要考慮新的成長地區和衛星新市鎮了。只要具備捷運與行人空間，新成長地區的開發應該是最容易的了。但是有一個限制條件，就是會使城市的範圍擴大。衛星新市鎮可能會比新成長地區大，而且會提供整套的工作、購物與市政方面的設施。如果兩者都能規劃得很好，就會有助於都會區的結構，使它更充滿生機。一個捷運導向（transit oriented）的新成長地區和衛星新市鎮，可以增強城市在區域裡的文化與經濟功能。捷運系統一方面可以支持新的成長，一方面又可以引導區域中心的內塡和再開發。

要瞭解新的成長地區和衛星新市鎮在都會區的角色，最好從新市鎮的歷史發展著手。我們在談城鄉規劃先驅思想家的規劃理念時，對霍華德的田園市理念已經有所說明。在1890到1960年間，霍華德、柯比意、萊特等先驅思想家，對現代的城市與區域關係，有相當大的影響。例如：土地使用的分區、尊重私人的居住空間，和小汽車作爲主要交通工具等。特別是在二戰之後，這種都市規劃概念，幾乎摧毀了早期的社區與鄰里結構。新都市主義所希望做到的，就是要從過去的失敗中得到教訓，一方面要避免都市蔓延所造成的空泛郊區，一方面也要嘗試建立一個城市成長的典範。

在都會區外圍的衛星市鎮建立綠帶、捷運系統以及合理價位的住宅，要比在土地昂貴的中心地區容易得多。同時，它們自己也各有自己的綠帶，也有助於建立永久性的區域邊界。如果沒有綠帶或穩定的UGB，一個快速成長的地區，仍然會不斷地侵蝕附近的綠地和開放空間。此外，衛星市鎮也可以吸收過多的開發，或者可以幫助老舊市鎮的成長管理。

總體而言，不論城市是向外發展，或是內塡式的成長，或者是如何取得兩者之間品質的平衡。我們所面對的挑戰是如何創造一個眞正的都會區，它是尊重公共空間，而非私人空間的；它是多樣化的，有層次的，而且是合乎人性尺度的。

我們可以很清楚地看到，UGB可以很清楚地劃分城鎮或鄰里街坊的疆界。這種疆界可以很明確地區分，哪些自然資源土地應該保留，而且限制居住？哪些開放空間需要成爲大型的綠色鄉村？

鄉村內部的公有土地，應該建立它們的生態和保育價值，也有助於顯示區域的特色。從區域的尺度看新都市主義，步行尺度可以促進捷運系統的發展，捷運系統可以有助於行人的便利與生活。

從鄰里、區和廊道看新都市主義

鄰里、區、和廊道是新都市主義的基本組成要素。鄰里是各類人口聚集居住、活動的都市化地區。區是某單一種活動的地區；廊道是連接或區隔鄰里與區的設施。好幾個鄰里與區組合在一起，就成爲城市，然後由廊道和開放空間把這些單元連接起來。相反地，市郊是分區法規區分的使用，包括：間雜的住宅、公路和空間。

鄰里街坊是一個人口聚集居住的地方，是建立社區的最基本單元，從實質面來描述，它有幾個設計上的原則：

1. 鄰里街坊有一個中心，也有一個邊緣。中心是必要的，邊緣卻不一定。而且中心應該一直是公共空間，它可能是一個廣場、一片綠地，或者是重要道路的交會點。中心是公共建築物的焦點，郵局、會議廳，或宗教、文化設施。中心周邊會有商店、工作室等，零售和住宅則可能在邊緣。鄰里街坊的邊緣會有很多變化，可能是自然森林，也可能是人造的硬體設施。在鄉村，邊緣就可能是耕種的農地、果園、苗圃或自然保育地，如林地、溼地、沙地或坡地，但是也可能作密度極低的住宅區。在城市和鄉鎮的鄰里街坊之間，可能有系統地插入公園、學校和高爾夫球場等。這些二連串的綠地，也可能形成都市開放空間與周邊鄉村之間的廊道。

2. 最理想的鄰里街坊大小，是從中心到邊緣的距離爲四百至五百公尺。這剛好是五分鐘的正常步行距離。居民可以在這樣的步行距離之內，獲得日常生活所需，例如：便利商店、郵局、銀行、學校和捷運車站等。這種行人友善的鄰里街坊，就會使區域中的城市、鄉鎮之間的來往，不需要倚賴小汽車作爲唯一的交通工具。

3. 鄰里街坊應該有平均分布的住宅、商店、工作地點、學校、宗教禮拜和休閒遊憩的設施。這些設施對無法自行到達和離開目的地的人尤其重要，他們包括：老、幼、弱、孕、殘、等人物。鄰里街坊要有不同所得的家庭買得起的住宅，也要使不用小汽車，便可以到達購物、工作和其他地點的便利。

4. 鄰里街坊的建築物與交通，要由街道連接成理想的網絡。鄰里街坊的街道構成街廓，建築物配置在適當的地點，以縮短行人步行的距離。地方交通與區域大道分離，街道有多個方向，可以避免交通打結。

5. 鄰里街坊應該優先預留公共空間，公共建築物的位置要恰當。公共空間和公共建築物能讓外人認識此一社區，也能使居民有榮譽感。這些社區構造物的重要性，在於它們座落的區位，它們常會面臨廣場，而且也不需要增加成本。

區

區是一個都市化而且有特殊功能的地區，例如：影院區有餐廳、酒吧來強化它的夜生活。又如觀光區有旅館、零售商店、娛樂設施等。文教區有學校、書店與文教機構等。

廊道

廊道可以連接和隔離鄰里和區。廊道包括：自然和人造的元素，如野生動物的通道、火車軌道等。廊道並不是住宅區或購物區外圍毫無秩序的通道，人們可以從它們進入鄰里或區。它們也可能穿過城市、鄰里，如林蔭大道、鐵道、休閒綠地等。大多數常被使用的公共空間，就是聯絡鄰里、區的廊道。

總而言之，新都市主義給了我們建立都市和區域的另一種思考模式。鄰里街坊是緊湊的，混合使用的，行人友善的。區在適當的區位，廊道整合自然環境和人造社區，成爲和諧而永續發展的整體。

在鄰里街坊及區域的尺度上，多樣化都是基本的要素。因爲區域的範圍較廣，多樣化往往被認爲是理所當然的。不過，各種土地使用顯得分散，變得沒有城市的味道。實際上，一個區域裡不同的人口分布與功能，應該有連接的紋理，才能使區域有生氣和整體性。高速公路與主要道路，應該發揮連絡各地方的功能；而不是用來把一個整體的區域切割成幾塊小區。

新都市主義應該把公部門與私部門，政府與企業的層次分別清楚。也就是說，在區域的層面，多樣性和差異性，應該有秩序地截長補短，配合成一個整體。這並不是互相複製，而是各自配置在適當的區位，以顯示它們的樞紐地位和重要性。能夠做到這些，就能在區域層面和地方鄰里層面，引導現在的城市、鄉村與市鎮的發展，合乎新都市主義的原則。我們的目標是希望把最好的規劃與設計，應用在區域和鄰里層面，給它們一個新的面貌。新都市主義不只是顧到城市與鄉村的面貌，而是我們如何塑造區域及鄰里，讓它們的多樣性、公共空間和人文尺度，給社區居民一個新的生活方式。

新都市主義的社區發展，跟隨著珍雅各的規劃理念，注重緊湊式（compact）、可步行、多樣化，以及充裕的公共空間。珍雅各認爲推行好的都市主義需要大城市，只有大城市才能維持眞正都市主義的密度。可是到了1980年代，美國城市的郊區化，使都會區承受了大多數的人口，零售商店、工廠，甚至A^-級的辦公大樓。這種情形，顯示出都市設計的問題，也同時反映出城市中心發展的失敗。都市的蔓延，吸走了城市中心的人口與資源，同時消費了城市邊緣的開放空間。

新都市主義瞭解到，如果不能面對都市蔓延與傳統郊區開發的挑戰，城市中心的都市型態也無法保住。但是問題的關鍵就在於如何馴服都市的蔓延？這時，新都市主義就重新詮釋了郊區的規劃途徑——田園市/新市鎮運動。霍華德提倡田園市的眞正目的，不是單純地要分散中心城市的人口，而是要引導分散的人口，到中心城市的邊緣，形成可徒步的社區網絡。以今天的角度看，這種田園市就是混合使用、混合所得階級，行人導向的鄰里。工作、就學、購物、休閒，都在步行距離之內。其實，這種多樣化、混合使用的型態，基本上就是傳統的都市主義。

早期的田園市傳統，給新都市主義帶來了另一個重要的概念：連接土地使用和捷運系統。柯索普把它稱之爲捷運導向的開發（Transit-Oriented Development, TOD）。因爲早期的田園市，居民是步行的。霍華德早在1898年就想到用街車（streetcar）連接中心的大城市和周圍的田園市，他稱之爲社會城市（social city）。以今天的眼光看，就是用捷運系統連接的田園市網絡。Raymond Unwin在1920年代，把這種抽象的概念用軌道運輸連接起來，成爲區域城市（regional city）。每一站都是一個混合使用的田園市，後來成爲倫敦、斯多哥爾摩、哥本哈根等大城市周圍田園市的雛形。現在都以輕軌捷運連接，這種做法也使過去衰敗的區域中心復甦起來。這種二十世紀版的區域城市，符合了珍雅各緊湊而多樣化的理念，也成爲大多數美國人所喜愛的中密度田園市型態的鄰里單位。如果能如此，蔓延或可遏止，開放空間可以保留，使城市成爲可徒步，又捷運友善的城市。

至此，新都市主義到達前所未曾預料到的，珍雅各與霍華德理念的結合。與傳統城市郊區的開發比較，新都市主義要求一種全新設計和諧的都市環境（built environment）。包括：適當的人口密度、混合的土地使用、小街廓、行人友善的街道、便利的開放空間與市政中心、方便購物的商店街等。

新都市主義的規劃與設計

新加坡城市規劃的中心理念，就是堅持遠見，整體規劃。長久以來，我們的城市規劃與設計，往往都是從硬體工程方面著手。例如：交通工程只注意道路的容量與行車速度，而不會注意與道路有關的鄰里街坊尺度、步行的便利性、安全或美觀。土木工程在疏浚河道時，也不會想到遊憩、生態和地景的價值。不動產開發業者，只注意市場價值，並不會注意鄰里的需要。在學術界，傳統的城市規劃科系，也多設在工學院。但是，工程只能在單獨的項目上追求最適化，而無法顧及較大的整體系統。規劃設計是多面向的問題解決方法，最好是各方面都能顧及。

社區注重設計，是都市主義的中心思想。主要的意思是說，要先設計一個整體的架構，其中的細部則要用工程的方法來完成。我們一般的認識是，鄰里、城鎮、區域，都是有機的組合。它們是一種強大，但是又看不見的市場力量的產物，或者再加上工程的總和。從歷史上看，我們的居住型態，大部分都是由都市設計所塑造的。最有影響力的是1930年代，美國萊特（Frank Lloyd Wright）的廣陌城市（Broadacre City）。在此同時，柯比意與一群歐洲的建築師，則影響了歐洲的城市發展。高速公路、大街廓、和摩天大樓，取代了傳統的街道與混合的土地使用，成爲戰後都市更新的基本政策與型態。現在看來，這種過去的都市發展模式是失敗的，這種過去的失敗，如果不能改變，也會注定未來都市發展的失敗。

對於都市規劃，我們必須重新發現都市設計的藝術與科學。都市設計是藝術，因爲城市傳承了人類的歷史與故事，其中有和諧，也有偶發的衝突。都市設計也是科學，因爲我們必須尊重經驗的事實與資料的分析。都市設計必須融合具有各種專長的專家，經濟、社會與環境的需要必須平衡。最後，創造出美麗、愜意，並且值得記憶的地方。一個好的都市設計師，必須具有藝術、科學、歷史、建築、工程、規劃、政治以及遠見等特質。

創新的設計原則

因此，我們需要一種創新的設計原則。這種設計原則的特質包括：人性尺度、多樣性、資源保育、區域和鄰里街坊，以及區域的和諧。

1. 人性尺度

人性尺度的主張，表現在脫離從上到下的社會計畫、管制的組織型態和官僚制度。人性尺度在經濟上，主張支持私人與地方企業。在社區設計上，主張建立可步行的鄰里，以及鼓勵人們面對面互動的環境，而不是以小汽車爲主的超大街廓，它會顧及到大城市裡的細微末節。

數十年來，不論是建築物的設計、社區的規劃，以及各種機構的成長，都認爲「愈大愈好」，愈有效率。台灣以政治操作，把原來的省轄縣、市合併改制成爲直轄市，成爲所謂六都。到目前爲止，可以看見的是冗員增加、效率並未提高。根據台灣行政院人事總處的報告，政府組織改造，以及六都改制五年來，各改制直轄市政府編制員額，增加了九百三十三人，各級政府總計增加了一千八百二十八人。[6]

然而，現代的思想與理念，則是提倡分散化的（decentralized）政府與企業。所流行的口號，則變成小就是美。效率不是由於機構大，而是與小型工作團隊的緊密合作與靈敏度，都市的環境與規劃也是一樣的。不但如此，人們所嚮往的，是一般平淡無奇，但是能注意到日常生活細節和特性的建築物。他們想要可以步行的街道、樹蔭成林、有足夠的窗戶可以通風。他們希望商店在市區的主要街道上，而不是郊區的購物中心。他們也希望有具有歷史意義的都市保護區。換言之，人們所希望的是合乎人性尺度的社區。

2. 多樣性

所謂多樣性的社區，我們在第五章，介紹珍雅各在《美國大城市的死亡與再生》一書裡，討論土地的混合使用與城市多樣性時已經指出。假使一個城市要維持它的安全、人們公開的接觸與交互的往來，就需要各式各樣的組合。所以有關城市規劃的第一個重要問題，就是城市如何產生足夠而多樣性的使用，讓它們分布在每一個領域裡，維持它們各自的生存。事實上，大城市就是自然產生多樣化，以及孕育各種新企業、新想法的地方。更重要的是在經濟上，大城市就自然而然地，成爲各式各樣中小企業聚集的溫床。在自然界，生物具有多樣性，才能維持生態系統的平衡與成長，道理是一樣的。

任何城市的組成，都有四個基本元素——公共空間、商業、住宅，以及自然系統。以城市設計而論，多樣性具有實質上、經濟上與社會上的多重意義。實質上的多樣性是指多樣的建築物、公共空間和活動的混合。經濟的多樣性，是指城市是產生與支持各種大小企業的地方。社會的多樣性，是指城市是整合各種活動的地方。以規劃理念而論，多樣性要求我們回到混合使用的社區型態。在這樣的社區裡，會有多樣的土地使用，以及多種住宅、經濟活動、各類人種與年齡層居民的混合。現代的都市主義，要比任何以前的時代更注重生活環境品質。

多樣性原則，可以指導地方與區域的自然資源保育。顯而易見的是，要瞭解複雜的生態、棲地和集水區，需要對開放空間作縝密的規劃。遊憩、農業、棲地的保護，往往與都市土地的開發產生衝突。特別是在我們的都市環境裡，都會區自然地區的種類與範圍的多樣化，都是非常重要的。土地使用的多樣性、人口的多樣性、企業的多樣性、自然系統的多樣性，對未來的持續發展，都是最基本，也是最重要的。

3. 資源保育

在城市設計方面，資源保育除了保護自然生態系統之外，也含有保留、重建一個地方的文化、歷史，以及建築資產的意義。在城市與建築物設計上，資源保育可以節省能源、土地、原物料等資源。保育資源很明顯地，可以保護由於都市蔓延所變更使用的農地和自然系統。保護河流，可以改善水質，並且增進休閒使用與美質。建築物的能源保育設計，可以反映氣候變遷的影響。

保育一個城市的歷史建築物和機構，可以顯示，並且重建一個城市的傳統與特色。保育人力資源，是指以良好的管理、教育，重建人們的潛力，減少貧窮與犯罪。保育人力資源，可以提升與充實城市的經濟與社會力量。保育自然與文化環境，是絕對不可以輕忽的。

以上所說的三項城市設計原則——人性尺度、多樣性、資源保育，是城市設計新方向的基礎。

---

❻ 台灣聯合晚報，2013年八月一日，A-11版。

都市蔓延、工業的大量生產、標準化與專業化等，都是過去老舊的都市設計思維。恰好相反地，人性尺度、多樣性和資源保育，形成現代和未來世代的新設計典範。這些典範，將會帶領城市的成長，從蔓延走向永續發展。這些原則，將會出現在地方，以及區域性城市的層面。區域性的設計已經開始出現在我們的經濟、社會與環境健康方面。

4. 區域主義

以上所講的人性尺度、多樣性、資源保育，三項城市設計原則，也同樣適用於區域規劃。最重要的是，一個區域與它所包含的城市、鄉村、鄰里街坊，以及它們的自然環境，應該被看作是一個單一的單元（unit），所以也應該以單元的概念來設計。我們現在的問題，就是出在我們的每一個城市或社區，甚至鄰里，都是個別設計自己範圍內的住宅、公園、商店與政府機構。我們應該把區域看作是一個文化、經濟和環境的生態系統；而不是各個單元孤立，沒有骨架、筋肉連接的地方。

區域裡的主要開放空間，如河流、山嶺、溼地、或森林，是區域裡的公有地（commons）。這些區域裡的自然公有地，可以顯示出一個區域的生態特色。就有如開放空間和綠地，是一個城市不可或缺的要素。正如一個城市一定有一個中心；一個區域也一定要有一個中心城市，作爲區域的文化、經濟中心。

區域的設計和城市的設計，還有其他類似的地方。比方說，以城市或鄰里的尺度來說，我們主張以步行的街道、自行車道，來連接兩個或多個較近的端點。而在區域的尺度，則需要捷運系統，來連接兩個或多個遠距離的端點。捷運路線的功能，主要在於便利區域的成長與再開發，兩者的功能其實是互補的。至於多樣性，在城市尺度與區域尺度上，其設計的原則也是一樣的。

這些設計原則的應用

城市規劃設計有五個基本元素，它們是：鄰里街坊、中心、區、保留區與廊道。鄰里街坊的交通方式，是以步行和自行車爲主。是連接住宅、學校、公園和地方服務機構的最基本城市規劃單元。中心是由混合使用的好幾個鄰里所組成的，包括：工作場所、住宅與服務機構，以及多數的零售商店。區是以某一種使用爲主的特殊使用地區，例如：大學、文化中心，或航空站等。保留區是一個區域的開放空間，如農業生產用地、公園、自然棲地和溼地等。廊道是區域中心、鄰里和區的邊緣，以及這些地區的連接通道。它們的種類很多，例如：公路、鐵道與自行車道。或者是輸電管線通路、河流、溪流等。[7]

1. 鄰里街坊

以美國的鄰里街坊型態而言，它們是一個純粹的住宅社區（subdivision），加上一些零售商業。一個理想的鄰里街坊，應該是各種使用混合的，也包含不同的使用密度與尺度，不同階層、不同種族的居民，但是擁有共同的社區意識。它的定義是非常有彈性的，也不容易給它下一個一致性的定義。不過，它應該是便於步行的，有共同使用的公園和設施、服務機構與學校。如果拿台灣與美國的鄰里作一比較，台灣的鄰里似乎比較接近珍雅各所提倡的混合使用型態，不過比較雜亂，甚至幾乎完全沒有秩序罷了。美國的subdivision是單一使用的住宅區，是土地使用分區的一部分，大多數是在市郊的土地開發，也是造成都市蔓延的主要原因之一，如圖9-1與圖9-2。

❼ Calthorpe, p. 64.

圖9-1 美國的住宅社區（subdivision）之一

圖9-2 美國的住宅社區（subdivision）之二

除了實體上的型態之外，更重要的是社會、經濟和文化的內涵。因爲社會、經濟和文化，影響我們每天的生活。哈佛大學的社會學家卜特南（Robert Putnam）教授，在1990年代，就將之稱爲社會資本（social capital）。社會資本包含：公民的參與、健康的社區機構、正常的互動關係、與互相的信任。卜特南認爲，有社會資本則社區興旺；沒有社會資本則社區衰微。卜特南也指出，美國人愈來愈沒有社會意識。現在的社會關係，都建立在網際網路上，人跟人之間面對面的互動、交談，就愈來愈少了。

2. 中心

中心是一個區域裡，城市、村、鎮和鄰里的交會點。它把鄰里與地方社區聚集在一個整體的社會、經濟網絡裡。它是各種住宅、企業、零售、娛樂與政府機構的混合體，是就業與公共服務的中心。除了就業，它也包括公共空間、公園、廣場、教堂、政府機關、休閒遊憩設施等。

中心與鄰里不同，中心包含鄰里。它們之間的差別，在於鄰里以住宅爲主，加上一些服務、遊憩等輔助功能。另一方面，中心則以零售、行政與其他就業功能爲主，也間或有一些住宅，中心也是重要的捷運交會點。幾乎所有的中心，在品質上是與替代它們的現代郊區購物中心、shopping malls、企業園區、工業園區不一樣的。眞正的都市中心，是一個城市的行政與商業、就業中心。並且包含夜生活的設施，如劇院、影院、博物館、旅館、百貨公司、各式餐廳、酒吧等。這種混合使用，使城市中心成爲一個區域的交通、商、貿、住宅、服務與休閒娛樂系統的樞紐。

城市中心是區域中最緊湊，最多樣化使用型態的社區。城市中心是混合使用、緊湊、步行友善，活動多彩多姿，而且有捷運系統服務的地區。它們也應該是表現一個區域的歷史、經濟、文化傳承的地區。

3. 區

區的土地使用，並不是像鄰里或中心的混合使用，而是比較單一性的。例如：輕、重工業區、企業園區、空港或海港、貨物集散中心、軍事基地、大學校園、廢棄物處理場等，都是區的型態。這些地區，除了工業區、軍事基地、廢棄物處理場等，在一個區域裡，對經濟與居民的生活功能都很重要。另外一些例子，如城市的行政區、歷史古蹟保護區、文化設施區、自然保護區等，都是構成一個城市的重要元素。但是，很不幸地，往往這些地區並沒有便捷的交通系統與城市中心整合在一起。以致於沒有能夠發揮中心和區的相輔相成功能。

4. 保留區

保留區可能是區域規劃最複雜、最具爭議性的部分。其所以複雜，是因爲保留區包含太多不同的地景、區位和潛在的使用方式。它具有爭議性，是因爲保留這些土地的方法，以及它所引起的經濟衝擊，是社會上熱烈討論的議題。保護區域邊緣的自然保護區，幾乎是所有的人所希望的，但是它們的劃設和保護，卻是政治與經濟上的挑戰。往往保留區沒有明顯的疆界，在大多數的區域，劃設保護區並不能限制都市的蔓延。要引導城市的成長，需要開放空間、基礎公共設施的規劃，和土地使用管制作綜合考量。

區域性的保留區有兩種，它們是分隔社區的保留區和區域的疆界。分隔社區的保留區，是社區與社區之間的開放空間。分隔社區的保留區，多爲農場、棲息地或遊憩用土地。它們可以用簇群式（cluster）開發，劃設都市成長邊界，或者直接購買地主的土地開發權而產生，可是成本很高。另一種則是保留農地，作爲區域的邊界，這種做法成本較低。保留農地是非常重要的，因爲高品質的農地，常受都市發展的威脅。台灣各城市的市地重劃，幾乎都在城市的邊緣實施，反而忽略了城市內部雜亂無章的土地使用，和都市更新、重新整理。

政府可以用降低財產稅的誘因，來保留農地、林地與棲息地。但是，困難在於都市建地地價的增長，卻遠遠超過節稅的利益。所以，基礎設施建設的區位，與成長邊界的劃設，必須作小心而整體的都市綠化規劃。

5. 廊道

廊道是構成或連接區域的骨架。廊道的種類或型態很多，例如：集水區、湖泊、溼地、海灘、運輸路線、動植物的棲息地、山嶺、台地、獨特的生態系統、風景區等。各種自然廊道的連接，形成廊道系統，會增進生態價值，改善都市環境（built environment）的品質。因此，廊道要從區域的觀點來構成，並非東一塊、西一塊地保留開放空間。這種區域性的廊道規劃，是我們在區域計畫上所缺少的。往往洪水平原、溼地、棲息地、山坡地等，多被開發。例如：台灣北部的基隆河截彎取直，就是一個最明顯的與水爭地的惡例。近年來，颱風、洪水為患，造成人民生命財產的損失。

重新使用或整修老的、低度使用，以及衰敗的廊道；不論是自然的，或是人造的，都是非常重要的。我們可以將老式的長條狀商業區加以再開發，改善基礎設施，把它們改變成混合使用、提高居住密度、便於步行的地區。或許最有利於創造廊道的地區，就是廢棄的鐵道線路。比較有名的是紐約市的高線公園（High Line Park）。原建於1930年代的高線高架貨運鐵路運行至1950年代後，因為公路的發達而遭荒廢。直到90年代，軌道上已野草叢生。成立於1999年的非營利私人機構高線之友（Friends of the High Line）拍攝一系列高線專題照片，喚醒紐約客重新認識這個被遺忘的地方。

高線之友與其他一百多個私人與團體，共同向紐約最高法院陳情，並舉出巴黎在1990年代將廢棄的高架鐵道開放成公共空間的案例，成功地說服紐約市政府，將占地六點七英畝的高架鐵道交還給市民。紐約市政府也於2002年，指定高線公園作爲市民未來的休閒公共場所。法國巴黎巴士底區的貝西公園附近高架廢棄車道，改建爲市民休閒的公園，並設置空中生態水池，極爲特殊，使這條原本像是城市毒瘤的荒廢鐵道，頓時成了居民重要的休閒空間。

在高雄，也有鐵道再利用的成功案例，就是臨港線自行車道。原先這條鐵路爲運送港口物資至市區的鐵道，歷經時代變遷，鐵道全面荒廢。在改建之後，民眾不但可以透過這條鐵道改建的自行車道，一窺碼頭的作業情形，更成爲台灣獨一無二的臨港鐵道自行車道。

美國西海岸與東海岸的新都市主義

美國新都市主義的起源，在西海岸和東海岸有所不同。西海岸新都市主義，大部分起源於1970年代的生態保育運動（關係到永續發展的概念）。東海岸新都市主義，則與現代主義對地景的討論有關。假使我們說西海岸新都市主義是比較激進的，則東海岸新都市主義在許多方面就顯得傳統了。不過兩者都是在二十世紀某些與地景有關的特殊機緣下產生的。西海岸新都市主義主要受能源危機的影響，在1970年代，柯索普揚棄了傳統對地景的做法，專注於社會和環境的議題。他的都市地景設計從太陽能下手，研究如何可以減少能源消耗。他開始思考鄰里與都市設計型態對能源的影響。他發現分區使用所造成的分散社區消耗能源，而混合使用把人們聚在一起可以節省能源。於是柯索普開始他的永續性新都市主義做法，他的主張也受到國家交通和土地使用政策的注意。他的目標，除了節省能源和保存開放空間之外，也希望混合使用可以融合居民在文化上，社會生活型態上的差異。

東海岸新都市主義與西海岸新都市主義剛好相反，它是單一公司的夫妻檔Andres Duany和Elizabeth Plater-Zyber所開始的。他們夫婦分別是普林斯頓和耶魯大學建築學院的畢業生，他們的工作直接反映了建築學過渡到後現代主義（postmodernism）時期的論戰。這時，以柯比意理念爲基礎的現代主義突然崩塌，留下一片眞空，無可避免地被現代主義者所鄙視的老城市型態所取代。都市基本型態不斷地重複，塑造出每一個城市紋理的一致性。特別是歐洲城市的復古風，反現代主義與工業主義，表現出傳統的街廓、街道和鄰里街坊。就像我們常說，歷史是會重演的一樣。聖經傳道書說：「已有的事，後必再有，已行的事後必再行。日光之下並無新事。豈有一件事，人能指著說這是新的，哪知在我們以前的世代早已有了。」

Duany和Plater-Zyber被視爲東海岸新都市主義的中心人物，這是因爲他們在都市設計、美學和複雜的建築規則與土地分區上，出色的創意作爲和對後來社會的影響。若與西海岸新都市主義相比，Duany和Plater-Zyber更注重設計本身。他們遵循柯索普的生態和社會理念，更注重都市的實際經驗，也對傳統的鄰里設計深具信心。他們可以說，是我們當代最具影響力的規劃與都市設計人物。

假使新都市主義是東西兩岸都市發展思想的融合，我們現在最好進一步探討，此一混血（hybrid）的理念如何影響現代的都市規劃。新都市主義的願景，深深地根植於田園市／新市鎮的傳統，直接挑戰城市周邊的蔓延。特別是當土地分區和公路開發占有優勢的時節，懷抱理想的郊區規劃者，完全無力對抗，只好從他們的理想退卻。不過，新都市主義仍然強烈地主張都會區型態的改變，並且希望引起規劃圈裡更多的共鳴。新都市主義希望在以下四個領域，改變規劃的理論和實踐。

1. 新都市主義幫助恢復實質的規劃做法，新都市主義注重營造可步行的鄰里單元，以及城市中心的實質環境。把都市設計、地景建築，和整體規劃融於一爐。

2. 這種實質規劃的恢復雖然間接，但是必然地會牽動基本的土地法規和交通規則的變動，因爲這些都是規劃工作的核心事務。但是因爲傳統的土地使用法規都是單一使用的，而且，傳統的分區（zoning），分離了使用方式、限制了密度，更忽略了建築物的造型。Duany和Plater-Zyber提供了詳細的規則，要求混合使用、規定密度，以及建築地景的指導原則，維持建築物與建築物之間的和諧配置。

3. 新都市主義給交通規劃打了一劑強心針，特別是柯索普所倡導的捷運導向的開發（Transit-Oriented Development, TOD）。也就是以捷運串聯都會區裡每一個可步行的社區，以及中心城市。

4. 新都市主義在使中心城市復甦上，扮演了一個關鍵性的角色。大部分是透過聯邦HOPE VI住宅計畫，拆除了老舊的高樓和平房，代之以各種所得階級的鄰里單元。新都市主義憲章在1996年呼籲更新現有的都市中心，但是此一希望完全落空。相反地，憲章的其他重要目標，如重新結構蔓延的郊區成爲理想的鄰里單元，則得到不少的讚許。

今天，新都市主義發現，它從來沒有料到的強力競爭對手，竟然是傳統的老都市主義（old urbanism）。所謂老都市主義，就是許多現有的中心城市，正在從事更新。它們已經有捷運系統、市中心欣欣向榮，市民有好的工作，兒童有好的學校，市民的安全受到保障。在現今這種泡沫化經濟時代，資金大量誤置，尋求快速獲利，毫無疑問地會偏愛在便宜的郊區土地上，做傳統蔓延式的開發。

新都市主義，就像其他所有的改革運動一樣，瀕臨成功與失敗的邊緣。今天，新都市主義實施最成功的，是它把規劃、都市設計和地景建築，在鄰里街坊到區域的尺度上，融合在一起。再者，新都市主義留下一個獨特的公共空間，讓各式各樣的角色，都能在我們的都市環境裡盡情地發揮他們的專長，也能爲我們的都市環境負應有的責任。雖然新都市主義是由建築師所創始，而抵制最多的也是學建築的。新傳統的（neo-traditional）設計仍然是一般大眾所喜愛的，Duany/Plater-Zyber希望它能取代現代主義，成爲我們這個時代的主流願望，可能就要落空了。

最後，把新都市主義視爲一個規劃理念，它的想法與主流規劃理論，有些糾纏不清，甚至會失去它的眞相。新都市主義的關鍵理念，被所謂的智慧成長（smart growth）和永續的都市主義（sustainable urbanism）所吸收，以及最近被美國住宅與都市發展部（Housing and Urban Development, HUD）和交通部（Department of Transportation）稱之爲宜居的社區（livable communities）。但是，在規劃的實踐方面，特別是在郊區邊緣，希望會產生一些根本的變化，例如：排除式的分區、蔓延，和對小汽車的倚賴等。至於不動產的開發，更很少接受新都市主義的典範。於是，新都市主義便陷入一個兩難的窘境。在規劃理論上，新都市主義是一個希望達到崇高理想的運動。然而，在區域尺度的實踐上，新都市主義的使命才剛剛開始。

總而言之，新都市主義給我們建立了城市和區域的另一個思考模式。鄰里街坊是緊湊的，混合使用的，是行人友善的，區在適當的區位，廊道整合自然環境和人造社區，成爲和諧而永續發展的城市。

10

氣候變遷下的明日城市

我們傳統的都市規劃做法，是用工程的方式使單一元素最佳化，並不注意它與整體系統中其他元素之間的關係。

氣候變遷時代的土地使用規劃

全球氣候變遷的現象，近幾十年來在我們的日常生活中，是經常會體驗到的。氣候變遷對我們人類的影響，可以從三個方面來看。(1)氣候變遷會影響現在和未來的生產力；(2)為了應付生產力的降低，我們需要改變生產的方式和資源的投入；(3)為了減少未來溫室氣體的排放，以及氣候變遷產生的影響，同樣須要經營方式的改變和投資。氣候變遷的現象包括：溫度的升高、極端事件、熱浪、乾旱、降雨的強度與密度、水文循環的變化、病蟲害和森林火災等。很顯然地，這些氣候變遷的現象，都是影響土地使用與管理的重要因素。接下來我們將從自然環境和都市環境兩方面來討論。

氣候變遷與自然環境

國際氣候變遷論壇（Intergovernmental Panel on Climate Change,IPCC）的研究顯示，地球表土的改變，是溫室氣體（Greenhouse Gas, GHG）累積的主要因素。但是，是可以逆轉的。從1850年起，三分之一的碳排放來自土地使用的改變。以現代的情形看，IPCC 2000的資料顯示，與土地生產、使用和管理有關的溫室氣體排放，18%來自森林伐木，14%來自農業生產。這種排放來自砍伐森林變成農地、牧草地或開發成其他用地。進一步看，估計農業占52%的甲烷排放，和84%的氮氧化物（IPCC 2000）。這種排放主要來自作物和牲畜的生產。改善土地的生產、使用和管理方式，將有助於減少這些氣體的排放。

氣候變遷會影響土地的生產、使用和管理，更進一步會影響土地的價值。此外，氣候變遷也影響水文循環和水資源的供應，進而影響農業生產。針對農業與氣候變遷，有幾項亟需研究的課題：(1)愈來愈多的極端事件，如：乾旱、洪泛和熱帶風暴；(2)與極端事件同時發生的事件，如：水的供給和需求、病蟲害、火災、海平面上升；(3)以上這些事件發生的風險對市場的影響；(4)未來對應氣候變遷與土地的使用和管理政策應如何制定與調整？

京都議定書（Kyoto Protocol）所提議的總量管制與排汙交易（Cap-and-trade）辦法，已經在許多歐洲地區和美國加州實施，以提供經濟誘因來減少氣候變遷的影響。在市場經濟理論上，碳稅（carbon taxes）或總量管制與排汙交易，在控制GHG的排放上，要比法規更爲經濟有效。不過在實施上，因爲GHG的排放和氣候變遷是全球性的，所以會因爲地區的不同而產生不同的情況。這些情況包括：顧此失彼（leakage）、多加的一個單位（additionality）、不確定性（uncertainty）、和長久性（permanence）。交易成本包括：量測與監測成本，以及財產權問題。

顧此失彼：顧此失彼是當我們設法減緩某一個地區的排放時，卻會因爲市場價格機制因素，使另一個區域的排放增加。例如：在某地區擴大造林，便會減少農業生產，而使農產品價格升高，進而刺激其他地區增加生產。

多加的一個單位：理想的政策，應該是只付增加的GHG淨排放價格。這就牽涉到底價（baseline）的建立問題，有了底價之後，只有高出底價的那一個單位才有資格在市場上交易，而且也意味著對未來情況的預期。還沒發生的事，是無法採取行動的。例如：在政策上補貼地主保留森林，是否也意味著如果沒有政策，就可以砍伐森林？沒有發生的事情，是無法償付的。

不確定性：就它們的自然性質而言，農業與林業都是最容易受氣候變遷影響的產業。所以它們排放量的多少，也會是每年，甚至每季都不確定的。

長久性：碳的隔離、儲存和交易並不是永久性的，因爲會受到未來土地的生產、使用和管理的可能改變。因此在有限時間裡的儲存、避免極端事件的發生，都需要成本，交易的價格便會打折。

氣候變遷與都市環境（built environment）

在1950與1960年代，工程、效率、大量生產、標準化與專業化等概念，成爲那個時代都市規劃的中心思想。認爲工程、科技，可以重組社會與經濟結構。至於複雜的回饋思考，不確定性、生態環境等，都沒有考慮在內。另外，人們也認爲我們是由亞當斯密所說的看不見的手所引導，事情都不在我們的掌握之中。

氣候變遷與能源短缺，會對我們的經濟和環境產生極大的挑戰，而且這兩大挑戰是緊緊相扣的。它們將影響和塑造我們的城市、建築物、文化、生活型態和環境足跡。面對這兩項挑戰，沒有更具持續性的都市形態是不可能的。新都市主義主張塑造緊湊、多樣化，並且可步行的城鎮，應該是對症下藥的辦法。科學家告訴我們，假使我們要遏止氣候變遷，我們2050年的全球碳排放量，應該減少到1990年排放量的20%。假使我們能達到這個標準，我們才能同時減少對石化燃料的倚賴，才能建立一個永續而且繁榮的城市發展模式。在這一段過渡的時間裡，我們或許有可能發展出另一種能源，或另一種經濟型態。

這種轉變，不但需要節能、創新、科技與資源保育的方法，更需要城市設計、文化與社區生活型態的改變。而這些又都是互相關聯的，須要有遠見的整體規劃。所謂生活型態，包括：家庭的大小、開車多少、建築物、住屋的大小、食物、消費型態、社區的營造和都市化程度等。資源保育包括：節能技術、房屋設計、小汽車設計、工業系統，以及自然資源，例如：森林、海岸與農地的保護等。清潔能源包括：太陽能、風力、潮汐、地熱、生物能源及核能等。三者之中，前兩者最爲重要，也是最有效而省費的（cost-effective），而且容易做到。

如何適應氣候變遷和土地使用改變?

關於如何適應氣候變遷和土地使用改變的問題，適應包含有目的的操控土地生產、使用和管理。適應可以大分爲兩種型態，私部門可以依照自身的利益做決策，公部門可以依照社會的利益採取可行的政策。可能會採取的應對策略有：經營方式的改變、作物或牲畜的選擇、溼地的管理、灌溉、土壤與水資源保育，以及自然地區的管理等。氣候變遷對生態系統也有深遠的影響，森林管理的適應包括：樹種的選擇、伐木方式的改變、病蟲害的防治，以及林木地區的管理等。不過，適應會因爲成本的關係，以及誰負擔成本的問題，成爲一種障礙。

社會經濟發展與氣候變遷是緊密相連的，農業生產對適應氣候變遷的要求更爲強烈。特別是當技術的進步落後於人口成長時，各種土地使用之間的競爭，將更爲激烈。到底對適應氣候變遷的投資要有多少才恰當？我們並不清楚，因爲沒有足夠的資料和研究。據聯合國氣候變遷大會（The United Nations Framework Convention on Climate Change, UNFCCC）估計，到2030年時，每年美國用在適應氣候變遷的農業與林業花費將達一千一百三十萬到一千兩百六十萬美元。開發中國家的花費也需要花費七百萬美元。在這種花費水平之下，大概可以減少80%的氣候變遷影響成本。到2030年之後，這項成本將會急速上升。[1]

主要氣候變遷的政策問題是：我們需要減少各種排放到什麼程度，以及什麼是適應，以及抵消氣候變遷影響的最適當水平？要回答這個問題，我們必須瞭解適應與緩和氣候變遷的影響，是可以互補和替代的。IPCC（2007）指出四種適應與緩和氣候變遷影響的模式：(1)適應可以帶來緩和的效果；(2)緩和可以帶來適應的結果；(3)適應與緩和可以互相抵消或產生互補效應；(4)兩者同時進行可以產生適應和緩和的效果。適應與緩和的應用意義在於相互倚賴。目前的研究多數是從單方面著手，因此如何將兩者互相適當地配合研究，將是未來的重要課題。

從傳統的都市主義到新都市主義

對很多人來說，城市意味著犯罪、貧窮與擁擠。對他們來說，城市代表著使人遠離土地與自然的健康環境。其標準的典型就是美國的貧民窟（ghetto），一個充滿罪惡的水泥叢林。它毀壞了土地、社區與人們的潛力。它使中產階級離開城市，退居郊區的獨棟住宅社區（subdivision）。這種情形所造成的結果，是使過去半個世紀以來的規劃，都變成是針對人口外移的城市，以及它們周邊的衛星鄉鎮所作的。

但是，對更多的其他人來說，城市一詞代表經濟機會、文化、生機、創新與社群。這種正面的

---

[1] Duke, Joshua M. and Junjie Wu, Edited, *The Oxford Handbook of Land Economics*, Oxford University Press, 2014, pp.242-3.

看法，現在正顯現在許多生機重現的歷史性城市中心地區。在這些中心地區的公共領域裡，有公園、行人徒步區、商業中心、藝廊、咖啡廳、餐飲，以及博物館、音樂廳等公私機構。它們使這些衰敗的城市中心，變得生氣蓬勃而富裕，吸引人們重新回到城市中心來。

以美國來講，從2000年起，許多城市的新建住宅，都有大幅的成長。例如：在2008年，波特蘭（Portland, OR）核發的建築許可，成長了38%；而在1990年代，只成長了9%。丹佛市（Denver, CO）從5%增加到32%。沙加緬度（Sacramento, CA）從9%增加到27%。大型都會區的城市再開發，增加的幅度更大，紐約市從1990年代的15%增加到63%；芝加哥從1990年代的7%增加到45%。這種趨勢，表現出城市中心一百八十度的轉變，使它重新成爲創新、社會動力、藝術創作與經濟生機的中心。[2]新都市主義雖然有它的價值，但是如果供給不夠，將會使土地與住宅變得很貴。

問題或許是我們需要一個更明確的都市主義的定義。最困擾人的，莫過於不容易區分什麼是市郊（suburbs）、蔓延（sprawl）、與都市主義。市郊的發展不一定都是蔓延，它也可能是都市地區。蔓延是特別指單一種沒有規劃的土地使用地區，通常包括：由主要道路串聯一起的住宅社區（subdivision）、辦公園區（office park）和購物中心，以及地面充滿小汽車的景象。蔓延可能是斷斷續續的，也可能是跳躍式的開發，破壞了許多土地景觀。但是，健康的郊區發展，也可能是不連續的。例如：小村、小鎮，由綠帶分開。但是，它們是緊湊的、是以捷運系統相連，而不是以小汽車爲主要交通工具的。重要的問題是，一個地方的生活品質如何？反對蔓延並不是反對郊區化或小城小鎮。所有的郊區化不見得都是蔓延；而所有的蔓延又不都是郊區化。

傳統的都市主義，有三項重要的特質：(1)多樣化的人口與多樣化的活動；(2)有一連串多樣的公共空間與機構；(3)具有人性尺度的建築物、街道和鄰里街坊。這是二戰之前的都市人造環境和鄉村景象。但是，現在，公共空間愈形萎縮。因爲從政府到民間，都以開發不動產營利爲時尚（例如：台灣各城市的市地重劃）。人性尺度的空間，都被小汽車所充斥占據。自然棲息地遭到毀壞，海灣被填滿，溼地被排乾，河川被改道。理想的城市規劃與設計理念，並不是什麼新鮮事。珍雅各（Jane Jacobs）在《美國偉大城市的死亡與再生》（*The Death and Life of Great American Cities*, 1961）裡，早已闡明。不過，時至今日，城市的問題，更要多加考慮氣候變遷與環境保護罷了。其實，資源保育、環境品質、和能源效率，也就是珍雅各所訴求的社會與文化需要，一個綠色的都市主義，才能減少對自然資源的剝削，才能保護這些寶貴的環境資產。

洛磯山學會（Rocky Mountain Institute）的魯文（Amory Lovins）有一句名言：節省一百萬千瓦（mega-watt）的電，要比開發一千瓦的電更有效而省費（cost-effective）。[3]不僅如此，資源保育的理念，用在城市設計上，除了關係到能源、碳和環境之外；它也意味著保存與修復文化和歷史建築物。甚至，保存歷史建築物、鄰里街坊與文化的重要性，在一個活生生的城市裡，並不低於保護它的生態系統。

在一個地理區域內的幾個城鎮、社區和鄰里結合，形成一個都會區，就是區域主義。在我們現今的時代，大多數的經濟、社會和環境問題，已經遠遠超越了鄰里、城鎮的行政疆界。我們的文化意識、開放空間資源、交通運輸網絡、社會關係和經濟機會，以及最具挑戰性的犯罪、汙染與擁擠

---

❷ Calthorpe, pp. 13-1 4.

❸ Ibid., p. 16.

問題，都是在區域尺度中運作的。重要的公共設施，如體育場、大學、飛機場和文化機構，共同形成我們的地理區域擴張了我們的地方生活圈。

不可諱言地，我們每一個人都生活在區域性的空間裡。我們的都會型態與政府治理，都應該反映這個事實。實際上，只有在健康的區域結構裡，城鎮化才能蓬勃發展。傳統的都市主義，必須擴大到互相關聯、互相依存的區域網絡裡，形成多核心的區域，而非傳統、老式的，以單一城市爲主的城鎮/鄉村型態。

尤其是在氣候變遷的時代，城鎮生活不是唯一的環境取向。區域性的方式，可以在不傷害都市生態的條件下，提供給我們多樣性的生活方式。具有先進的資源保育策略，便利的捷運系統，以及結合綠色科技，完善設計的區域；就可以給我們一個多樣化，而且永續性的生活型態。

尋找科技、城鎮設計，與生態資源之間適當平衡的區域系統，正是我們當前面對氣候變遷最大的挑戰。當世界上多數人口的財富愈來愈增加的時候，假使這種進步，演變出美國式的生活型態；假使中國和印度學習美國式的城鎮發展模式——以小汽車代步、低密度的住宅等等，我們的麻煩可就大了。事實上，許多開發中國家，例如：中國，已經快速地接近城鎮化的轉捩點。不可避免地，擁有小汽車的家庭增加，停車場、高速公路、購物中心，成爲不可抗拒的產物。由於小汽車使空間距離縮小，因此，低密度的郊區開發，如雨後春筍一般蓬勃發展。於是，人造環境（built environment）變成以小汽車活動爲主的空間，傳統的城鎮文化與景觀漸趨死亡，人們認爲這就是所謂的現代化。當然，我們無法複製具有歷史價值的城鎮紋理——北京的胡同、上海的弄堂、台灣的眷村。但是至少，我們似乎應該從它學到些什麼。

能源耗用與碳排放的中心問題，在於交通運輸。以美國來講，幾乎三分之一的溫室氣體，來自於交通運輸，而且是增加最快的一個部門。然而，當工業變得更有效率，工作快速地轉變爲訊息經濟，交通運輸便成爲一個更具爭議性的問題。再明顯不過地，只要城市愈往外擴散，我們就必須多開車。在美國，從1980到2005年，人均行車里數增加了50%。相對地，在此同一期間，人均土地使用，增加了20%。[4]而奧瑞岡州的波特蘭市（Portland, Oregon），它的區域性規劃，把焦點放在捷運和可步行的鄰里設計上。在同一期間，它減少了對小汽車的倚賴，保存了高價值的農田，和多種類型的住宅。除非我們改變土地使用模式，否則無法解決碳排放的問題。

在好的一面，眞正的都市地區，也剛好是最環境友善的地區。因爲緊湊的都市地區，如果大眾運輸普及，人均碳足跡反而會較小。例如：紐約市的人均GHG排放量，僅爲美國全國人均排放量的三分之一。[5]再者，當開發中國家的鄉村人口城鎮化之後，人口的增加會趨緩。從全球的角度看，都市化會減少資源的使用和GHG的排放。因此，新都市主義是對應氣候變遷、能源價格高漲與環境敗壞的最佳武器。

然而，問題的關鍵仍然在於城市的規劃與設計，需要考慮的因素不止一端，不能只針對單一的問題作規劃。城市設計是藝術、社會科學、政治理論、工程、地理、歷史與經濟學混合的學術。一

---

❹ Bureau of Transportation Statistics, “National Transportation Statistics 2009”, Washington D.C.: U.S. Department of Transportation‥National Resources Conservation Service, “National Resources Inventory 2003 Annual NRI,” U.S. Department of Agriculture,http://www.nrcs.usda.gov/technical/NRI/

❺ Office of Long-Term Planning and Sustainability, “Inventory of New York City Green House Gas Emissions”, New York : Mayer’s Office of Operation, 2007.

個理想的都市地區，是生活品質問題。因素包括它們的公共空間、人口的多樣性，以及他們所營造出來的共同意識。我們珍惜我們的城鎮，不僅是因爲它們的低碳排放、能源效率，或者是繁榮的經濟。而是因爲居民對這個地方的愛，文化的認同、社會的互動，以及人們熟識的地景，再加上對氣候變遷應變的能力。

新都市主義大會第一任理事主席，柯瑟普（Peter Calthorpe）把新都市主義（New Urbanism）的定義，擴大解釋爲：注重質而非量；注重多樣性而非大小；注重集約度而非密度；注重關聯性而非只是區位。[6]因此，城市應該是一個土地混合使用、合乎人性尺度、可以步行、人口與行業多樣化、小汽車與捷運均衡使用、尊重地方歷史、而且支持公共生活的地方。新都市主義是會有多種型態、尺度、區位與密度的。依照柯瑟普的定義，許多我們傳統的村莊、市郊、鄉鎮與歷史性城市，都是都市地區，是超越城市中心的。其實，英文的urban一字，是形容詞，就是人口聚集的地方，倒不一定是城市（city），城市是一個行政單位，不過現在都混用了。因此，我們所討論的新都市主義，是從區域的尺度來看都市地區問題的。[7]

半個多世紀以來，傳統的城市幾乎都是過於肥胖的，高耗能、高排碳的。都市足跡的實質大小和對資源的需求，都是無法持續發展的。爲了矯正這些問題，柯瑟普提出以下幾項建議：

第一、如果我們對目前的基礎設施投資、財政結構、土地分區使用標準，以及公共政策，能夠加以改革的話，提倡緊湊發展與可步行的新都市主義，將會很自然地出現。

第二、如果這種新都市主義，與資源保育技術結合，將可以大量減少對能源的耗用，以及碳的排放。

第三、這種新都市主義要比大多數的資源再利用技術，更能有效而省費地（cost-effective）解決氣候變遷問題。

第四、新都市主義能夠同時增進經濟、社會與環境利益。簡言之，新都市主義是最低碳排放、最廉價的未來城市發展的基礎。❽

通常，我們對解決氣候變遷問題，都是從科技方面著手。例如：提高工業的能源使用效率、發展新能源與電力來源、綠色科技等。但是，新都市主義將從土地使用、生活型態、都市發展，以及最重要的——都會區的規劃與設計來達成。威脅我們生活方式的力量，不只是氣候變遷和能源的耗用。我們可以感覺到，壓力是來自四面八方的。例如：富於環境資源的土地與水資源有其極限；家庭大小的改變與勞動人口，會改變我們的社會結構；環境與人民的健康問題益形重要；資本與時間的成本會改變投資的優先順序；對社區與地方的認同感，會影響人們的生活。

事實上，這些我們所面對的挑戰，沒有一件是能夠單獨解決的。新都市主義的效果，也不會只限於解決碳排放的問題。這也正是爲什麼，新都市主義成爲解決氣候變遷時代都市問題的有效途徑。不過，要推動它，也要其他方面的配合。例如：基礎公共設施、能源節約、公共衛生、合理價位的住宅，以及土地資源的保育等。此外，它也包括更多與社會建設、經濟公平、生活品質等注重質性效果的元素。

生活型態與資源保育的結合互動，就是新都市主義。新都市主義的緊湊發展型態，可以少用土

❻ Peter Calthorpe, *Urbanism in the Age of Climate Change*, Island Press, 2011, p. 1

❼ Ibid., p. 3.

❽ Calthorpe, p. 4.

地作建築使用，多留農地與其他土地，作公園、棲息地與開放空間。從都市足跡來看，就可以減少開發成本，包括：少開發道路、少開小汽車，節省能源、減少空氣汙染、減少塞車，增進人們的身心健康。也會減少公用事業（水、電、瓦斯）的提供與維護成本、減少泥沙汙染的逕流，多一些透水敷面，以補注地下水源等。比較緊湊的開發，可以拉近住、商、工、學等活動的距離，也會減少公共設施的建設，進而降低住宅的成本與價格。

過去五十年來的思維，認為大就是好。相反地，新都市主義則相信小就是美（small is beautiful）。其實，大與小之間存在著互相抵換（trade-off）的關係。如果我們能少一些私人空間，就會多一些公共領域；少一些私人保全，就會多一些安全的社區；少一些小汽車活動，就會多一些便利的捷運系統。緊湊的開發，並不是要求某些人只有小院落，少用小汽車，少一些私人空間。問題並不是哪一種對、哪一種不對；或者是大家都要這樣，或者是大家都要那樣。**新都市主義**是主張混合的使用，才會有最好的效果。問題在於，如何使這些抵換的關係，融合在我們的人口結構、我們的期望、我們的需要、我們的經濟、我們所謂的理想生活之中？

從經濟學看新都市主義

相當多的人認為，應付氣候變遷，可能要在經濟、政府，甚至私人家庭方面，付出相當大的代價。環境法規設定一個碳排放的上限，有如加上一項隱形的稅賦，轉而會削弱我們在全球市場上的競爭力。但是在新都市主義的領域中，不但不會增加成本，反而會節省成本。與許多可更新資源不同的是，緊湊的都市發展型態，在家庭和城市層面，都是一種節能減碳的策略。

從歷史上看，低成本、低密度的住宅，都是在都會區的邊緣。人們寧可付出愈來愈高的通勤成本，去購買負擔得起的獨棟住宅。但是如果你把通勤成本，加上貸款、水電和財產稅加總起來，你對你是否負擔得起，將會有另一種看法。反過來看，鄰近市區的房子雖然較貴，但是扣掉通勤成本之後，負擔不見得會比郊區的房子更貴。當道路建設、維修、改善，加上房屋的建造成本、稅賦不斷增加時，住宅的負擔能力，也會被侵蝕。再者，這些成本還不包括通勤所花的時間和擁擠。最後，對環境衝擊的成本，更是難以計算，這都是都市蔓延所造成的問題。住在郊區通勤的人，也許可以思考，與其把錢花在一直貶值的小汽車身上，不如投資在一直增值的不動產上？

我們曾就台中市的都市蔓延與都市高層化、集中發展的成本作過一個比較研究。這個研究是用第四期重劃區作研究樣本，套用半徑比例爲1:2:3:4:5的同心圓模式，利用πr^2計算面積。分別以都市蔓延發展、都市高層化發展與都市高層化集中發展爲主，分別計算各種發展的建築成本、道路成本、管線費用，以及其他公共設施用地的地價成本。然後再將它們各自加總，求得各類發展案例的成本，進行比較分析，評估何種發展模式是較佳的都市發展型態。

根據我們的分析，都市發展由蔓延到高層集中化，土地面積節省了將近2百多萬平方公尺。可以看出都市高層集中發展，可以避免土地資源的浪費。然而，研究顯示都市高層化集中發展的總成本，高於都市蔓延發展的總成本。究其原因，可能是因爲在短期內大量開發建築，使成本偏高。如果時間拉長，開發成熟，平均成本應該會下降。至於道路及管線，由於都市往高層化發展，相對地道路及管線會依比例縮減。這樣可以避免都市蔓延發展，節省道路及管線等公共設施成本。這類的研究，希望規劃學術界能多複製，以期建立一個一般法則。

除了占地總面積的減少而節約土地使用，多出來的空地，成爲城市中的開放空間。而開放空間可以使視野更爲寬廣，避免擁擠與壓迫感，也可以供市民從事休閒活動，提升生活環境品質。是爲都市高層化發展的優點。台灣的城市缺乏開放空間，是一項不可忽視的缺點。

氣候變遷時代的都市交通規劃

都市交通的功能，在於輸送人員與貨物，猶如人體循環系統之輸送血液、養分與廢物。不恰當的交通系統，會阻礙一個城市的經濟發展與活力。但是過分地倚賴機動車輛，又會引來一連串的其他問題。諸如：壅塞、車禍、空氣汙染，以及因為開闢道路、停車場，而失去寶貴的農地與綠地。小汽車與貨運車，有如血管裡的血栓。不但影響生命和城市的吸引力，更會影響居民的健康、生活環境品質，以及全球的氣候變遷。

現在我們所面對的交通與土地使用問題，與1950-60年代完全不同。我們要在全球氣候變遷的環境下，營造一個永續發展的全球系統，供應人類糧食、水與能源。就氣候變遷對我們的都市交通規劃而言，絕對不是過去的任何方法所能應付的。就節能而言，適應氣候變遷的交通工具，以及捷運導向的都市發展（Transit Oriented Development, TOD）與區位選擇，會是時代的趨勢。也許我們可以說，未來的旅行型態，以及旅行的距離，要以排放多少溫室氣體來衡量。而且旅行，除了型態的改變之外，還要顧及經濟成長、社會和諧，和環境的保護，這又使問題更形複雜。

不管你喜不喜歡，未來的世界一定是城市化的。到目前為止，如果生育率維持在目前的水平，都市地區的人口數到2050年時，將會達到七十六億。在較開發地區的都市人口數，將會達到86%。此一趨勢仍在加速增加中。因此，亟須回答的問題就是，城市的型態將會是什麼樣子？它們的交通系統又該是什麼樣子？這個問題的答案，不僅關乎社區的實質性質，更會影響我們的環境足跡，以及我們社會與經濟的未來。但是，我們台灣目前的都市規劃，似乎還看不到應付氣候變遷的策略，以及改善環境素質的要求。

如果我們回頭看看五十年來所經歷的變化，再往前看看五十年後，我們的城市和環境又會是什麼樣的情境。我們會發現目前的生活型態是不可持續的。我們太倚賴小汽車了，我們太重視土地不動產投資（或投機）了，我們的開發變得太毒害我們自己了。簡單地說，我們的土地使用規劃，並沒有與我們的經濟、社會和環境的需要同步。這樣的結果，也許會讓我們產生一種新的規劃與設計思維，以及新的土地開發與交通系統典範。

長久以來，傳統的都市交通規劃概念，重點多放在道路能夠容納多少小汽車，而且能否讓它們快速通過。交通規劃只注意道路的容量與行車速度，而不會注意與道路有關的鄰里尺度、步行的便利性、安全及美觀。但是新都市主義的概念，卻是要使道路能讓更多的人便於使用運輸系統，無論是步行、騎單車、開小汽車，或搭乘捷運。在現在氣候變遷的時代，最重要的都市綠化元素，就是運輸系統的規劃。運輸系統的搭乘量，又與建築物和人口密度密切關聯。

面對這些挑戰，我們至少要思考以下幾個問題：

1. 交通設施的建設，能否與都市的成長同步？
2. 在我們的政府預算下，如何投資在交通建設上，才能獲得最大的利益？
3. 我們將如何在城市空間上，更有效率地配置交通設施與服務，並且改變旅行型態？
4. 我們將如何使個人，在消費可再生與不可再生資源時更爲審慎，以減少對生態系統的衝擊，以及對人類健康的影響？

以美國人的生活型態而言，大多數的家庭仍然喜歡居住郊區低密度的獨棟住宅，而不喜歡市中心高密度、各種階級人口混合的公寓社區。這樣便使人要倚賴小汽車作爲交通工具，而非搭乘大眾捷運或步行。由於這種狀況，在過去的半個世紀以來，市場上的不動產業者所推出的產品也以這類住宅爲主，地方政府的土地分區也跟著起舞。近年來，這種開發型態蔓延在都會區周邊。於是居民需要道路、上下水道、學校等公共設施。造成地方政府的財政負擔，也造成與原來市中心實質與經濟社會上的隔閡，但是居民行的問題仍然沒有解決。

交通的壅塞只是一個表象，眞正的問題在於整個的土地使用與交通系統的規劃未能協調。城市一方面往郊區蔓延，使人不得不倚賴私人的交通工具。造成這種現象的因素，不外以下幾項：

1. 家庭數快速增加，所得提高、個人偏好改變，甚至離婚使一個家庭變成兩個家庭。
2. 愈來愈多的家庭擁有不止一輛小汽車。
3. 通勤增加，旅程距離也增加，反映出都市區域的擴張與蔓延。

到底是小汽車的增加使土地使用變得沒有效率（例如：住、商、辦外移，占用大片土地），還是沒有效率的土地使用，造成旅程的增加，成爲一個雞生蛋，蛋生雞式的辯論。但是不可否認的是，人們要在哪裡居住？在哪裡工作？在哪裡購物？都與旅程有關，也沒有人能跳出土地使用和交通系統互相影響這個圈圈。珍雅各在《美國大城市的死亡與再生》裡，對到底是小汽車困擾城市還是城市箝制小汽車的問題也有詳細的論述。

或許，最基本的問題並不在於減少壅塞，而在於如何增進可及性。壅塞，大部分由於有太多的人在同一個時間，要到同一個希望去的地方，不論是工作或休閒。捷運是小汽車之外的一個可能選項，對壅塞的路段徵收買路錢，也是一項愈來愈多國家採用的方法。在土地使用規劃方面，鼓勵或規範緊湊式（compact）或較高密度的開發，至少在住、商兩方面，或者可以減少旅程的距離和次數。

提倡捷運的人認爲捷運有兩項優勢——一是效率，它比小汽車運量大，特別是在尖峰時段。二是公平——它可以輸運沒有小汽車的人，不論貧富，到達他（她）所要去的地方，不過它的建造成本高。另外，共乘（ride-sharing）、巴士捷運（BRT），也是世界許多城市所實施的方法，效果也各自不同。台中市也實施過BRT，不過效果並不理想。就我們所見，它有幾個盲點：

第一、車站建造得過分炫耀誇張且不實用（據說一座車站造價台幣八百萬），可以說錢沒有用在刀口上。

第二、如果拿這些錢多購買巴士，增加班次縮短站距，應該可以吸引更多人搭乘。

第三、各巴士公司爲了自身利益各自爲政，自選路線，無法發揮整體團隊協調合作的效果。

第四、最重要的是都市交通規劃，與土地使用規劃沒有協調配合。其實台灣自始就沒有交通政策，以致於機車橫行。然而不可否認的事實是，機車是極爲便利、機動，而且無孔不入，停車容易的交通工具。幾十年下來，人民早已養成騎機車的習慣。試想要他（她）們放棄機車改搭並不便利的巴士是多麼困難的一件事。巴西的Curitiba市是以BRT的成功聞名於世的生態城市，從圖10-1中可以看到，它的BRT路線都是沿著住商密集地區興建的。這表示，Curitiba的交通規劃，與土地使用規劃是密切配合的。

從經濟學看都市交通問題

許多研究顯示，交通可以引導土地開發，也可以延遲土地開發。特別是當交通決策產生沒有效率的土地開發時更爲明顯，但是兩者具有互相影響的關係是勿庸置疑的。對大多數的人來說，乍看之下居住和活動是並不相關的兩件事。但是在經濟系統裡，它們無可避免地會糾纏在一起。經濟學告訴我們，當人們對某種財貨的需求增加時，與這種財貨相關的其他財貨的價格便可能會下跌。所

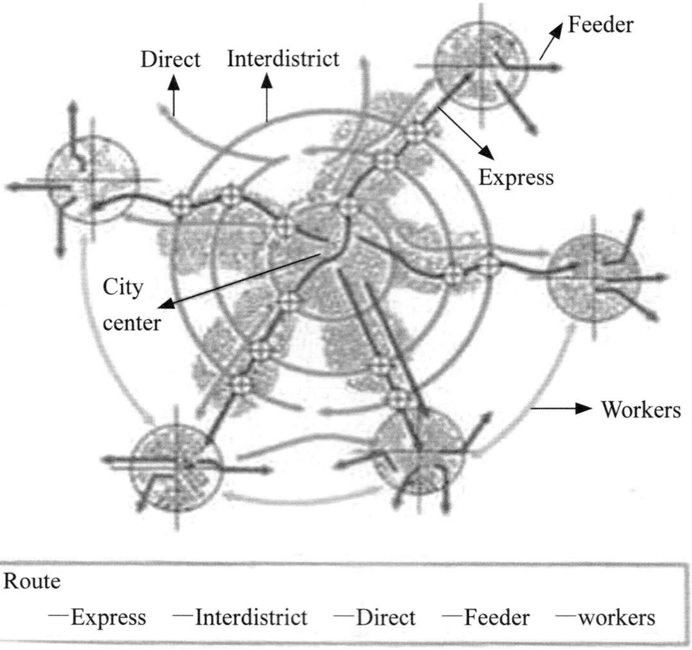

圖10-1 BRT示意圖

圖10-2 Curitiba的交通規劃

以，假使擁有與使用小汽車的花費相對地便宜，人們對住宅與工作地點的通勤距離便不至於那麼在乎了。

所以，怎樣的交通定價才能延遲新的土地變更？答案也很簡單，就是讓用路人知道，建設道路的成本占了多大的公共支出。而且這些成本，大部分是由地方財產稅和汽車牌照稅支應的，而這些人可能很少開車或根本不開車。科技可能是未來交通系統的一大變數，一旦智慧型交通系統出現在市場上，人們在汽車上裝置電腦控制車流的系統，或許能夠避免通勤的道路壅塞。

終究，經濟學相信，誠實地給交通定價，可能是最具潛力的工具。但是在今天的環境裡，其政治的可行性又有多少，是值得注意的。很明顯地，如果要把更多的成本加在消費者身上，必然需要對人民具有說服力的說明，以及政府會計帳的公開。

什麼是環境永續的都市交通？

從諸多文獻中可以看到，一般認爲改變旅行行爲，可能是最有效而省費（cost/effective）的減少交通工具排放CO_2的策略。旅行行爲的改變，包括：公司的出差計畫、共乘、個人的旅行計畫、使用大眾交通工具、騎單車或步行。在UK的一項模擬研究，包括：BRT、輕軌系統、鐵路電氣化、智慧公車、工作和學校的輸運計畫、在家上班、視訊工作、送貨到家、高乘載專用道、壅塞路段收費，以及規劃無車地帶等方法。這些方法都無法單獨使CO_2在2020年降低到2001年的水準。[9] 如何

---

❾ Angela Hull, *Transport Matters—Integrated approach to planning city-regions*, Routledge, 2011, p. 11.

將這些方法配合成一套整體的系統，又是另一個問題。

交通和土地使用以及能源，在城市規劃上都有密切的關係。如果我們能把氣候變遷，以及環境災害因素也納入城市規劃策略中，並且能夠影響經濟的表現、生活的素質，將是改變都市規劃的新典範。以下幾項原則是我們應該注意的：

1. 要使人民的福祉極大化，對資源的榨取、能源的使用、廢棄物的產生、脆弱環境的破壞極小化。
2. 要減少每單位GDP所需要的物質資源。
3. 要確實避免人類活動對環境的傷害，或超過環境資源系統的承載力。
4. 要使人類的開發建設能力與環境的乘載力、永續性相稱[10]。

這幾項原則，不外乎要我們保護生態與社會資源，並且有能力適應全球未來的環境災害。同時，把它們納入產品的設計中，也能增進經濟的競爭力。

要改變旅行型態，我們可以學習的典範應該是歐洲而不是美國。在過去的三十年中，歐洲人的旅行型態，正是在走增進能源效率的交通系統的路。他們的交通設施建設，不但使人們在使用時，覺得方便、容易，而且能幫助你選擇在哪裡居住、在哪裡購物，又如何來往於彼此之間。在歐洲，人們步行和騎單車的比率，與搭乘運輸系統的旅程，往往都大於二比一。事實上，英國人的步行旅程，約占總旅程的30%（運輸系統9%）。在瑞典，步行/單車旅程，約為總旅程的34%（運輸系統11%）。運輸系統和小汽車便成為步行的延伸交通方式。其實，在氣候變遷時代的都市交通政策，無非是應該追求環境永續的交通政策。

要瞭解旅行行為，必須先瞭解兩個基本概念——活動（mobility）和可及性（accessibility）。然後，我們可以瞭解交通設施的供給和使用，土地使用規劃與永續的交通系統，以及更廣泛的社會經濟和環境目的。活動和可及性兩個概念，都是來自於典型的區位理論。其基本的假設是活動與交通是具有相關性的，可及性的概念又由活動衍生出來。可及性可以定義在不同地點之間，活動是否容易到達。所以可及性包括設施和服務在空間的配置，是否容易讓人在一定的時間裡到達與使用。從事空間規劃的人，就要考慮他們的土地使用計畫，是否能符合人們活動的可及性。從事都市計畫的人，就要考慮鄰里的重要設施，如學校、醫療、購物等，是否有適當的可及性？

影響旅行行爲的因素，大概有以下六項。它們是：

技術因素：交通與通訊技術的進步，使旅行的時間與空間同時縮小。內燃機與水泥的發明，使都市地區擴大。小汽車的大量生產，使一般家庭都能擁有。小汽車使人們的活動範圍擴大、活動能力增強。

社會經濟與人口因素：最顯著的經濟趨勢，是服務業與觀光旅遊業的成長。這也反映出二十世紀以來，消費主義的成長，以及把旅遊看作是一種社會活動。可支配所得的增加，以及低廉的飛行，也使空中旅行增加。研究顯示，一個擁有小汽車的家庭，平均會減少66%的巴士旅行、25%的鐵路旅行。[11]從1960年代以來，家庭的大小也有顯著的改變。雙薪家庭加上接送子女就學，又使旅行行爲變得更爲複雜。歐洲受全球化和氣候變遷的影響，又使人口遷移到經濟比較發達的國家。人口老化的趨勢，又會產生新的活動與可及性型態。

⓾ Hull, pp. 15-6.

⓫ Ibid., p.26

空間發展因素：都市型態的改變，可能是最重要的改變旅行行為因素。在歐洲或美國，新的住宅與商業不動產開發，幾乎都在市郊，使旅程更為增加與複雜，也更耗費能源。研究顯示，住宅和工作地點的密度，與能源消耗有高度相關。當人口密度低於二十九人／公頃時，最為耗能，也最需要倚賴小汽車旅行。既使有捷運，廊道式的公共運輸，仍然極不方便。根據研究，巴士車站的站距約為五百五十公尺，可以減少停靠和行車時間。[12]但是，在毫無警覺氣候變遷與城市發展和交通關係的台灣，各個城市都由政府主導，在市郊從事市地重劃，使城市毫無邊界地蔓延，使發展公共運輸益形困難。

現在且讓我們看看低密度住宅區，會增加那些成本：

(1)大眾運輸無利可圖，必須政府補貼。
(2)基本的公用事業，例如：水、電、瓦斯、電話等，裝修維護的費用會增加。
(3)信件收送的交通費會增加。
(4)原來可以享用的開放空間消失了。

交通政策因素：政府的交通政策，會影響道路系統的建設、汽車工業的發展，以及土地的規劃與使用，進而影響旅行行為。

財務與定價因素：道路系統的擴充和升級，是很花錢的事。因為它需要土地、物料、能源，也會帶來汙染。交通政策通常都假定交通系統所帶來的經濟利益，能夠平衡這些負面的成本。不過經濟學家警告，如果沒有適當的定價，將會帶來資源的過度消費。大多數的道路都是國家提供的公共財貨，需要政府的財務補貼。此外，交通所造成的環境與健康問題，成為外部成本，根本不是定價所能反映的。

制度因素：社會上的許多規範和價值觀，都受制度的影響。人的個別行爲，都在宏觀的結構之中。舉凡不動產市場、勞動市場、工作結構、租稅政策、公共財政、專業文化等，莫不如是。這也說明，我們在空間結構裡的活動行爲，生活的型態，交通工具的選擇，也都跑不出宏觀的時空結構。所以，歐洲的交通政策認識到，要滿足個人的交通需求，必須在國家和區域層面著手。這些政策包括；經濟政策、都市與土地使用規劃政策、社會與教育政策、都市交通政策、財務政策、競爭與研究政策等。

從1990年代開始，就有非常多有關交通運輸與土地使用關係的研究：

1. 居住人口多寡與旅行距離和能源消費的關係：

(1) 美國的研究顯示，都市地區人口多寡與交通工具的選擇無關。

(2) 人口超過二萬五千的都市地區，旅行距離較短，也少使用小汽車。

(3) 在二萬五千至十萬或大於二十五萬人口的地區，交通能源使用效率最高。

2. 人口密度與旅行距離和能源消費的關係：

(1) 旅行距離增加，會減少能源消費。

(2) 美國的研究顯示，人口密度與使用小汽車的工作旅程，關係並不明顯。

(3) 當密度增加時，選擇使用軌道與巴士運輸的人口增加。

(4) 在美國，當密度增加時，人們會步行到附近的購物中心。

⓬ Ibid., p. 27.

(5)密度過高的城市，並不必然會節省能源，因爲擁擠。同時，去中心化可能會減少通勤距離。

(6)緊湊的都市結構，要比低密度或分散的都市地區，使用小汽車通勤或購物的旅程爲短。

(7)密度是決定交通能源消費最重要的實質因素。

(8)高密度是減少旅程的必要但不充分的條件。

(9)當人們從密度較高的大城市，移往低密度的小鄉鎮時，他們會多用小汽車，但是旅程會較短。

(10)高密度與高所得人口，會較多使用小汽車作休閒旅遊。

3. 交通工具的提供、選擇與旅行距離和能源消費的關係：

(1)當地所提供的交通工具，並不會影響選擇。個人與家庭性質才是決定的因素。

(2)在新開發的住宅區，當地的交通工具，會減少平均旅程距離，但是不會影響步行旅程。

(3)土地的混合使用，會減少旅程距離，小汽車持有率低，會增加大眾運輸工具的使用。

(4)使用小汽車的購物與工作旅程，與商店和機構的密度成反比。

4. 交通工具的區位與旅行距離和能源消費的關係：

(1)都市地區以外的新開發住宅區，會增加旅程，並且影響交通工具的選擇。

(2)區位是能源消費與小汽車倚賴度的重要因素。

(3)居住地與市中心的距離與能源消費高度相關。

(4)居住地離市中心、最近的鐵道車站愈遠，週日旅行的時間距離會愈長。

(5)接近現在都市地區的開發，會減少無車人的不便。

(6) 離軌道運輸車站的站距增加，會減少軌道旅行的比例。

5. 社會經濟因素與旅行距離和能源消費的關係：

(1) 旅行的頻率，會隨著家庭的大小、所得、與是否擁有小汽車而增減。

(2) 旅行距離、小汽車行程、能源消費，隨小汽車數量的增加而增加。

(3) 社會經濟與偏好特質是比都市型態更爲重要的交通影響因素。

(4) 男性、中年、高所得、移入新居、擁有小汽車、受高等教育的人，通勤較遠。

(5) 鄰里的設計，會影響人們開車、步行或使用單車的程度。

(6) 居住在小街廓，有四向交叉路口的鄰里，其居民較少開車。[13]

6. 以這些研究爲基礎，可以通過以下策略，達到永續的交通與城市規劃之間的整體和諧關係：

(1) 增進各地區之間的聯繫，使城市裡的居民，可以很容易地從一個地方到另一個地方。

(2) 新的土地開發，要密集在公共運輸走廊；以及便利人們在不同交通工具之間的換乘。台灣的高速鐵路車站，除了台北之外，都遠離城市，需要接駁車輸運旅客。這種作法的目的，有一種說法，是要藉由車站的開發，帶動當地的發展。不知其眞實性如何？

(3) 規劃要考慮弱勢族群（老、幼、與行動不便的人），使他們可以安全地使用各種設施。

(4) 規劃鄰里社區，需要全民參與。

⓭ Hull, pp. 41-3. Also: Hall, p. 51.

(5)要增進街道的吸引力，增加行人對各種設施（如零售商店）的安全使用。

(6)要確保新的開發，不至於阻礙已有的行人與單車車道；反而要增進這類設施。

(7)要加強保護自然資源，使用低度工程的自然工法。

(8)要研究新開發案對人類、社區，及生態環境系統的負面或永久性影響。

(9)要支持對街道環境的一般維修與整建。[14]

歐盟最近的氣候/能源政策，是希望到2020年時，能夠減少20%的溫室氣體。要達到更永續的都市環境，需要除了交通部門以外，更大範圍的措施。然而，政策卻較少注意到在城市層面，交通與土地使用政策，長年累積下來的後遺症。值得討論的是，交通的發展，會造成汙染物的排放，自然資源的消耗，影響健康和安全，以及社會與經濟的利益。

一個環境永續的都市交通系統，是一個不至於傷害到公眾健康或生態系統，而且符合：(1)使用可再生資源，或者(2)使用低於可再生資源的再生率以下的不可再生資源。一個永續的交通系統，是：(1)符合個人、企業和社會交通的需要，而且顧及人與生態安全、健康，並且能增進世代之間的公平；(2)能提供多種交通工具，支持經濟競爭力，平衡區域發展，高效率而且物美價廉；(3)排放大自然消化能力之內的廢棄物，使用不超過其再生能力的可再生資源，使其對土地造成的衝擊極小化。[15]

在討論氣候變遷和全球溫室氣體排放問題時，兩項政策問題與交通及土地使用有關。第一個問題是交通部門所造成的汙染程度如何？歐盟與美國，都計畫設定一個碳排放的天花板，並且實施碳交易以控制碳的排放。第二個問題是關於城市的發展與規劃管理，應該管制都市蔓延，並且提升鄰里街坊的環境品質。研究顯示，居住的密度和旅行行為，與能源使用有密切關係，特別是住宅區的密度。市中心居住與工作空間的集中化，工作地點的低停車容量，都有助於減少能源的使用。這些概念，珍雅各在《美國大城市的死亡與再生》裡，已經作了很透澈的闡述。

從1980年代開始，由於人們對環境敗壞的關心，歐盟各國都分別發展出各種工具、計畫、策略和法規，希望改善環境問題。從1988年起，主要的交通計畫，都被要求作環境影響評估。從2004年起，開發案所累積起來的環境影響，必須加以評估。環境保護和對大自然的保育，目前已經成為交通規劃的重要目標。為了要減少交通的CO_2排放，增進健康、減少車禍，以及增進都市地區的生活品質，我們必須：(1)瞭解交通規劃的正確基本概念，以及如何應用這些概念，來對應氣候變遷，並且改善都市地區的生活環境品質；(2)檢視對個人旅行行為的研究，如何納入活動與可及性模式和交通政策；(3)瞭解如何把生態系統概念，納入交通決策系統中，以增進交通設施與都市基礎建設在空間的整合；(4)檢視空間或土地使用規劃，以達到未來永續的都市交通系統。[16]

對城市永續發展的研究，認為社會上對永續發展的原則已經有所瞭解，所缺乏的是政治上對永續發展的關注。歐盟研究永續都市交通團隊（The European Union Working Group on Urban Transport）的成員，包括：交通規劃專家、工程師、環境專家、地方政府、NGOs、和歐盟有關機構。它工作的重點在於，第一、通過道路費率、資訊技術，和交通管理措施，來改善交通的流暢。

---

[14] Hull, pp. 74.

[15] Ibid., p. 35.

[16] Ibid., pp. 49.

第二、最優先的辦法，是引用一連串經濟的和非經濟的手段，遏阻小汽車的使用。包括：道路收費、停車管制。其次是以改變費率結構、改善服務品質等方法發展大眾運輸。第三，以土地使用政策來支持提高密度、混合使用。第四、改善道路結構、使用輕汙染車輛。第五、利用資訊科技提高土地使用與運輸效率。第六、改善單車與步行條件。第七、改善運輸管理。第八、只在極端需要的情況下，才開發新的基礎設施。[17]這也就是城市成長管理、智慧成長的概念，新的土地開發，要盡量利用已有的基礎設施。

在歐盟國家中，德國非常重視生活環境品質。德國以引用創新精準的環境科技聞名，並且在歐洲各城市中處於領先的地位。除了保護物種之外，更注意節能與CO_2排放的減少。聯邦各州，甚至到市，都有很強的規範功能。特別是區域政府和地方政府，都享有憲法所賦予的自治權，和土地規劃權與營業稅課稅權，並且可以分享聯邦的所得稅。在一般的情形下，地景的規劃、交通和更廣泛的空間規劃是平行的。基於去中心化的集中化概念（decentralized concentration），空間規劃所注意的是居住與公共運輸之間的關係，以及保護開放空間和自然資源。

幾乎所有的德國城市——區域，都有機關協調公共捷運與私人捷運之間的提供。聯邦政府則推動車輛的現代化，以及相關的品質提升。德國在2001年，大約有81%的家庭擁有小汽車，有兩部小汽車以上的家庭約有27%。聯邦政府非常注意車輛對環境的汙染，它也有效地使用財政政策（提高汽油稅），使外部成本內部化，這也是環境稅改革的一部分。這一措施，從1999到2004年，使汽車旅程（vehicle miles traveled）只增加了2%。此外，也以減稅的方式，鼓勵購買節能的車輛，購買電動車可以在頭五年完全免稅。從1970年開始，德國的地方政府，限制小汽車進入城市中心區。措施包括限制停車和提高停車費率、降低行車速度、改善公共捷運等。德國是一個高教育水平，而且繁榮的國家，所以國民都能接受環境法規的規範。在2007年八月聯邦政府採取了到2020年，減少$CO_2$40%的目標。

交通運輸與土地使用

土地使用系統的規劃——通過區位政策的運用——可以說是一項影響個人旅行行爲的有力工具。例如：整合住宅與商用不動產的區位，或者在接近現有公共交通設施的地方，從事土地開發。都可以說明，不同的土地使用政策、分區使用規則所造成的密度，都會影響交通系統。原則上，如果一個城市能作整體規劃，或許能使交通系統持續地發展。如果交通規劃只注意小汽車的便利，便會造成都市的蔓延。如果住宅、商辦在步行或自行車的可及性範圍內，就可以不需要倚賴小汽車作爲交通工具。果能如此，在有效土地使用規劃的國家，土地開發的密度政策，即可以減少由於市場作用，造成的空間分離。相反地，在美國因爲小汽車旅行的成本過低，以致於形成分散式的土地使用型態。

如果拿美國的亞特蘭大（Atlanta），和西班牙的巴塞隆納（Barcelona）作比較，就可以看出兩者的差別。這兩個城市的居住人口數，大致相同（約五十多萬）。但是亞特蘭大的建成區（built-up area），要比巴塞隆納大十二倍。[18]在這種情形下，除了小汽車之外，步行、單車，幾乎

⓱ Ibid., p. 86.

⓲ Worldwatch Institute, *Can a City Be Sustainable? Island Press,* 2016, p. 178.

完全沒有用武之地。就筆者2017年夏天旅行北美所見，新開發的新市鎮（new town），仍然脫離不了分散式的土地使用型態。例如：維吉尼亞州新開發的新市鎮Loudon County，仍然是美國傳統式的蔓延式開發。其實在澳洲、加拿大等地，因爲區域——城市間住宅密度低的國家，公路運輸已經非常發達，要想建立高品質的公共捷運系統，是相當困難的。

從歷史上看，城市原本是緊湊（compact）和混合使用的（包括住宅、商店、文化設施、機關、工業）。但是在小汽車普及之後，便有超大街廓出現，城市往周邊郊區發展，購物中心在郊區興起。如果從永續性（sustainability）、宜居性（livability）與公平性（equity）的角度看，毫無限制地往郊區蔓延的城市，可能是死路一條。

如果拿北美、澳洲的城市與歐洲和亞洲的城市相比，歐洲和亞洲的城市，相對地人口密度比較高。亞特蘭大的密度是636/km^2，倫敦是5,907/km^2。亞洲的主要城市，如東京和新加坡，大約是在8,000-9,000/km^2之間。上海和首爾約爲20,000/km^2，香港、孟買和胡志明市，大約超過30,000/km^2。人口密度愈低的城市，愈需要倚賴小汽車，也愈耗費能源。

一個永續發展的城市，它的交通政策也要考慮社會的公平性。一個以小汽車爲主要交通工具的城市，低所得的家庭，負擔不起小汽車。如果公共交通工具又不便利，便造成社會上的不公平。以台灣的情形而言，一方面可能是負擔不起，另一方面，大眾運輸並不普及；更可能因爲機車方便，容易停車等因素，因此機車成爲城市的主要交通工具。於是造成交通秩序混亂、空氣汙染嚴重等環境問題。其實，根據個人的觀察，可以發現台灣根本沒有一套顧及到交通、環境、城市發展、能源，以及社會公平的整體城市土地使用與交通政策。

從1990年代起，美國有些州，也開始反對蔓延式的土地開發，以及倚賴小汽車的生活環境。

例如奧瑞岡州的首府波特蘭市（Portland, Oregon），居於領先的地位。這些主張，其實在1960年代，珍雅各已經有很透澈的論述。在歐盟國家，永續發展已經定義爲包含社會的經濟發展和社會公平。在國家層面，各國政府也制定了永續發展的策略。其目的在於增進經濟、環境和社會的持續發展，並且小心謹慎地使用自然資源。在城市階層，更致力於增進社區能量、社會互動和提倡步行與單車的健康活動。許多城市開始嘗試使用各種方法來影響交通行爲。例如：遏止在市中心長時間停車，取剔嚴重汙染的車輛，限制工作地點停車，改善大眾運輸等。

從1970年代開始，供給面的交通系統發展，已經能使人很方便地旅行到地球的任何地方。旅行促進經濟發展，經濟發展也便利旅行。這種區域性，甚至全球性的交通聯繫關係，不但改變了我們的生活型態，也改變了都市環境。從空間經濟學的角度看，交通在工業區位的選擇上，更是形成比較優勢（comparative advantage）的因素，也會影響一個都市地區的未來發展。就城市而言，交通影響不同區位的可及性，以及土地使用的方式與型態。規劃城市/區域的各種專業人士，也影響交通與土地使用。交通工程師、規劃師、交通經濟學者、建築師和土地規劃師，都各從各種不同的文化、價值角度，影響都市地區的交通與土地使用。例如：交通經濟學者，著重距離與空間的經濟問題。他們在尋求如何克服空間距離的摩擦，以減少資源之間的機會成本。策略或區域性土地使用規劃者，則嘗試著預測交通投資與土地使用會如何互相影響，對都市交通政策又會有何種影響？

一個永續發展的城市，在英國和美國會有以下幾種型態。第一、在區域層面，會有相對較小的人口聚居的地方。它們也會群聚，形成超過二十萬人口的社區。第二、在次區域階層，會有比較緊湊的聚落。它們可能是線型的或長方形的，有就業和商業散居其中，形成混合式的土地使用。第

三、在地方階層，會發展出步行/單車尺度的社區。具有中密度到高密度的住宅，有當地就業和商業、服務業。它們群聚在一起，人們可以做多目標的一次行程。這樣小群聚的集合在一定空間裡，要比大型聚落節省能源。一個兩萬到三萬人口的步行尺度社區，也是提供各種民生服務設施的適當門檻。[19]

在歐洲，政府從兩方面來干預都市交通與空間發展。第一、他們鼓勵高密度與簇群式的土地開發，尋求以縮小空間距離來替代旅程。第二、他們嘗試整合或影響某些活動，依照它們對可及性的需要，以及公共交通運輸的有無，選擇區位做不動產的開發。荷蘭可以說是在國家層級的環境策略上，整合土地使用與交通規劃，領先世界各國的國家。他們整合交通政策、環境政策，以及實質規劃政策，在經濟成長與改善都市生活環境品質的雙重壓力下，擬出一套土地使用與交通規劃政策。

政策的關鍵在於，使居住盡量與工作、購物與休閒之間的旅程最短。大多數的旅程都使用單車和大眾運輸。所以他們的規劃，是首先把住宅放在市區中心，其次是城市邊緣，第三才考慮較遠的區位。地點的選擇，要以有大眾運輸爲要件。商業與休閒設施的地點，要配合使用者的需要。他們把區位的選擇分爲ABC三級，A級區位是最接近市中心的，工作與辦公空間，劇院與博物館，都屬於這一級。B級區位是商業區，是小汽車與大眾運輸可及的，行業包括醫療、研發和白領階級產業。C級是接近公路的區位，是需要小汽車和運輸車輛可及的。與這些措施配合的，還有限制長時間停車、改善大眾運輸等。[20]

荷蘭的空間規劃系統，長期以來都把土地使用和基礎設施建設整合得很好，其中有幾項因素。第一、中央政府對環境政策、交通政策，和空間規劃政策，都握有行政權。第二、對空間規劃，具有強烈的概念與願景，以可及性來規劃區位。第三、關於土地使用，地方政府有很強的自主權。透過法律的規範、全國的規劃，和基礎建設的財務分配，與中央政府維持良好的平衡。地方政府的需要，透過政策的制定，都能得到滿足。

荷蘭的空間發展，根據國家政策，可以分爲以下幾個階段：

1. 在1970和80年代，是集中的去中心化（concentrated decentralization）。其目的是把新的土地開發，引導到所規劃的地方，以減少都市蔓延。這種做法是借重英國的新市鎮開發經驗。

2. 從1980年代起，開始實施**緊湊型的都市成長**（compact urban growth）。首先嘗試改善城市中心的老舊住宅和零售商店，接著引導利用棕地（brownfield）開發新的住宅。但是，這項政策忽略了都市地區的就業設施，使新的就業設施開發在原來的市中心之外。

3. 上面所說的ABC區位政策，在1990年代成爲主流，因爲認識到不同的經濟活動，需要不同的區位與可及性。當然，嚴格地執行此項政策，並不是一件容易的事情。

4. 從2004年開始實施開發導向的政策，脫離了緊湊型城市政策，實施私人投資或公/私夥伴關係在交通樞紐地區的開發。此一政策開啓了原來被保護的鄉村地區的開發契機。部分的理由，是把權力提升到區域層面，以緩和在市中心產生的衝突。

荷蘭的交通政策，是由交通、水資源管理、公共工程、住宅，和實質規劃與環境等部門共同完成的。這種做法明顯地顯示出，交通規劃在空間規劃上，和相關部門的關係。也告訴我們，在空間

⑲ Peter Hall, *Good Cities, Better Lives: How Europe Discovered the Lost Art of Urbanism*, Routledge, 2014, pp. 47-8.

⑳ Ibid., p. 48.

規劃工作上，政府各部門之間的橫向溝通與合作，是何等的重要。不像我們台灣，各部門各自爲政，有好處的事大家競相爭取，沒有好處的事便互相推諉。有時需要部門之間協調合作，又被人認爲是撈過界。

至於英國的做法，以倫敦來看，大倫敦的居住人口，約占英國六千六百萬的13%，包括三十三個區。大倫敦的交通主管機關爲Transport for London（TfL），管理整個大倫敦地區的交通系統。包括：巴士、地鐵、碼頭、輕軌、有軌電車、河運，以及五百八十公里的公路，並且管理交通號誌、計程車和私家車，以及保護行人與自行車。因爲巴士便利，99%的居民都在巴士車站十三分鐘的行程之內，38%的家庭，沒有小汽車。不過，因爲人口與經濟活動的持續增加，也給倫敦帶來兩項挑戰。第一、公共運輸需要更多的投資。第二、交通系統需要更廣泛的網絡，並且暢通無阻。

在2005年，TfL發布了它們的二十年交通策略計畫（*Transport 2025 Transport Vision for a Growing World City*），其主要目標是：

1. 改進公共運輸和管理道路系統暢通，以支援經濟發展。
2. 監測氣候變遷，減少CO_2的排放，改善空氣品質，減少噪音，以增進都市環境品質。
3. 改善社會和諧，對交通工具使用者更友善、安全。

面對未來的挑戰

面對未來的不確定性，需要有更具活力的方法與行動。一方面在事前對政策做審愼的選擇，另一方面在事後對經濟、社會和環境的影響作完整的評估。交通對全球與地方環境的影響，需要對旅行行爲做更深入的瞭解。旅行行爲的改變和環境、社會與健康問題是我們所要面對的，也要看我們能不能改變既有的行爲模式。個人與社會的得失，要整體看待，而不是像過去各自爲政。交通行爲必須通過財政與法規的工具，強力地加以管制。交通所排放的溫室氣體，必須納入改善氣候變遷計畫的考量，而且要制定減碳所希望達成的目標。有效的資源減量，必須政府各部門彼此合作，而非各行其是。

對於氣候變遷的適應與緩和，需要一個混合各種領域的複雜政策與行動方案。這些領域包括：能源、營建、交通、糧食與廢棄物。政策的導向，不能只顧及減少廢棄物的排放，而不注意資源的消費和對維持生態系統穩定的投資。我們仍然需要一套創新的，最適當的城市／區域土地與交通政策，以避免天然災害，並且減少汙染和資源的耗用。

要減少對小汽車的倚賴，發展與改善公共運輸系統，是一項關鍵性的做法。城市公共運輸系統包括：地鐵、輕軌、路面電車（trams）、高鐵。歐洲曾經有最廣布的地鐵系統，不過北京與上海已經在1969和1993年建成世界最長的地鐵系統。地鐵、輕軌、電車之中，地鐵的造價（成本）最高，因爲它需要挖隧道、裝電梯或電扶梯、通風設備、照明設備等。往往不是開發中國家所能負擔的。相對來講，輕軌或電車就比較便宜。不過地鐵的運量大、速度快。除了地鐵、輕軌、電車之外，從1960年代開始，風行於最近十年的是快捷巴士（Bus Rapid Transit，BRT）也是選項之一。

BRT有專屬的路權，服務的水準與速度、便利方面，與輕軌相當。而且與小汽車相比，可以大量節省能源，減少空氣汙染。巴西庫里奇巴（Curitiba）市的BRT開始於1970年代，BRT在拉丁美洲和歐洲國家最爲普遍，亞洲國家次之，北美較少。經營BRT最成功的是哥倫比亞首都波哥大（Bogota）的Trans Milenio，它每天的運量有一千九百萬人次，據估計每年可以減少一百萬噸的

CO_2，43%的SO_2，18%的NOx，以及12%的懸浮微粒。中國的廣州市在2004年，開始經營BRT，每天運量約有八十五萬人次。廣州的經驗，也鼓勵了中國的其他城市。台灣的台中市，於2014年也開始經營BRT，但是因爲不同政黨執政等政治因素，未能繼續改善營運，殊爲可惜。

使用單車和雙腳

2015年十月份的中文版《讀者文摘》，有一篇有關哥本哈根的文章。文章說：許多報導稱許哥本哈根爲現代烏托邦，讚譽的美名包括：「全球最宜居的城市」，「全球最快樂的城市」，「全球最適合騎乘單車的城市」，「歐洲最佳綠化城市」，「美食家最愛的歐洲城市」，「歐洲設計之都」等頭銜。單車是哥本哈根交通的王道，約有半數以上的市民每天騎單車上班和上學。單車數超過市民人數，是汽車數的五倍，國會有63%的議員每天騎單車上班。哥本哈根的都市規劃，似乎是以單車爲核心，單車專用道總長三百五十公里，並與汽車道隔開。單車車道設有專用交通號誌，名爲「綠波技術」的電腦號誌系統，可以讓騎士順暢地穿越市區，不必頻頻停下等待紅燈轉綠。哥本哈根正在開發二十六條以上的單車高速公路，有二十六公里，鼓勵更多人從郊區騎車通勤到市區。

同一期的《讀者文摘》，也報導了其他五座單車友善城市。它們是：法國巴黎、日本東京、澳洲伯斯、荷蘭阿姆斯特丹，和德國柏林。巴黎設有Velib公共單車租借系統，單車數超過兩萬，搭配總長五百公里的專用道，讓單車避開汽車，讓你安全遊歷花都。只要視線所及，幾乎都看得到Velib租借站。東京雖然大眾運輸系統網絡之廣，全球數一數二，許多市民仍會騎單車。由於汽車駕駛人行車謹慎，既使單車專用道有限，汽車族與單車族之間的關係並不緊張。獨特的自動化地下停車設施，會爲旅人帶來新鮮的科技感受。伯斯的智慧型基礎建設，以自行車專用道爲主幹，單車通勤族可以輕鬆進出市區或在市內行動，市區隨處都有免費的單車停車架。爲了服務觀光客，還有許多風景優美的單車專用道，沿著海岸和天鵝河延伸。阿姆斯特丹的單車比人口多，都市規劃時，總會把單車族納入考量。爲了減少汽車的影響，市中心的行車速限低；大眾運輸工具設有攜車架，讓民眾可以長距離旅行。柏林的單車專用道，總長超過一千公里，大多數路段與汽車道隔離，安全無虞。對旅客來說，主要景點都可以騎車到達。柏林採用Call A Bike單車租借系統，使用者可將單車鎖在任何固定物上，然後撥電話輸入密碼還車。

除了單車之外，還有雙腿、雙腳也是很好的交通工具。Jeff Speck舉出四項可步行（walkable）城市的條件，它們是：必須有用、要安全、要舒適、要有趣。每一項條件的品質都很重要，缺一不可。所謂有用，是說我們每天生活的事情與活動，都在舉步可及的地方，只要步行就可以辦到。安全是說現代的城市街道都是給汽車設計的，行人是要跟汽車爭路的。這時不僅要使行人安全，更要讓行人有安全感。舒適是說都市道路的建造，以及景觀的造型，要讓人有戶外即家室的感覺，而不是大而敞開的空間。有趣是指人行道要與一些獨特的建築物相伴，並且要有友善而人性化的面貌。[21]

Jeff Speck更由上面所說的四項可步行的先決條件，延伸出十個步行的步驟：

1. 關於步行的有用性

步驟1：給小汽車定位。小汽車本來應該是給人用的，城市的形成最初是供人步行的。可是

㉑ Jeff Speck, *Walkable City*, North Point Press, 2012, p. 11.

六、七十年來，城市似乎變成是爲小汽車設計的。小汽車反客爲主，成爲城市的主宰力量。因此，城市的規劃設計，如果要提倡步行，首先要給小汽車定位。

步驟2：混合土地使用。要讓人們步行，步行一定要有目的。從規劃的角度看，要達到這項目的，要使土地混合使用。換言之，要使住、商、辦，以及購物、休閒等各種活動設計在步行距離之內。

步驟3：要有正確的停車空間。有人毫不避諱地說：停車關乎城市中心的生與死。事實上，停車空間與停車費率，是決定都市土地使用配置的最重要因素之一。可是，直到現在，還沒有一個有利於城市停車的理論出現。這種理論的出現，將會影響全國的停車政策。

步驟4：讓捷運上路。在鄰里街坊左近的活動可以靠步行，但是一個城市則非有捷運不可。但是許多需要興建捷運的因素，往往都被忽略掉。這些因素包括：公共投資、捷運創造不動產價值、捷運系統設計的重要性等。

2. 關於步行的安全性

步驟5：保護行人。這個步驟可能是最簡單明瞭的，但是卻有許多變動性。例如：街廓的大小、巷弄的寬度、車輛的轉動、車流的方向、號誌、道路的幾何路線等因素，都會影響行車速度和行人的安全。

步驟6：歡迎單車。可步行的城市也可以騎單車，騎單車的交通方式和體育活動正在蓬勃發展。城市街道如果可以步行，又可以騎單車，便會顯得小汽車沒有那麼必要了。

3. 關於步行的舒適

步驟7：要整理出像樣的城市空間。人們的本性，就是喜愛享受戶外的開放空間，但是以行人來說，他們也喜愛有一種封閉感的家庭氛圍。所以城市裡需要整理出在戶外，但是又有像家庭一樣溫馨的城市空間。

步驟8：種樹。人，特別是城市裡的人，沒有不喜歡樹的。但是，卻很少有人願意負擔種樹的成本。在台灣，卻往往爲了開發不動產，而移除甚至砍伐行道樹。

4. 關於步行的樂趣

步驟9：塑造友善而獨特的面貌。生動的街景有三種主要的敵人，它們是：停車場、便利商店、明星級的建築物，它們的存在似乎無視於行人對街景的感受。城市設計只注意實用、量體和停車的便利。可是除此之外，也應該考慮如何可以吸引人們步行。

步驟10：如何才能勝出？在世界各個國家和地方，美麗有趣的城市不勝枚舉，但是可以步行旅遊欣賞的街景卻不多。城市的規劃設計，愈到現代愈爲汽車著想。當然這也是時代的趨勢和需要，然而，城市能不能找出一些地區，營造一個可以供人步行的核心空間？[22]

新都市主義與綠色科技

在氣候變遷的時代，我們最核心的想法，是如何用最直接而且簡潔的方法給建築物提供能源。因爲工程技術的複雜與維護成本的考量，太陽能一直被我們忽略。一些被動的做法，是設法減少對能源的需求。例如加強房屋的絕緣構造，盡量讓陽光射進房屋以取暖。其實，人們感覺舒適與否，

㉒ 參考Jeff Speck, *Walkable City*, North Point Press, 2012, pp. 71-72.

周遭環境的溫度，比屋內的溫度更爲重要。同樣地，交通運輸的目的，在於讓人與貨物到達目的地，而不在於運輸。運輸是手段，到達才是目的。所以，節省能源的都市設計，是把建築物拉近一點，而不是鋪設需要大面積土地的集光板，再推動設計使用電動車計畫。這種做法叫做被動的都市主義（passive urbanism）。

捷運系統（transit）是最綠的綠色科技

傳統的都市交通規劃概念，重點多放在道路能夠容納多少小汽車，而且能使它們快速通過。但是新都市主義的設計，是要使道路能讓更多的人便於使用捷運系統。雖然都市交通系統的規劃概念，都是以多種形式並存（mode spilt）爲主。但是，在現在氣候變遷的時代，最重要的都市綠化元素，就是捷運系統。一個好的捷運系統，可以有好幾個層面，從地方的巴士到巴士捷運系統；從輕軌到地下鐵，再到區間軌道列車。這些交通工具互相配搭，最基本的還是要靠可步行的都市主義。例如：巴西的庫里奇巴市，它的核心概念是要引導城市沿著五條像車輪軸幅一般，從市中心沿著高密度商業或住宅區，往外輻射的主要運輸走廊。每條廊道都有快速巴士（BRT）專用的車道。它也擁有145公里的自行車道，而且還在繼續建築當中。由於商家的支持，在市中心商業購物區的許多街道被規劃爲禁行汽車的行人徒步區，一些廢棄工廠和大樓被再利用作爲運動和休閒娛樂設施。庫里奇巴市的成功關鍵之一，是它的運輸系統與土地使用計畫的整合。城市官員決定發展一個精緻的巴士捷運系統，而非較昂貴而比較沒有彈性的地下鐵或輕軌鐵路系統。

庫里奇巴市或許擁有世界最好的巴士捷運系統，每天巴士網絡以最少成本，清潔而有效率地運輸一百五十萬通勤人口（占該市通勤與購物人口的75%），而且票價低廉（約二十至四十美分，可以不限轉車次數）。只有高層公寓住宅准許沿著主要巴士幹道興建，而且每棟大樓都要貢獻地面兩層供商店使用，以避免居民長途跋涉去購物。在尖峰時段，巴士會增加兩倍到三倍的車次。除了密度之外，社區的設計是否是混合使用，以及是否便於步行，也是捷運系統發展的重要因素。因爲，如果人們無法便利地步行到車站，搭乘捷運的意願便不會太高。相反地，如果人們往返住處與車站之間的距離不超過400-500公尺的話，人們搭乘捷運的可能性便會增加。

一個環境永續的交通系統，應該是一個不至於傷害公眾健康的交通系統；也可以說，是一個使用可更新能源的交通系統。如果我們要給環境永續的交通系統下一個定義，它應該合乎以下幾個條件：(1)要能符合個人、企業和社會發展的需要。要合乎安全、人類與生態系統的健康，並且要能增進世代之中，以及與未來世代之間的公平；(2)要能提供多種的交通工具，經營要有效率、要讓人們負擔得起。而且要能支持具有競爭力的經濟，以及平衡區域之間的發展；(3)要限制廢氣的排放，不至於超過地球的吸納能力。要使用可更新能源、要使對土地使用的衝擊與產生的噪音極小。

歐盟（EU）最近的氣候——能源策略，是計畫到2020年時，達到減少全球20%GHG的目標。交通所產生汙染物的趨勢，是衡量交通影響健康與氣候變遷的關鍵指標。但是，制定交通系統排放GHG的國家並不多。[23]

㉓ Angela Hull, *Transport Matters: Integrated Approaches to Planning City-Regions*, Routledge, 2011, p. 35.

如何規劃設計我們的城市？

我們傳統的都市規劃做法，是用工程的方法使單一元素最佳化，並不注意它與整體系統中其他元素之間的關係。規劃設計是多面向解決問題的方法，而工程只注意單一元素的最佳化。兩者都很重要，但是在氣候變遷的時代，所需要的是整體系統的設計與規劃。舉例來講，交通工程會看車流的數量和速度，設計道路容量的最適化。並不注意道路兩旁的鄰里尺度、行人的便利、安全和景觀的美化。土木工程會注意車輛通行的效率，但是不會注意兩旁的休閒、生態或美學價值。

都市主義的中心思想，認爲社區是設計出來的，而不是用工程建造出來的。我們應該先規劃整體的框架，然後用工程的方法塡補細部，讓它們順勢自然生成。我們的鄰里街坊、城鎮、區域，應該被視爲生物，它們是一種強有力、但是又看不見的市場力量的產物。從歷史上看，都市設計在人類定居的型態上，扮演相當重要的角色。美國1930年代的城市郊區發展，受到萊特的廣域城市（Broadacre City）和司坦因（Clarence Stein）的新市鎮思想的影響。柯比意和一夥歐洲的建築師，則在同一時期影響了歐洲的城市發展。他們所主張的高速公路、超大街廓，和高聳的住、辦大樓，以及對傳統街道和土地混合使用方式的鄙視，竟然變成我們戰後都市更新的政策與做法。由此觀之，這些過去錯誤與失敗的模式，如果不加小心謹愼，都市設計也有其危險的一面。

因此，我們必須擺脫工程和規劃的奇想，重新發現都市設計的藝術與科學。它是藝術，因爲城市傳承了人類生存的軌跡，它包括各種事件的發生與妥協。它是科學，因爲我們必須尊重分析與實證的應用。都市設計必須整合各種單一思考的專家，它必須取得經濟、社會和環境之間的平衡。最後才能創造一個美麗、文雅，而且值得回憶的地方。一個好的都市設計者，必須具有藝術、科學、歷史、建築、工程、規劃，以及政治與遠見的人。

我們需要一個嶄新的城市設計觀

其實我們的問題並不是我們的城市和郊區缺少設計，而是從二戰以後，我們的設計遵循了錯誤的典範、依據失敗的原則和有缺陷的實踐策略。更清楚一點講，我們的社區是遵循現代主義的設計原則，而又多半由所謂的各行各業專家去實踐。現代主義的原則，講求專業化、標準化和大量生產。這些都是取材於工業的典範。當我們把它們轉化爲設計的想法時，就會對鄰里、城市和區域的持續發展，產生破壞性的效果。這三項原則替代了幾個世代以來的都市設計智慧，把我們的城鎮塑造成**生活的機器**（machines for living），而不是給老百姓生活的社區。現代主義思想快速地主宰了規劃、建築、室內設計與工業設計，也就是我們現在所生活的世界。

在規劃界裡的所謂專業化，有多重的意義。首先，它意味著社區設計的每一方面，都應該是獨立的、專業的。土木工程、交通工程、環境科學家、經濟學家、地景設計家，以及建築師、銀行、不動產開發商、估價師等，每一種行業都有它自己的標準、規則與政策，用來指導社區某一方面的設計。影響所及，也使一個社區，甚至一個區域裡的每一個地區只有單一目標的土地使用。

至於標準化，則會使我們的社區到處看起來都是一模一樣的。它無視於歷史的傳承與演變，也不顧生態系統的存在。住宅區、購物中心、辦公園區，都是一個模子打造出來的。加上這些一模一樣的住宅區、購物中心、辦公園區，又被大量生產。於是顛覆了原本和諧的地方和區域型態，完全忽略了歷史的獨特性、地方的生態，以及文化的認同。更嚴重的是，專業化和標準化使社區失去了人性尺度，使人們缺乏對一個地方的認同。

反對現代主義專業化、標準化和大量生產思潮的，是根植於生物而非物理；生態而非機械的幾項原則。這幾項原則是多樣化、保育和人文尺度。用在都市設計上，多樣化就是混合、包容和有整體性的社區。保育就是節約、回收已有的資源，無論是自然的、社會的、景觀建築的、或制度的。人文尺度原則，就是把人從愈來愈機械化的社區，帶回到反璞歸眞的人造環境。這些原則應該是形成一個新都市設計倫理的基礎。以下再分別加以討論。

人文尺度

把人文尺度看作一項設計原則，一方面是反映人們的欲望，也反映了現代興起的去分散化的經濟氣質。也就是脫離了由上至下的社會程序，命令指揮式的組織，一個樣式的住宅，和官僚式的制度。經濟上的人文尺度，是指支持個人的企業家精神和地方性的企業。人文尺度的社區設計，是指便於步行的鄰里街坊，而不是便利小汽車的超大街廓，以及便於經常可以面對面溝通的環境。城市應該是一個精緻設計的都市空間。

幾個世代以來，建築物的設計、社區的規劃，和制度機關的成長，都崇尚大就是好（bigger is better）的迷思，效率與大是緊密相關的。但是，現在分散化的小企業，和個人化的制度，正在政府與企業中興起，小而美成爲目前的時尚，這種現象在都市環境方面也是一樣的。當然，目前的實際狀況，是人文尺度和大就是好這兩種趨勢是複雜而且混合的。例如：我們在郊區有超大的零售賣場（outlets），而市中心的商店街也在逐步復甦，我們的社區將會容納這種複雜的現實狀況。

但是，人們對這兩種趨勢的反應卻是負面的。我們的社區基礎建設，如學校、購物中心、住宅區、公寓大樓，和辦公園區的設計，都是不合人文尺度的。人們所長期嚮往的是日常生活所需，平淡無奇的建築物，而不是侯門深鎖的豪宅。他們所希望的，是可以安步當車、充滿綠樹陰涼的市街。他們所希望享受的，是市中心賞心悅目的購物櫥窗，和都市的歷史文物街區。其實，既使是高樓大廈，也不是不可以把商店前庭，弄得多樣化而生動有趣。台灣的城市，尤其缺乏的是鄰里公園。這種小型的鄰里公園，卻能增進社區的健康生活。

多樣性

多樣性具有多種意涵和應用。在自然界，多樣性是任何生態系統裡的關鍵性適應能力。在社區設計的領域裡，多樣性有實質、經濟，與社會等，層層重疊的意義。在實質方面，多樣性可以使社區裡，各種人類的活動、建築物和公共空間充分地混合。經濟上的多樣性，是要支持各種規模的企業。社會的多樣性是要整合，並且容納各種空間。多樣性讓我們的城市重新回到含有豐富的各種使用，以及多樣的住宅、經濟活動、少數族群和高齡族群。多樣性已經成爲當代的規劃設計**公理**（axiom）。

公共空間、商業使用、住宅和自然系統等四項元素，是構成一個社區的基本要件。鄰里街坊的多樣化，顯示出社區各方面特色的整合。在實質方面，它包括豐富多變的建築物與街景和土地使用型態。在在告訴我們，無論住宅、工作與公共建築物，都不是一個模子塑造出來的。在社會方面，它包括不同年齡、家庭、所得與種族型態的混合。多樣性也有它的經濟意涵，鼓勵單一產業發展的時代已經過去，代之而起的是要瞭解產業聚集的生態性。無論規模大小，在地方、區域或全球，注意各種產業之間的互補關係，才能使經濟持續的發展，生活品質才能提高。

最後，多樣性原則也有助於地方和區域性的自然資源保育。它的意義是要我們瞭解自然棲息地的破壞、生態與水域的複雜性，使我們去尋求更好的開放空間規劃方法。在人造的都市環境裡，更要保育稀有的自然地區，把各種開放空間和人口、企業、土地使用、自然系統，都納入設計，我們才能有永續的未來。

保育

保育的意義，除了保護自然系統和資源之外，也意味著保存地域性文化、歷史與建築資產。保育所需要的資源，如能源、土地、物料絕少浪費，也能讓我們養成循環使用的品德。保育資源在社區設計上有許多明顯的意涵，最重要的是保護農地和自然系統。保育河道，可以增進自然愜意感，同時改善水質。建築物的能源保育，可以做反映氣候變遷的設計。保存歷史建築物與文物可以保留當地的形象，把當地建立成地方歷史街區。保育和復育是一項可以豐富經濟與社會力量的最實際工作。

蔓延和它所形成的區域性結構，以及工業的大量生產、標準化，和專業化，顯示了舊式的設計典範。以上所說的三項原則：人文尺度、多樣性和保育，成爲新的社區設計方向的基礎。這些原則應該可以應用在地方社區，以及都會區。區域性的設計是經濟、社會，和環境健康的關鍵。

區域和區域主義

以上所討論的人文尺度、多樣性與保育等三項原則，不僅適用於城市設計，也同樣可以應用於區域規劃。第一，也是最重要的，是要把區域裡的組成元素——城市、郊區和它們的自然環境，看作是一個整體的單元。正好像要把一個鄰里街坊裡的住宅、商店、公園、學校、政府機關和企業，作整體規劃一樣。我們現在的問題，就是沒有能夠把都市的各種元素，從區域的角度作整體規劃。

例如：台北市的大巨蛋，當初並沒有和周邊，甚至北台灣區域，作整體規劃。只看到周邊的商業商機，盡量增加量體與容積，能夠愈賺錢愈好，完全沒有區位選擇的概念，以致於造成目前量體與公安等多方面的問題。拆也不是，不拆也不是。

我們現在正處在區域主義的萌芽期，正在嘗試著各種想法、做法，和實施的策略。在過去的二十年間，許多國家和美國各州的區域政策、設計與立法，都在孕育演進當中。在這個過程中，我們發現，每一個地方都有不同的歷史、地理、生態、經濟和政治的型態，也就發展出各種不同型態的區域主義。雖然有許多政府機關，在重要的公共設施上規劃和投資，但是都是東一筆、西一筆的零星做法。例如：區域的交通運輸投資，是由交通部門所管控，但是眞正產生需求的土地使用因素，卻不由他們規劃和管制。

一個有效的區域主義，會在區域層級的機構決定發展的目標、政策與公共建設的標準，地方政府則可以依照自己的綜合計畫，土地使用管制規則實施開發建設。區域和地方政府合作建立的政策與目標，可以包括：區域開放空間系統的保留、有效公共設施的設計、主要的就業地區、交通建設的投資和住宅的建設與分配等。事實上，許多的城鎭規劃，必須在區域的層面才能看見自己在全局當中的地位。例如：交通系統、公共空間、環境保護等政策與措施，都不是地方政府在自己的行政領域內所能做得到的。土地使用規劃雖然是地方政府的事務，但是卻需要在區域層面作協調。

我們在前面討論過美國奧瑞岡州（Oregon）的土地使用規劃。現在不妨再以奧瑞岡州的土地使用規劃爲例討論區域計畫問題。奧瑞岡的區域計畫架構，決定了全州的成長、基礎設施、土地使用，以及都市成長邊界（UGB）政策。UGB的劃設，就是從區域層面著眼的。與一般瞭解不同的是，奧瑞岡的UGB政策，並不是單純地爲了限制城市成長或阻止蔓延，也同時爲了防止土地的投機，以及保護農地與自然綠地。雖然在1972年立法設立UGB，但是總會每二十年調整一次，容納城市成長對土地的需求。它在1992年的Vision 2040裡提出這樣一個問題，究竟我們的區域城市應該向上成長還是向外成長？依照大多數的社區意見，奧瑞岡選擇了向上成長的緊湊發展型態。

奧瑞岡成長管理立法的意義，並不是要由區域機構，由上而下的指導地方政府的土地使用。而是要從區域的視野，來分析未來城市成長所可能帶來的衝擊，然後選擇一個整體的發展方向。當我們讓人們清楚地看到蔓延對生活品質的影響、長期累積的公共設施成本，以及對環境的衝擊，大多數的公民就很自然地會選擇緊湊，而且捷運導向的成長模式。

馬里蘭州（Maryland）的做法給了我們另一個區域主義的模式。馬里蘭州是根據經濟效率來決定公路、供水、下水道、住宅、學校等公共設施的投資和經濟發展。這種概念並不是管制市場或限制私人財產權，也不是挑選開發的區位和型態，而是有效地運用公共財源。更值得注意的是，優先款項用在什麼地方，是由郡而不是州所決定的。這些地方的選擇必須合乎某些標準，例如：最低密度、適當的基礎設施計畫，以及成長的需要。優先地區以外的地區也可以開發，但是要由地方政府或土地所有權人自己出錢。這種做法是要各州尋求花錢的效率，私人部門由市場決定開發的地點。由州補貼的蔓延就被遏止了，不像台灣各城市的市地重劃，是由政府主導向周邊郊區蔓延。

除此之外，馬里蘭州也有保護開放空間，同時鼓勵在市區就業成長的計畫。其目的是要一方面創造更緊湊、更有效率的就業區，另一方面保護全州的開放空間和農地。這些計畫都要講求成本與效率。在猶他州，因爲地廣人稀，人們傾向於反對緊湊的開發。

但是當他們發現，蔓延使他們失掉愈來愈多的開放空間，和可負擔價格的住宅時，它們的反應就有所不同了。一項問卷調查顯示，只有4%的受訪者偏好低密度的成長，傾向緊湊成長的卻有

66%。此外，大約有同樣比例的受訪者偏好適於步行距離，而且住、商、辦混合的鄰里街坊，同時多投資於捷運系統。最爲偏愛的社區設計，是多戶聚居而且小建地的住宅。與馬里蘭州一樣，制定品質成長法（Quality Growth Act），由規劃委員會指定智慧成長和再開發地區。由聯邦政府優先補助公共設施與服務的經費。

以上這些案例告訴我們，城市與社區的開發與成長，區域性的規劃是必要的。這樣才能顧及到個別社區在一個區域裡的地位，以及它與其他社區之間的關係，才能避免零散的開發，做整體規劃。

參考文獻

中文

1 丁士芬，市地重劃後重劃區之發展及其與都市發展間關係之研究，逢甲大學土地管理研究所碩士論文，1999。

2 王月娥，市地重劃開發時機指標之研究，逢甲大學土地管理研究所碩士論文，1999。

3 台中市政府地政局土地重劃課檔案及資料。

4 台中市政府都市發展局都市計畫規劃資料。

5 台中市政府地政業務 2008 年定期督導考評報告書。

6 台中市政府，變更台中市都市計畫主要計畫（不包括大坑風景區）（第三次通檢討）（經內政部都市計畫委員會第 604 及 607 次會議審決部分）書，2005 年 5 月。

7 台中市政府，變更台中市都市計畫（第一期公共設施保留地、干城地區道路系統出外）主要計畫（第二次通盤檢討）說明書，1995。

8 台中市政府，擬定台中市都市計畫（副都市中心專用區南側）細部計劃說明書，1989。

9 台中市政府，台中市市地重劃成果簡介，2002。

10 台中市政府，變更台中市都市計畫主要計畫書（不包括大坑風景區）（第三次通盤檢討）（有關計畫圖、第十二期重劃區、部分體二用地、後期發展區部分），2004。

11 台中市政府，變更台中市都市計畫（不包括大坑風景區）（通盤檢討）說明書，1986。

12 台中市政府地政處，台中市政府地政業務 2008 年定期督導考評報告書。

13 台中市政府，變更台中市都市計畫（福興路附近地區）細部計畫（第一次通盤檢討）說明書，2004。

14 吳文彥全球化永續發展願景下的台灣「都市計畫與市地重劃關係」探索。

15 吳次芳、丁成日、張蔚文，主編，《中國城市理性增長與土地政策》，中國科學技術出版社，2006。

16 黃書禮，《生態土地使用規劃》，詹氏書局，2000。

17 | 湯國榮，台中市空間發展政治經濟史考察（1945-1995），逢甲大學建築及都市計畫研究所碩士學位論文，1996。
18 | 韓乾，2006，《營造觀光、休閒遊憩與健康養生小區的規劃研究》：一個台灣的智慧成長模式。
19 | 韓乾，《土地資源環境經濟學》，三版，五南圖書出版有限公司，2013。
20 | 韓乾，譯，《都市土地經濟》，五南圖書出版有限公司，2014。

英文

1 | Abbott, Carl, Deborch A. Howe and Sy Adler, edited, *Planning the Oregon Way—A Twenty-year Evaluation*, Oregon State University Press, 1994.
2 | Adler Sy, *Oregon Plans—The Making of an Unquiet Land-Use Revolution*, Oregon State University Press, 2012.
3 | Agyeman, Julian, Robert D. Bullard and Bob Evans, Editors, *JUST Sustainabilities Development in an Unequal World*, Earthscan, 2003.
4 | Aldo Leopold, *A Sand County Almanac,* Ballantine Books, 1966, 240.
5 | Andres Duany, Jeff Speck, and Mike Lydon, *The Smart Growth Manual*, McGraw Hill, 2010.
6 | Ashworth, Graham et al., *Toward a New Land Use Ethic* , the Piedmont Environmental Council 1981, 18.
7 | Babcock, Richard F., *The Zoning Game: Municipal Practices and Policies,* The University of Wisconsin Press, 1966.
8 | Babcock, Richard F. and Charles L. Siemon, *The Zoning Game Revisited*, Lincoln Institute of Land Policy, 1985.
9 | Barton, Hugh, Marcus Grant & Richard Guise, *Shaping Neighborhoods: for Local and Global sustainability*, Second Edition, Routledge, 2010.
10 | Benfield, F. Kaid, Matthew D. Raimi, Donald D.T. Chen, *Once There Were Greenfields—How Urban Sprawl is Undermining America's Environment, Economy and Social Fabric*, NRDC, 1999.
11 | Berke, Philip R., David R. Godschalk, and Kaiser, Edward J. with Daniel A. Rodriguez, *Urban Land Use Planning*, 5th Edition, University of Illinois Press, 2006.
12 | Birch, Eugenie L. and Susan M. Wachter, Editors, *Growing Greener Cities—Urban Sustainability in the Twenty-First Century*,

University of Pennsylvania Press, 2008.

13 | Birkeland, Janis, *Design for Sustainability: A Sourcebook of Integrated Ecological Solutions,*Earthscan Publications, 2002.

14 | Bishop, Kevin and Adrian Phillips, Editors, *Countryside Planning—New Approaches to Management and Conservation*, Earthscan, 2004.

15 | Branch, Melville, *Comprehensive Planning, General Theory and Principles,* Palisades Publishers, 1983.

16 | Break, George F., ed., *Metropolitan Financing and Growth Management Policies,* The University of Wisconsin Press, 1978.

17 | Bromley, Daniel W., Editor, *The Hand Book of Environmental Economics*, Blackwell , 1995.

18 | Brower, D David J., David R. Godschalk and Douglas R. Porter, *Understanding Growth Management—Critical Issues and a Research Agenda*, The Urban Land Institute, 1991.

19 | Brown, Lester R., *Plan B 3.0—Mobilization to Save Civilization*, W. W. Norton & Company, 2008.

20 | Brunn, Stanley D., Jack F. Williams, & Donald J. Zeigler, Editors, *Cities of the World: World Regional Urban Development*, Third Edition, Bowman & Littlefield Publishers, Inc., 2003.

21 | Bulkeley, Harriet, Vanessa Castan Broto , Mike Hodson and Sumon Marvin, Editors, *Cities and Low Carbon Transitions*, Routledge Taylor & Francis Group, 2011.

22 | Burton, Ian and Robert W. Kates, *Readings in Resource Management and Conservation*, The University of Chicago Press, 1960.

23 | Campbell Scott and Susan S. Fainstein, Editors, *Readings in Urban Theory*, Third Edition, Wiley-Blackwell, 2011.

24 | Carmona, Matthew, Tim Heath, Taner Oc and Steven Tiesdell, *Urban Places—Urban Spaces: The Dimensions of Urban Design,* Architectural Press, 2003.

25 | Cicin-Sain, Biliana and Robert W. Knecht, *Integrated Coastal and Ocean Management-Concepts and Practices*, Island Press, 1998.

26 | Clawson, Marion and Peter Hall, *Planning and Urban Growth: An Anglo-American Comparison,* the Johns Hopkins University Press, 1973.

27 | Costanza, Robert, Editor, *Ecological Economics—The Science and Management of Sustainability*, Columbia University Press, 1991.

28 | Cullingworth, Barry and Vincent Nadin, *Town and Country Planning in the UK*, 13th Edition Routledge, 2002.

29 | Dasmann, Raymond F. *Environmental Conservation,* 5th. Ed., John Wiley & Sons, Inc., 1984, 429-431.

30 | David, Joshua and Robert Hammond, *High Line—The Inside Story of New York City's Park in the Sky*, Farrar, Straus and Giroux, 2011.

31 | Desfor, Gene, Jennefer Laisley, Quentin Stevens and Dirk Schubert, Editors, *Transforming Urban Waterfronts*, Routledge Taylor & Francis Group, 2011.

32 | Dresner, Simon, *the Principles of Sustainability*, Earthscan Publications, Ltd. 2002.

33 | Duany, Andres and Jeff Speck with Mike Lydon, *The Smart Growth Manual*, McGraw Hill, 2010.

34 | Duke, Joshua M. and Junjie Wu, Edited, *The Oxford Handbook of Land Economics*, Oxford University Press, 2014.

35 | Ebenezer Howard, *Garden Cities of To-morrow,* The MIT Press, 1965.

36 | Elson, Martin J., *Green Belts—Conflict Mediation in the Urban Fringe*, Heinemann,1986.

37 | Faludi, Andreas, ed., *European Spatial Planning*, Lincoln Institute of Land Policy, 2002.

38 | Farge, Annik La, *On the High Line—Exploring America's Most Original Urban Park*, Thames & Hudson, 2014.

39 | Fischel, A. William, *Zoning Rules! The Economics of Land Use Regulation*, Lincoln Institute of Land Policy, 2017.

40 | Forester, John, *Planning in the Face of Conflict,* the American Planning Association, 2013.

41 | Friedmann, John, *Planning in the Public Domain,* Princeton University Press, 1987.

42 | Garvin, Alexander, *The American City: What Works, What Doesn't,* Second Edition, McGraw-Hill Companies, 2002.

43 | Gehl, Jan, *Life Between Buildings—Using Public Space*, Island Press, 2011.

44 | Gilg, Andrew W., *Countryside Planning, the first Half Century*, Second Edition, Routledge, 1996.

45 | Glasson, John, *An Introduction to Regional Planning,* Hutchinson & Co.,1978.

46 | Goodman, David, Editor, *The European Cities & Technology Reader—Industrial to Post-Industrial City*, Routledge, 1999.

47 | Gravel, Ryan, *Where We Want to Live: Reclaiming Infrastructure for a New Generation of Cities*, St. Martin's Press, 2016.

48 | Hack, Gary, Eugenie L. Birch, Paul H. Sedway and Mitchell J. Silver, Editors, *Local Planning: Contemporary Principles and Practice*, ICMA Press, 2009.

49 | Hall, Kenneth B., Jr., and Gerald A. Porterfield, *Community by Design*, McGraw-Hill, 2001.

50 | Hall, Peter, *Good Cities, Better Lives*: *How Europe Discovered the Lost Art of Urbanism*, Routledge, 2014.

51 | C. Martijn van der Heide and Wim J. M. Heijman, Edited by, *The Economic Value of Landscape*, Routledge, 2013.

52 | Hartwick, John M., Nancy D. Olewiler, *The Economics of Natural Resource use*, Harper & Row, Publishers, Inc., 1986.

53 | Heckscher, August, *Open Spaces: The Life of American Cities*, Harper & Row, Publishers, 1977.
54 | Heilbrun, James, *Urban Economics and Public Policy*, Second Edition, 1981.
55 | Herfindahl, Orris C. and Allen V. Kneese, *Quality of the Environment*, Resources for the Future, Inc. The Johns Hopkins Press, 1965.
56 | Herfindahl, Orris C. and Allen V. Kneese, *Economic Theory of Natural Resources*, Charles E. Merrill Publishing Company, 1974.
57 | Hillier, Jean and Patsy Healey, Editors, *Contemporary Movements in Planning Theory*, Ashgate Publishing Limited, 2010.
58 | Holcombe, Randall G. and Samuel R. Staley, *Smarter Growth: Market-Based Strategies for Land-Use Planning in the 21st Century,* Greenwood Press, 2001.
59 | Honachefsky, William B., *Ecologically Based Municipal Land Use Planning,* Lewis Publishers, 2000.
60 | Hong, Yu-Hung and Barrie Needham, Editor, *Analyzing Land Readjustment: Economics, Law, and Collective Action,* Lincoln Institute of Land Policy, 2007.
61 | Howard, Ebenezer, *Garden City of Tomorrow*, The MIT Press, 1965.
62 | Howe, Elizabeth, *Acting on Ethics in City Planning*, Rutgers, the State University of New Jersey, 1994.
63 | Hull, Angela, *Transport Matters—Integrated approaches to Planning City-Regions*, Routledge, 2011.
64 | Hunt, D. Bradford and Jon B. DeVries, Planning Chicago, American Planning Association Press, 2013.
65 | Ingram, George K., Armando Carbonell, and Yu-Hung Hong, *Smart Growth Policies*, *An Evaluation of Programs and Outcomes*, Lincoln Institute of Land Policy, 2009.
66 | Ingram, George K. and Yu-Hung Hong, *Evaluating Smart Growth: State and Local Policy Outcomes*, Lincoln Institute of Land Policy, 2009.
67 | Jacobs, Jane, *The Death and Life of Great American Cities*, 1961, Vintage Book Edition, 1992.
68 | Jacobs, Jane, *The Economy of Cities*, Vintage Books, 1970.
69 | Jenks, Mike & Rod Burgess, Editors, *Compact Cities: Sustainable Urban Forms for Developing Countries*, Spon Press, 2000.
70 | John Randolph, *Environmental Land Use Planning and Management*, Island press Second Edition, 2012.
71 | Kaufman Jerome L, *Ethics in Planning*, Edited by Martin Wachs, Rutgers, The State University of New Jersey, 1985.
72 | Kemp roger L. and Carl J. Stephani, Editors, *Cities Going Green: A Handbook of Best Practices*, McFarland & Company, Inc., 2011.

73 | Klein, Naomi, *This Changes Everything: Capitalism vs. The Climate*, Simon & Schuster, 2014.
74 | Knaap, Gerrit and Arthur C. Nelson, *The Regulated Landscape,* Lincoln Institute of Land Policy, 1993.
75 | Kostof, Spiro, *The City Shaped*, *Urban Patterns and Meanings Through History*,Little, Brown and Company, 1991, Third Printing, 1999.
76 | Landry, Charles, *The Creative City, A Toolkit for Urban Innovators,* Second Editioin, Earthscan, 2008.
77 | Landry, Charles, *The Art of City Making*, Earthscan, 2006.
78 | Leopold, Aldo, *For the Health of Land*, Island Press, 1999.
79 | Lu, Ding, *The Great Urbanization of China*, World Scientific Publishing Company, 2012.
80 | Lynch, Kevin, *The Image of the Cities*, The MIT Press, 1960.
81 | McHarg, Ian L., *Design with Nature,* Doubleday/Natural History Press, 1967.
82 | Merriam, Dwight H., *The Complete Guide to Zoning*, McGraw-Hill, 2005.
83 | Miller, G. Tyler Jr., *Living in the Environment—Principles, Connections, and Solutions,* 10th Edition, 1998, Wadsworth Publishing Company.
84 | Montgomery, Charles, *Happy City—Transforming Our Lives through Urban Design*, Farrar, Straus and Giroux, 2013.
85 | Morgan, Peter H. and Susan M. Nott, *Development Control : Policy into Practice*, Butterworths, 1988.
86 | Mumford, Lewis, *The Culture of Cities*, Harcourt Brace & Company, 1938.
87 | Mumford, Lewis, *The Urban Prospect*, Harcourt, Brace & World, Inc., 1968.
88 | Mumford, Lewis, *The City in History-Its Origins, Its Transformations, and Its Prospects*, Harcourt, Inc., 1961, renewed 1989.
89 | Munasinghe, Mohan and Jeffrey McNeely, *Protected area Economics and Policy: Linking Conservation and Sustainable Development*, World Bank and World Conservation Union（IUCN）, 1994.
90 | Ndubisi, Forster O., Ed. *The Ecological Design and Planning Reader*, Island Press, 2014.
91 | Nebel, Bernard J. and Richard T. Wright, *Environmental Science: The Way the World Works*, Sixth Edition, Prentice Hall, 1998.
92 | Norton, Bryan G., *Sustainability—A Philosophy of Adaptive Ecosystem Management*, The University of Chicago Press, 2005.
93 | Olmsted, Frederick Law, *Civilizing American Cities*, Da Capo Press, 1997.
94 | Olson, Donald J., *The City as a Work of Art: London, Paris, Vienna*, Yale University Press, 1986.
95 | Ozawa, Connie, Edited, *The Portland Edge—Challenges and Successes in Growing Communities*, Island Press, 2004.

96 Polunin, Nicholas, Ed., *Population and Global Security* , Cambridge University Press, 1998.
97 Porter, Douglas R., Patrick L. Phillips and Terry J. Lassar, *Flexible Zoning: How it Works*, The Urban Land Institute, 1991.
98 Pushkarev, Boris with Jeffrey M. Zupan, *Urban Space for Pedestrians,* MIT Press, 1975.
99 Radovic,Darko,Editor,*Eco-urbanity—Towards well-mannered built environments*, Routledge, 2009.
100 Randolph, John, *Environmental Land Use Planning and Management*, Second Edition, Island Press, 2004, 2012.
101 Ratcliffe, John & Michael Stubbs, *Urban Planning and Real Estate Development*, UCL Press Limited, 2001.
102 Ravetz, Joe, *City Region 2020-Integrated Planning for a Sustainable Environment,* Earthscan Publications, LTD., 2000.
103 Regan, Tom, Earthbound, *New Introductory Essays in Environmental Ethics,* Random House, Inc., 1984.
104 Rocky Mountain Institute, *Green Development—Integrating Ecology and Real Estate*, John Wily & Sons, Inc., 1998.
105 Sadik-Khan and Seth Solomonow, *Streetfight: Handbook for an Urban Revolution*, Viking, Penguin Random House LLC, 2016.
106 Sagoff, Mark, "Ethics and Economics in Environmental Law", in Tom Regan, *New Introductory Essays in Environmental Ethics,* Random House, Inc.,1984, 173.
107 Schwartz, Samuel I, *Street Smart—The Rise of Cities and the Fall of Cars*, Public Affairs, 2015.
108 Scott, Allen J., *The Cultural Economy of Cities*, Sage Publications, 2000.
109 Selman, Paul, Editor, *Countryside Planning in Practice—the Scottish experience*, Stirling University Press, 1988.
110 Shaw, Jane S. and Ronald D Utt, ed., *A Guide to Smart Growth: Shattering Myths, Providing Solutions*, The Heritage Foundation, 2000.
111 Shepard, Cassim, *City Makers—The Culture and Craft of Practical Urbanism*, The Monacelli Press, 2017.
112 Sit, Victor F S, *Chinese City and Urbanism Evolution and Development,* World Scientific, 2010.
113 Song, Yan and Chengri Ding, *Smart Urban Growth for China*, Lincoln Institute of Land Policy, 2009.
114 Speck, Jeff, *Walkable City—How Downtown can Save America, One Step at a Time*, North Point Press, 2012.
115 Soule, David C., Ed., *Urban Sprawl—A Comprehensive Reference Guide*, Greenwood Press, 2006.
116 Steiner, Frederick R., George F. Thompson and Armando Carbonell, Ed., *Nature and Cities—The Ecological Imperative in Urban Design and Planning*, The Lincoln Institute of Land Policy, 1997.
117 Szold, Terry S. and Armando Carbonell, ed., *Smart Growth: Form and Consequences*, Lincoln Institute of Land Policy, 2002.
118 Theodorson, George A., *Urban Pattern: Studies in Human Ecology*,The Pennsylvania State University Press, 1961.

119 | Tillman Lyle, John, *Design for Human Ecosystems: Landscape, Land Use, and Natural Resources*, Island Press, 1999.

120 | Twombly, Robert, Edited, *Frederick Law Olmsted: Essential Texts*, W. W. Norton & Company, 2010.

121 | ULI, *New Urbansim/Neotraditional Planning Selected References*, Urban Land Institute, 2003.

122 | ULI, *Urban Sprawl—Causes, Consequences and Policy Responses*, Urban Land Institute, 2002.

123 | ULI, *Mixed-Use Development Handbook*, Urban Land Institute, 1987.

124 | Wakeford, Richard, *A merican Development Control: Parallel and Paradoxes from an English Perspective*, HMSO Publications, 1990.

125 | Ward, Stephen V., ed., *The Garden City: Past, Present and Future,* E & FN SPON, 1992.

126 | West, Geoffrey, *SCALE*, *The Universal Law of Life, Growth, and Death in Organisms, Cities, and Companies*, Penguin Books, 2017.

127 | Whyte, William H., *The Social Life of Small Urban Spaces,* The Conservation Foundation, 1980.

128 | Worldwatch, *Can City be Sustainable*? Island Press, 2016.

129 | Zukin, Sharon, *The Cultures of Cities*, Blackwell, 1999.

國家圖書館出版品預行編目資料

城鄉規劃讓生活更美好：理念篇／韓乾著. -- 初版. -- 臺北市：五南, 2019.05
面； 公分
ISBN 978-957-763-292-0 (平裝)

1.都市計畫 2.區域計畫 3.土地利用

445.1 108001883

1K3A

城鄉規劃讓生活更美好：理念篇

作　　者 — 韓　乾
發 行 人 — 楊榮川
總 經 理 — 楊士清
總 編 輯 — 楊秀麗
副總編輯 — 張毓芬
責任編輯 — 紀易慧
封面設計 — 王麗娟
文字校對 — 黃志誠
出 版 者 — 五南圖書出版股份有限公司
地　　址：106台北市大安區和平東路二段339號4樓
電　　話：(02)2705-5066　　傳　　真：(02)2706-6100
網　　址：http://www.wunan.com.tw
電子郵件：wunan@wunan.com.tw
劃撥帳號：01068953
戶　　名：五南圖書出版股份有限公司

法律顧問　林勝安律師事務所　林勝安律師

出版日期　2019年5月初版一刷
定　　價　新臺幣550元